国家自然科学基金项目"康滇地轴粗粒晶质铀矿标型矿物学特征及形成机理"
四川省自然科学基金项目"康滇地轴特富铀矿形成机理及其成因矿物学研究"
成都理工大学珠峰科学研究计划项目"青藏高原东缘热液铀成矿机理"

康滇地轴粗粒晶质铀矿特征及成因

徐争启　尹明辉　宋　昊　等著

U0200541

科学出版社

北　京

内 容 简 介

本书通过对在康滇地轴发现的罕见的粗粒晶质铀矿进行深入研究，从晶体结构、化学组成、矿物组合等方面揭示了晶质铀矿的标型矿物学特征，通过晶质铀矿及共生矿物多种方法联合测定确定了粗粒晶质铀矿的形成时代，揭示了粗粒晶质铀矿的形成条件和成因机理。本书为晶质铀矿的矿物学研究特别是成因矿物学研究提供最新的矿物学资料，丰富了全球铀矿物数据库。本书研究成果可以为康滇地轴铀矿成矿理论和找矿提供科学依据，也可以为其他地区铀矿找矿提供参考。

本书可供从事铀矿物学、铀成矿理论研究、铀矿勘查研究等方面的专家学者使用，也可以作为学生学习参考用书。

图书在版编目(CIP)数据

康滇地轴粗粒晶质铀矿特征及成因 / 徐争启等著. -- 北京：科学出版社，2024. 11. -- ISBN 978-7-03-079916-6

Ⅰ. P578.4

中国国家版本馆 CIP 数据核字第 2024LH6086 号

责任编辑：罗　莉　刘莉莉 / 责任校对：彭　映
责任印制：罗　科 / 封面设计：墨创文化

科 学 出 版 社 出版

北京东黄城根北街16号
邮政编码：100717
http://www.sciencep.com

成都锦瑞印刷有限责任公司 印刷
科学出版社发行　各地新华书店经销

*

2024 年 11 月第 一 版　　开本：787×1092 1/16
2024 年 11 月第一次印刷　　印张：10 3/4
字数：265 000

定价：168.00 元
(如有印装质量问题，我社负责调换)

《康滇地轴粗粒晶质铀矿特征及成因》
作 者 名 单

徐争启　尹明辉　宋　昊　张成江

姚　建　王凤岗　向　路　陈友良

前　　言

在自然界中，铀元素能与多种化学元素结合，因此铀矿物和含铀矿物在从岩浆作用、伟晶作用、热液作用、交代作用、变质作用、火山作用到沉积作用、成岩作用和表生作用等多种地质环境中形成。晶质铀矿作为重要的工业铀矿物，是天然铀提取的重要原料，从矿物形态及特征上可以划分为两种：高温条件形成的晶质铀矿（uraninite）与中低温条件形成的沥青铀矿（或隐晶质铀矿，pitchblende）。天然粒状晶质铀矿颗粒一般较为细小，且常以副矿物形式存在于岩浆岩中，关于粗粒晶质铀矿则鲜有报道。粗粒晶质铀矿和海塔铀矿的发现是康滇地轴乃至我国近年来在铀矿找矿和铀矿物学方面获得的最突出的成就之一。

康滇地轴地处扬子板块西南缘，是我国西南地区重要的铀矿化集中区之一，自 20 世纪 60 年代以来广大铀矿地质工作者在该区开展了铀矿找矿、勘查和科研探索工作。经过前人 60 多年的努力，区内已发现有花岗岩型、火山岩型、混合岩型和砂岩型等多种类型的铀矿化，共发现了数十个铀矿（化）点及一大批铀异常点（带），并取得了一系列重要的科研成果。成都理工大学铀矿地质团队近年来在康滇地轴北起米易海塔、经过攀枝花大田、南到牟定戌街长达 250km 范围内出露的中-新元古界混合岩地层中发现了多处富粗粒晶质铀矿的铀矿点（床），特别是 2015 年在米易海塔地区的 2811 铀矿点石英脉中发现的巨粒晶质铀矿（最大粒径可达厘米级）引发了业内的广泛关注。此后，先后在攀枝花大田、云南牟定、米易海塔 A19 等地发现了粗粒晶质铀矿。这些粗粒晶质铀矿的发现为研究晶质铀矿矿物学特征、揭示以晶质铀矿为代表的铀矿成因提供了天然实验场所。

为了深入研究粗粒晶质铀矿，在国家自然科学基金项目"康滇地轴粗粒晶质铀矿标型矿物学特征及形成机理"、四川省自然科学基金项目"康滇地轴特富铀矿形成机理及其成因矿物学研究"、成都理工大学珠峰科学研究计划项目"青藏高原东缘热液铀成矿机理"、中国核工业地质局多个项目和成都理工大学铀资源勘查与开发利用创新中心的大力支持下，本研究团队对康滇地轴混合岩中发现的粗粒晶质铀矿进行包括矿物晶体特征、晶体化学、化学成分、矿物组合、形成时代、成因机制等方面的深入研究，取得创新性认识，揭示了粗粒晶质铀矿的标型矿物学特征、形成条件、形成机制，为新元古代铀成矿理论构建做出了贡献。本书为铀矿物学及铀成矿理论研究提供了充足的实例，为研究区今后铀矿找矿提供了重要的科学支撑。

本书是在团队共同努力、分工合作下完成的，徐争启负责总体统筹规划，并撰写前言和结论（第 9 章），徐争启、尹明辉撰写第 1 章、第 4 章，徐争启、尹明辉、姚建撰写第 2 章，姚建、王凤岗、宋昊、张成江撰写第 3 章，徐争启、王凤岗、尹明辉、张成江撰写第 5 章，尹明辉、向路、徐争启撰写第 6 章，徐争启、尹明辉、陈友良、宋昊撰写第 7 章、第 8 章。

在研究和项目实施过程中成都理工大学张苏恒博士、刘映君硕士等研究生，核工业二八〇研究所和核工业北京地质研究院部分技术人员参与部分工作。本书研究及撰写过程中得到了成都理工大学、中国核工业地质局、核工业二八〇研究所、核工业北京地质研究院等单位的大力支持，得到了苏学斌研究员、张金带研究员、李子颖研究员、秦明宽研究员、郭庆银研究员、孙晔研究员、倪师军教授、孙泽轩研究员、凌鸿飞教授、聂逢君教授、焦养权教授、孙德友教授等的大力支持和关心，研究过程中引用了部分前人的研究成果，在此一并表示感谢！

由于本书是阶段性研究成果，有的认识还需要深化，有的还需要不断完善，书中不足之处在所难免，敬请读者批评指正！

目　　录

第 1 章　绪论 ··· 1

1.1　国内外研究现状 ·· 3

1.1.1　晶质铀矿国内外研究现状 ·· 3

1.1.2　康滇地轴铀成矿研究现状 ·· 8

1.2　基础工作 ··· 10

1.2.1　样品采集情况 ··· 10

1.2.2　样品前处理情况 ·· 11

1.3　主要研究方法 ··· 11

1.3.1　TIMA 扫面 ·· 11

1.3.2　电子探针 ··· 12

1.3.3　价态分析 ··· 12

1.3.4　原位微区 U-Pb 同位素及微量元素测试 ····································· 12

1.3.5　晶质铀矿原位微量元素测试 ·· 13

1.3.6　晶质铀矿、榍石微区原位 Nd 同位素测试 ·································· 13

第 2 章　区域地质概况 ··· 14

2.1　地层 ··· 14

2.1.1　新太古界—古元古界(Ar_3—Pt_1) ······································· 14

2.1.2　中元古界(Pt_2) ·· 18

2.1.3　新元古界(Pt_3)—震旦系 ··· 19

2.1.4　古生界(Pz) ·· 20

2.1.5　中生界(Mz) ··· 21

2.1.6　新生界(Cz) ··· 23

2.2　构造 ··· 24

2.2.1　断裂 ·· 24

2.2.2　褶皱 ·· 25

2.2.3　新构造运动 ··· 25

2.3　岩浆岩 ·· 26

2.4　变质岩 ·· 27

2.5　区域矿产 ··· 27

2.6　区域地质发展史 ·· 29

2.6.1　基底形成阶段 ··· 30

2.6.2 稳定发展阶段 ···································· 31

2.6.3 陆内改造阶段 ···································· 33

第3章 典型铀矿点(床)地质概况 ···································· 35

3.1 米易海塔铀矿点 ···································· 35

3.1.1 地质概况 ···································· 35

3.1.2 铀矿化特征 ···································· 39

3.2 攀枝花大田505铀矿床 ···································· 42

3.2.1 地质概况 ···································· 42

3.2.2 铀矿化特征 ···································· 46

3.3 牟定1101铀矿点 ···································· 54

3.3.1 地质概况 ···································· 54

3.3.2 铀矿化特征 ···································· 58

第4章 粗粒晶质铀矿光性矿物学及化学组成特征 ···································· 61

4.1 晶体结构及光学特征 ···································· 61

4.1.1 晶胞参数特征 ···································· 61

4.1.2 含氧系数特征 ···································· 65

4.2 晶质铀矿物性特征 ···································· 65

4.3 晶质铀矿化学组成特征 ···································· 66

4.3.1 元素分布 ···································· 66

4.3.2 价态特征 ···································· 73

第5章 粗粒晶质铀矿矿物组合特征 ···································· 74

5.1 海塔铀矿点矿物组合 ···································· 74

5.1.1 2811铀矿点 ···································· 74

5.1.2 A19铀矿点 ···································· 76

5.2 攀枝花大田505铀矿床矿物组合 ···································· 77

5.3 牟定1101铀矿点矿物组合 ···································· 79

5.4 晶质铀矿的后生氧化 ···································· 81

5.5 海塔铀矿的发现及矿物学特征 ···································· 83

5.5.1 海塔铀矿矿物学特征 ···································· 83

5.5.2 海塔铀矿矿物成分及其化学式 ···································· 84

5.5.3 晶体结构及晶体参数 ···································· 87

5.6 成因矿物学讨论 ···································· 89

第6章 粗粒晶质铀矿形成时代 ···································· 92

6.1 海塔铀矿点成矿时代 ···································· 92

6.1.1 晶质铀矿的形成时代 ···································· 92

6.1.2 晶质铀矿的改造时代 ···································· 94

6.2 攀枝花大田505铀矿床成矿时代 ···································· 95

6.2.1 独居石U-Pb定年 ···································· 95

6.2.2 榍石 U-Pb 定年 ·· 97

6.2.3 晶质铀矿定年 ·· 98

6.3 牟定铀矿点成矿时代 ·· 99

6.3.1 榍石 U-Pb 定年 ·· 99

6.3.2 辉钼矿 Re-Os 定年 ·· 102

6.3.3 晶质铀矿的形成时代 ·· 103

6.4 康滇地轴粗粒晶质铀矿形成时代 ·· 103

第7章 粗粒晶质铀矿形成条件 ·· 105

7.1 成因类型 ·· 105

7.1.1 晶质铀矿成因类型 ·· 105

7.1.2 共生矿物成因类型 ·· 110

7.2 成矿温度压力氧逸度条件 ·· 110

7.2.1 成矿压力 ·· 110

7.2.2 成矿温度 ·· 115

7.3 成矿流体条件 ·· 119

7.3.1 磷灰石与晶质铀矿共生关系 ·· 120

7.3.2 磷灰石地球化学特征及其意义 ·· 122

7.3.3 Cl/F 元素对成矿流体的指示 ·· 126

7.3.4 成矿流体的氧逸度变化 ·· 127

7.4 成矿物质来源 ·· 128

第8章 混合岩化与晶质铀矿成因 ·· 132

8.1 混合岩化作用与铀成矿 ·· 132

8.1.1 混合岩化作用的发生时代 ·· 132

8.1.2 地球化学特征对比 ·· 137

8.1.3 成岩成矿压力对比 ·· 139

8.2 粗粒晶质铀矿成因机制 ·· 139

8.2.1 混合岩与铀成矿 ·· 139

8.2.2 成矿动力学背景 ·· 141

8.2.3 成因机制讨论 ·· 143

第9章 结论 ·· 146

参考文献 ·· 148

第1章 绪 论

铀资源是重要的战略资源和能源资源,在国家安全和国民经济社会发展中具有十分重要的作用。作为重要的能源矿产,铀资源对核工业的发展具有重要作用,是实现碳达峰、碳中和目标的重要能源保障之一。2020 年 9 月 22 日,习近平主席在第七十五届联合国大会一般性辩论上宣布,中国将提高国家自主贡献力度,采取更加有力的政策和措施,早日实现双碳远景目标,引起了国际社会的极大关注(王灿和张雅欣,2020;李俊峰和李广,2021;胡鞍钢,2021;Liu et al.,2021;Guan et al.,2021)。实现"绿色经济复苏"已成为世界共识,应对气候变化成为大国关注和博弈的重要领域(Zheng et al.,2019;寇静娜和张锐,2021)。作为安全、经济、高效的清洁能源,核能是人类应对气候变化的重要能源选择,也是实现碳达峰、碳中和目标的重要选项(薛力,2008;段宏波和汪寿阳,2019;Zheng et al.,2019;邹才能等,2021;Guan et al.,2021)。在碳中和的背景下,全球共有72 个国家已经或正在计划发展核电计划,美国、法国、俄罗斯、日本等国均已制定新的能源计划将核能作为重要发展对象并制定了相应的措施,而一些新兴国家如越南和马来西亚等也在考虑修建核电站。在"十四五"期间,我国也将建设一批沿海核电项目,同时推动海上浮动式核动力平台等先进堆型示范。

与此同时,全球天然铀资源的地域分布极不均匀(敏玉,2009;李文等,2016;刘悦和丛卫克,2017),铀资源产出地主要分布在哈萨克斯坦、美国、加拿大、澳大利亚、俄罗斯、乌兹别克斯坦以及非洲 4 国,其中又以哈萨克斯坦为最主要产出地。全球超过 80%的铀矿资源被几个主要国家的铀矿公司垄断,如加拿大矿业能源公司(Cameco)、法国欧安诺集团(Orano)和哈萨克斯坦国家原子能公司(Kazatomprom)控制了全球 50%以上的铀矿产量。铀资源供应链安全事关核能发展、国防安全和我国"双碳"目标的实现,"核能基石,核电粮仓"的重要性不言而喻。全球铀矿资源供应链的薄弱极不利于我国核能的发展,因此对于像我国这样对铀资源需求量逐年增长的国家来说,如何摆脱全球铀资源的垄断困境,已迫在眉睫。安全稳定的铀资源供应,是核工业发展的前提与基础,从核能产业发展前景、铀资源现状和长远供需来看,我国铀资源供应缺口巨大且将长期存在,加大铀资源的勘查力度、在国内大力开展科研和铀矿勘查工作成为保障铀资源安全的重要选择。

在自然界中,铀元素能与多种化学元素结合,因此铀矿物和含铀矿物在各种地质环境中不断被发现(Dahlkamp,1993;Cuney,2009,2012;IAEA,2016;IMA,2021)。晶质铀矿作为重要的工业铀矿物是天然铀矿石原料的主要来源,因此晶质铀矿成为众多学者的热门研究对象(Alexandre and Kyser,2005;Alexandre et al.,2015)。晶质铀矿是铀的简单氧化物,理论化学组成为 UO_2(Janeczek and Ewing,1992),从矿物形态及特征来划分晶质铀矿主要分为两种:高温条件形成的晶质铀矿(显晶质的晶质铀矿,也是传统上所说的晶质铀矿）（uraninite）与低温条件形成的沥青铀矿（隐晶质铀矿）（pitchblende）（Frimmel et al.，2014）。此外，国内一些学者将晶质铀矿或沥青铀矿的粉末状氧化物定义为铀黑（uranium blacks）并作为第三种种属来划分。从矿物学来说，晶质铀矿、沥青铀矿和铀黑都是一个矿物种，因此在国际矿物学协会（International Mineralogical Association，IMA）矿物名单中仅用"uraninite"一词代指沥青铀矿或晶质铀矿（IMA，2021），但它们形成的物理化学条件有差异（IAEA，2016）。一般铀矿床中沥青铀矿较为发育，因而对铀的简单氧化物的研究以沥青铀矿为主。尽管自然界中晶质铀矿作为副矿物在岩浆岩特别是花岗岩中分布较为广泛，但由于晶质铀矿颗粒细小，且分布较为分散，因此对晶质铀矿的研究程度远低于沥青铀矿（IAEA，2016）。天然晶质铀矿颗粒一般较为细小，同时分布较为分散，难以挑选，研究晶质铀矿的矿物学特征及其形成的物理化学条件，大多采用人工合成晶质铀矿的办法进行（闵茂中等，1992；姚莲英和仉宝聚，2014；沈才卿和赵凤民，2014；DeVetter et al.，2018）。前人人工合成试验结果表明，晶质铀矿在不同的还原条件、pH、温度及压力下，其矿物学特征参数具有显著差异。不同成因的晶质铀矿受不同形成温度、压力等条件的影响，REE（rare earth elements，稀土元素）总量和分馏、U/Th 比值[①]、典型微量元素（如 Zr、Y 等）含量具有明显的差异（Frimmel et al.，2014）。

近年来在康滇地轴元古宇混合岩中发现了多处富粗粒晶质铀矿的铀矿点：在米易海塔地区 2811 铀矿点石英脉中发现了大量稠密分布的粗粒状晶质铀矿（张成江等，2015；常丹，2016；刘凯鹏，2017）；在米易海塔 A19 铀矿点长英质脉中也发现了粗粒晶质铀矿（Xu et al.，2021）；在攀枝花大田 505 铀矿床发现了富含粗粒晶质铀矿的滚石并在地表发现了透镜体状钠长质铀矿体，在施工的钻孔中也发现了粗粒晶质铀矿（徐争启等，2015；欧阳鑫东，2017；Cheng et al.，2021）；在云南牟定 1101 铀矿点的钠长岩脉中也发现了粗粒晶质铀矿（汪刚，2016；徐争启等，2019a；郭彦宏，2021）。该类铀矿点富铀脉体中的铀矿物主要为晶质铀矿，而且是较粗大的晶质铀矿，单个晶质铀矿晶体粒径可以达到厘米级，作为天然产出的如此巨大的晶质铀矿在国内乃至世界范围内都十分罕见，引起了业内的广泛关注（张成江等，2015；王凤岗等，2017；孙泽轩等，2020；周君等，2020；尹明辉等，2021；Xu et al.，2021），为我们对晶质铀矿矿物学、年代学特征以及其成因机制研究提供了天然的、良好的研究对象。

对粗粒晶质铀矿矿物学、年代学特征及其成因机制的研究有助于提升晶质铀矿矿物学研究程度，有利于获得最新的晶质铀矿成因矿物学资料，有利于为进一步加深粗粒晶质铀矿的矿物学研究、加强康滇地轴铀矿找矿和评价工作、广泛开展康滇地轴与粗粒晶质铀矿有关的地质问题的探讨提供较为全面的基础性认识，有利于为探讨相关的铀成矿作用过程以及富铀脉体的成因、物质来源等提供丰富的地质信息，有利于提高以粗粒晶质铀矿为主要铀矿物的特富铀矿成矿理论的提升，也为下一步深入开展康滇地轴新元古代铀成矿机理研究奠定了基础；有助于为在康滇地轴开展铀矿科研工作提供技术和理论支持；有助于为在康滇地轴混合岩中开展特富铀矿的勘查与找矿、进一步选取有利找矿靶区和后期项目立项提供有力参考和支持。此外新元古代是全球重要的矿产形成期，而

①　本书元素符号之间的比值均代表元素含量的比值。

全球铀资源的分布情况则表明新元古代(1.0～0.7Ga)期间形成的铀资源较少，现有年代学数据表明新元古代是该区最主要的铀成矿期，康滇地轴成为开展新元古代铀成矿作用研究的理想区域。

1.1 国内外研究现状

1.1.1 晶质铀矿国内外研究现状

晶质铀矿作为最常见和最主要的工业铀矿物，是目前提取铀资源的主要矿物原料，具有十分重要的工业意义，因此在过去的几十年里成为众多学者的热门研究对象。对于晶质铀矿的研究，主要集中在几个方面：①研究晶质铀矿的形成年代及其地质意义(Molnár et al.，2017；Sahoo et al.，2018；Wu et al.，2018；Yuan et al.，2019)；②研究晶质铀矿地球化学特征，主要是晶质铀矿的化学组成与后期蚀变、微量元素的分布等(MacMillan et al.，2016a；Spano et al.，2017；Ozha et al.，2017；Martz et al.，2019)；③研究晶质铀矿的定年方法，如 TIMS(thermal ionization mass spectrometry，热电离质谱法)、SIMS(secondary ion mass spectroscopy，二次离子质谱法)、LA-ICP-MS(laser ablation inductively coupled plasma mass spectrometry，激光剥蚀电感耦合等离子体质谱法)、U-Th-Pb 计算化学年龄和投图趋势年龄(Bowles，1990；Alexandre and Kyser，2005；Pal and Rhede，2013；Waitzinger and Finger，2018；Corcoran and Simonetti，2020)；④研究晶质铀矿微观结构特征(Menez and Botelho，2017；Lewis et al.，2018；Yuan et al.，2019)。

1. 晶质铀矿成因研究

国外学者主要是在晶质铀矿的矿物学特征尤其是化学组成特征方面取得了诸多成果：晶质铀矿在结晶过程中容纳了各种微量元素，如 Th^{4+}、REE^{3+}、Y^{3+} 在八倍配位下，其离子半径与 U^{4+} 接近容易发生类质同象(Shannon，1976；Frimmel et al.，2014)，从而导致不同产地、不同成因的晶质铀矿在化学成分上具有显著差异(Cuney，2009)，这可能是由成矿期地质条件差异决定的，如温度、压力、流体成分、氧逸度等(Janeczek and Ewing，1992)。Th^{4+} 的低溶解度导致 Th 在水热环境中的活动性较差，高温成因的晶质铀矿比低温成因的沥青铀矿往往具有更高的 Th 含量，Th 含量长期以来是用来判别成矿温度的重要指标(Grandstaff，1981；Reimer，1987；Bea，1996)。前人针对铀氧化物中 REE 含量和分馏进行了诸多研究(Fryer and Taylor，1987；Maas and McCulloch，1990；Hidaka et al.，1992；Hidaka and Gauthier-Lafaye，2001；Mercadier et al.，2011)，Mercadier 等(2011)针对世界上典型岩浆岩型、同变质型、不整合面型、脉岩型、砂岩型和火山岩型的铀矿床中的铀矿物 REE 进行了研究，认为 REE 配分模式是定义有意义的成因类型的关键。Frimmel 等(2014)在前人工作的基础上开展研究，发现 U/Th 比值和 REE 总量是判断结晶温度的良好指标，并在此基础上提出了 350℃的阈值。

闵茂中等(1992)出版的专著《成因铀矿物学概论》总结了人工合成以及天然形成晶质

铀矿的物理化学条件,并从铀矿物的发生史、共生矿物组合、标型特征等多个方面,首次对铀矿物的成因进行了系统的研究。矿物特征不仅可以表征矿物的形成条件和矿物形成后经历的变化,还可以表征地质、地球化学环境的演化特征。如矿物晶型和矿物粒径大小对矿物形成时温度和物理化学条件变化具有一定的指示意义,晶质铀矿颜色、晶胞参数、含氧系数等对矿物形成时氧化还原环境变化具有一定的指示意义。

2. 全球铀成矿时代研究

前人基于铀矿物及其矿床类型认为铀矿类型与不同地质时期的演化过程密切相关(Nash et al.,1981;Hutchinson and Blackwell,1984;Hazen et al.,2009;Cuney and Kyser,2009;Cuney,2009,2010;Fayek et al.,2021):第一个时期约在4.5~3.1Ga,没有铀矿床形成;第二个时期约在3.1~2.2Ga,铀矿床以南非威特沃特斯兰德(Witwatersrand)和加拿大布莱恩德河(Blind River)为代表;第三个时期约在2.2~0.45Ga,出现了许多新的铀矿床类型,包括不整合面相关型、岩浆型、火山岩型、钠交代型、脉状型、夕卡岩型和铁氧化物-铜-金(IOCG)矿床;第四个时期约从0.45Ga至今,以砂岩型铀矿为代表。

在中国的地质历史演化中,铀成矿作用主要与前文所述的第三和第四时期相对应:古元古代(2500~1800Ma)的铀成矿作用分布地区表现为与钾质花岗岩密切相关,以连山关铀矿床、红石泉矿床为代表(Zhong and Guo,1988;吴迪等,2020;Zhong et al.,2020);早古生代(541~416Ma)铀成矿作用规模较大且类型较多,以陈家庄和光石沟矿床为代表(Yuan et al.,2019;Guo et al.,2021);晚古生代(416~252Ma)铀成矿作用范围较广,以白杨河矿床和达亮矿床为代表(衣龙升等,2016;徐争启等,2019b);三叠纪(252~200Ma)的铀成矿作用相对较弱,以赛马碱性岩型为代表(Wu et al.,2016);侏罗纪(200~145Ma)铀成矿作用较为发育且分布广泛;最主要的铀成矿期是自白垩纪以来(145Ma~至今),这与环太平洋构造带的活化和新特提斯洋构造带活动关系密切,以华南的花岗岩型铀矿、火山岩型铀矿和北方的超大型砂岩型铀矿为代表(蔡煜琦等,2015)。

Cuney(2010)总结的全球不同时代铀资源的分布情况表明全球铀资源主要集中在0.3Ga以后,而新元古代期间(1000~541Ma)形成的铀资源较少(图1-1)。值得注意的是,这与蔡煜琦等(2015)总结的中国铀成矿时代成果一致(图1-2),表明1000~541Ma铀成矿事件较少或缺失并非中国独有而是一种全球现象。

3. 前寒武纪地层铀矿研究

前寒武纪地层中铀矿不仅储量丰富,且类型多样,如众所周知南非威特沃特斯兰德盆地太古宇克拉通的古砾岩型铀矿(Minter,1978;Frimmel et al.,2014)、产在杂岩体中的非洲罗辛矿床(伟晶岩型)(左立波等,2015)、产在古元古界高级变质岩及混合岩中的加拿大阿萨巴斯卡铀矿床(Jefferson et al.,2007;Mercadier et al.,2013)、产于太古宇-古元古界的塔秦群高级角闪岩相变质岩系班克罗夫特伟晶岩型铀矿床(Desbarats et al.,2016)、产于新元古代地层中的刚果(金)欣科洛布韦热液铀矿床(Meneghel,1981)、产于中元古界与IOCG相关的澳大利亚玛丽凯瑟琳铀矿床(Mckay and Miezitis,2001)、产于太古宇-古元古界的变质杂岩与IOCG相关的澳大利亚奥林匹克坝铀矿床(Courtney-Davies et al.,

2020）。该类型铀矿赋矿地层形成时代老，矿石矿物主要为晶质铀矿和沥青铀矿，其中大部分为大型、超大型铀矿产出。

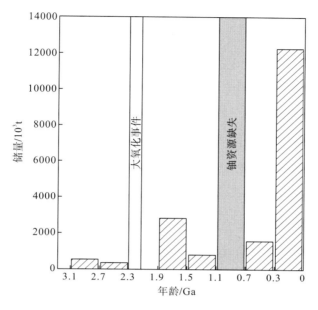

图 1-1　全球不同时期铀资源分布

（据 Cuney，2010 修改）

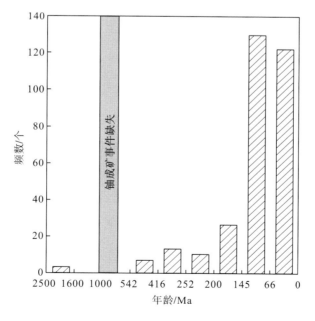

图 1-2　中国铀成矿时代统计

（据蔡煜琦等，2015 修改）

阿萨巴斯卡不整合面型铀矿床是最典型的成岩热液型铀矿床,铀矿体主要集中在太古宇和阿菲比亚变质岩基底以及上覆的赫和吉安阿萨巴斯卡建造的含粒非变质碎屑岩之间的不整合面,富石墨断层在此重新活化。阿萨巴斯卡盆地区铀矿床的成矿时代主要可以分为三期:(1540±38)Ma、(1247±88)Ma、(952±27)Ma,而针对铀的来源主要有两个观点:铀来自盆地盖层(Fayek et al.,2002),富铀变质基底是主要铀源(Hecht and Cuney,2000;Madore et al.,2000)。Derome 等(2005)通过流体包裹体测试研究认为在中元古代陆相、无有机质砂岩地层中形成的酸性中低温氧化富 Ca-Na 卤水在基底的渗透过程中完成了铀的原始富集。Richard 等(2012)通过利用激光剥蚀电感耦合等离子质谱法(LA-ICP-MS)对流体包裹体中铀含量的测试也表明铀在以 Ca 为主的卤水中富集。Chi 等(2013)研究认为较高的流体超压会阻碍氧化的流体循环进入盆地底部和基底,因此盆地底部的低流体超压可能是阿萨巴斯卡不整合型铀矿床形成的重要原因。

罗辛铀矿作为最典型的大型白岗岩型铀矿床,具有露天开采且开采时间较长的特点(左立波等,2015)。罗辛铀矿床所在的区域上地层主要包含新元古界斯瓦科普群、诺西布群及前寒武系阿巴比斯变质基底杂岩,如高度变质的前达马拉期阿巴比斯杂岩由眼球状混合岩化黑云母夕线石花岗质片麻岩、黑云母片岩和角闪岩组成,出露于斯瓦科普和可汗河流地区的穹窿中(Marlow,1981;Lehtonen et al.,1996)。基底杂岩中基巴拉花岗质片麻岩最小地质年龄为(1038±89)Ma(Krner et al.,1991)。罗辛铀矿床的形成时代为古生代(500Ma),Smith(1962)认为白岗岩中的铀来源于原始沉积的含铀沉积岩;Berning 等(1976)认为在同熔作用期,铀主要富集于以白岗岩质为主的残余熔浆中,因此仅在白岗岩的特定部位发现铀矿化,随后由于富铀熔融基底岩石向上进入盖层后在局部发生铀富集从而形成罗辛铀矿;Kinnaird 和 Nex(2007)提出铀成矿与晚期花岗岩侵入密切相关;高阳等(2012)则认为铀、钍等成矿元素由于高温重熔作用进入白岗质岩浆,并在后期的一系列结晶分异过程中发生铀富集从而成矿。

我国的主要铀成矿时代为中新生代,前寒武纪铀成矿不发育,所以学界长期以来认为我国新元古代铀成矿事件缺失。经过前人数十年的研究,研究人员在我国北方的前寒武纪混合岩中相继发现了铀矿点或铀矿床,如形成年代较老的红石泉铀矿床(张诚和金景福,1987;尧宏福,2017)以及辽东地区连山关铀矿床、弓长岭铁-铀矿床、六块地铀矿床、翁泉沟铁-硼-铀矿床(钟家蓉,1983;刘晓东等,2021)。它们的含矿围岩无一例外是前寒武纪地层或高级变质岩,工业铀矿物是晶质铀矿或脉状沥青铀矿。此外,还有一类产于前寒武纪地层的伟晶岩铀矿床,如陈家庄、小花岔、光石沟、纸房沟伟晶岩型铀矿床(冯明月,1996),它们的特点是成矿时代较新,但是铀成矿作用与前寒武纪混合岩地层关系密切。这几处铀矿化是我国与混合岩密切相关的铀矿化实例。其中最为典型的是辽东连山关地区和秦岭的丹凤地区铀矿床。

连山关铀矿产出在元古宇混合岩化作用形成的红色花岗质杂岩体边部的混合岩与变质岩接触带附近,铀矿床和铀矿点的展布严格受 NW 向韧性剪切构造控制,铀矿化产出形态以网脉状为主,矿体多呈脉状、透镜状、团块状,主要铀矿物为沥青铀矿。郭智添(1982)认为该铀矿床先后经历了沉积、变质、碱交代和热液充填等阶段,因此铀成矿具有多阶段和复合成因特点。钟家蓉(1983)研究认为铀矿床的形成受层位、构造及混合交代作用的联合控制,其中混合交代作用是形成铀矿的重要因素,工业铀矿化主要形成于混合岩化热液阶段。张家富和徐国庆(1994)从岩石学、岩石化学的角度阐述了连山关铀矿床的成因模式,认为韧-脆性剪切构造为控矿构造。仉宝聚和胡绍康(2010)研究了矿床的成因机制,认为连山关地区经历了区域变质作用、基底花岗岩活化与重就位、温度下降三个阶段,先后形成了沉积变质型(2114Ma)、碱交代型(1891Ma)、充填型(1829Ma)三种类型的铀矿体。李子颖等(2014)将连山关地区的铀成矿过程分为三个阶段,分别是古元古界辽河群浪子山组沉积及铀富集阶段、区域构造应力作用下的钠质混合交代岩(白色混合岩)形成阶段、韧性剪切由塑性变形转为脆性变形的铀成矿阶段。刘晓东等(2021)梳理了前人研究后认为后期应针对混合花岗岩背斜凸起深部延伸方向开展重点勘探。

北秦岭丹凤地区是我国重要的花岗伟晶岩密集区,也是伟晶岩型铀矿找矿成果最好的地区,目前已发现陈家庄、小花岔、光石沟、纸房沟 4 处伟晶岩型铀矿床,铀矿(化)点数十个以及异常点数百上千个,找矿潜力大。赋矿地层为古元古界秦岭岩群,为一套低角闪岩相-高角闪岩相的中深变质地层组合体(张宗清等,1994),该区伟晶岩脉沿含石榴二长花岗岩体和片麻状花岗岩体内外接触带广泛展布,主要类型有黑云母伟晶岩、二云母伟晶岩和白云母伟晶岩,其中与铀矿化密切相关的为黑云母伟晶岩(冯明月,1996;卢欣祥等,2010;冯张生等,2013;朱焕巧等,2015;王江波等,2020)。前人大量研究表明:丹凤地区含铀伟晶岩成岩年龄为 415~405Ma,认为含铀伟晶岩来源于秦岭岩群地层深熔变质作用形成的花岗闪长岩浆经多期次侵入活动形成的残余岩浆(郭国林等,2012;赵如意等,2013;刘刚等,2017;张帅等,2019;王江波等,2020)。

4. 晶质铀矿定年研究

铀矿定年是制约铀矿成矿时代及成矿规律研究的重要因素,因此沥青铀矿/晶质铀矿是研究铀矿床形成时代的最重要目标矿物之一(Chipley et al.,2007;Luo et al.,2015a,2015b,2017;骆金诚,2015;Ballouard et al.,2018;骆金诚等,2019)。经典铀矿物定年方法是采用化学溶解方式后以同位素质谱仪进行比值测定,然而受限于铀矿物在化学组成、形成条件、后生蚀变的差异等因素,化学溶解定年方法难以有效约束铀成矿时代(Luo et al.,2015a,2015b,2017;骆金诚等,2019),同时这种方法也需要消耗大量的较纯的晶质铀矿或沥青铀矿等独立铀矿物,严重限制了经典铀矿物定年方法的应用范围。

自从微区分析技术诞生以来,将微区分析和原位定年技术相结合的方法使得微区精确定年成为可能,特别是电子探针定年和原位 U-Pb 定年法,与传统定年法相比具有高空间分辨率、高样品利用率、高测试效率以及无需稀释剂等优势,可以在微尺度上获得多个成矿年龄,相比传统定年法极大地提高了测试精度(Chipley et al.,2007;葛祥坤,2013;宗克清等,2015;Luo et al.,2015a,2015b,2017;骆金诚,2015;骆金诚等,2019;钟福军等,2019)。利用电子探针测试铀矿物时获得的 U、Th、Pb 含量计算矿物形成年龄被广泛应用于铀矿物形成时代的研究(Bowles,1990;葛祥坤,2013;张龙等,2016;徐争启等,2017a;陈佑纬等,2019;裴柳宁等,2021),然而这种方法的最大缺陷是无法确定测定的样品是否遭受了后期蚀变。GBW04420 标样最近在国内被大量应用于微区原位 U-Pb定年,有效地弥补了电子探针定年存在较大误差的不足,极大地促进了晶质铀矿的年代学研究。近年来，一些学者利用 GBW04420 标样采用原位 U-Pb 分析技术获得了国内 335、光石沟、华阳川、翁泉沟等铀矿床（点）的形成时代（黄卉等，2020；赵宇霆等，2021），核工业北京地质研究院在康滇地轴的牟定 1101 铀矿点和攀枝花大田 505 铀矿床的富铀脉体也开展了相应的晶质铀矿原位 U-Pb 定年工作（武勇等；2020；刘瑞萍等，2021；Cheng et al.，2021）。然而，国内一些学者针对 GBW04420 标样测试的准确性提出了质疑，认为该标样的形成时代较新且铀元素分布不均匀，明确指出该标样测试结果需谨慎对待（肖志斌等，2020）。

5. 铀成矿理论研究

经典铀成矿理论认为大多数与中、低温热液流体有关的铀矿床，例如著名的阿萨巴斯卡不整合面型铀矿床，其中的铀被认为主要以 U^{6+} 的形式在流体中运移且低 pH 是形成高铀浓度的关键因素，随着氧逸度的降低在还原环境中以含 U^{4+} 的矿物形式沉淀下来，因为通常认为 U^{4+} 在溶液中的溶解度非常低（Hitzman and Valenta，2005；Hurtig et al.，2014；Richard et al.，2012）。近年来，通过人工合成晶质铀矿、模拟铀的运移与沉淀等试验对上述结果提出了质疑。沈才卿和赵凤民（2014）对人工合成的八面体晶质铀矿（2.5mm×3.5mm）进行研究，发现强还原环境且温度大于 450℃、压力大于 120MPa、强酸性（pH<4）、稀溶液（U 含量小于 23.8mg/mL）有利于晶质铀矿的形成和生长。姚连英和仉宝聚（2014）通过实验首次在低温 150℃ 的热液条件下合成了晶质铀矿，温度下降速度可以决定矿物的形态，温度下降缓慢则结晶速率低容易形成晶质铀矿，温度下降较快则有利于形成沥青铀矿。Timofeev 等（2018）模拟铀的运移与沉淀的实验研究表明，在温度大于 100℃ 的还原性流体中，铀以 U^{4+} 在流体中运移，铀的最终沉淀与含 U^{4+} 的流体和大气降水混合导致温度降低有关，氧化还原条件的改变并不是决定铀元素沉淀的唯一因素。

1.1.2 康滇地轴铀成矿研究现状

1. 康滇地轴铀矿地质研究现状

黄汲清教授 1945 年首次提出"康滇地轴"的概念（Huang，1945），用来泛指扬子西缘前震旦纪变质杂岩体广泛分布的区域，同时这一区域也是我国西南地区重要的铀矿化集中区之一。来自核工业系统以及成都理工大学等高校的广大铀矿地质工作者在康滇地轴开展了铀矿找矿、勘查和科研探索工作，经过前人 70 余年的努力，在区内已发现有花岗岩型、火山岩型、混合岩型和砂岩型等多种类型的不同成因的铀矿化点，发现了数十个铀矿（化）点及一大批铀异常点（带），取得了一系列重要成果。区内铀矿找矿和科研工作可划分4 个阶段。

（1）20 世纪 60 年代，核工业地质系统在康滇地轴开展的铀矿地质工作，主要对有利赋矿地段及主要异常点进行了大比例尺的地质调查工作，先后发现牟定 1101、大田 505、垭口 101、海塔 A10、建水 261、江川 306/307/305、普雄 414 等一批大铀矿点、矿化点，控制了少量铀资源量。

（2）20 世纪 80～90 年代中期，主要针对康滇地轴基底演化、铀成矿作用与环境开展工作：1984～1994 年，原西南地质局组织下属二八〇研究所、二〇九大队、二八一大队和云南地质调查队对康滇地轴开展了较系统的区调、科研和重点地区调研工作；1991 年核工业西南地勘局在昆明总结交流了多年来康滇地轴地质科研成果；1990～1993 年成都地质学院（现成都理工大学）李巨初教授承担了核工业总公司"康滇地轴中南段铀（金、铜）矿床成矿条件研究"项目，重点研究了康滇地轴中南段地质演化、主要铀成矿类型和成矿条件。

（3）2007～2014 年，重启康滇地轴铀矿找矿工作：2007～2008 年由成都理工大学执行的"康滇地轴中南段铀矿找矿方向"项目认为晋宁期混合岩化作用与铀矿化关系密切；2010～2011 年由成都理工大学执行的"康滇地轴中南段米易-元谋地区结晶基底岩系混合-交代作用与铀矿化研究"项目重点研究了大田地区变质原岩、深熔混合岩的岩石学特征、地球化学特征；2014～2015 年由成都理工大学执行的"康滇地轴热液铀矿成矿作用与找矿方向"项目指出构造控制的热液脉型矿化，以攀枝花大田地区最具找矿潜力，其次为米易海塔地区；2014～2015 年由核工业二八〇研究所执行的"四川省米易—攀枝花地区铀多金属矿成矿条件研究"项目综合分析了该区岩浆岩-岩性、构造地质、热液活动等成矿地质条件，进一步提出了有利于成矿的地段。

（4）2015 年至今，重点对康滇地轴开展新一轮勘查与科研工作：2015 年成都理工大学张成江教授在米易海塔 2811 铀矿点石英脉中发现粗粒晶质铀矿，引发了业内的广泛关注，揭开了粗粒晶质铀矿研究热潮；2016～2019 年核工业二八〇研究所在大田 505 铀矿点开展预查、普查工作，发现多处含粗粒晶质铀矿钻孔，并将大田 505 铀矿点发展为小型铀矿床；2016～2017 年核工业二八〇研究所执行的"四川省攀枝花—米易地区高品位铀矿石产出特征及控矿因素研究"项目初步查明了米易海塔、大田、牟定三个地区富铀矿石产出特征及控矿因素；2016～2017 年核工业北京地质研究院执行的"康滇地轴永郎—禄丰地区铀成矿环境研究及远景评价"项目研究发现铀矿化的形成与该区发育的晋宁澄江岩体具有密切的成因联系；2020～2021 年成都理工大学铀矿地质团队针对康滇地轴的主要铀矿点进行了详细的野外地质调查，并在海塔 A19 铀矿点长英质脉中再次发现了粗粒晶质铀矿。

2. 铀成矿作用研究现状

现阶段对康滇地轴内产于前寒武纪混合岩中的铀成矿作用共有两种成因模式假说，分别为混合岩化高温热液型、岩浆结晶分异型，其中又以混合岩化高温热液型应用最为广泛。

（1）混合岩化高温热液型：根据赋矿围岩，戴杰敏和朱西养（1992）认为产于前寒武纪混合岩中的铀矿化属于混合岩型；王鼎云和刘凤祥（1993）在研究中将牟定 1101 产于混合岩中的铀矿化定义为花岗岩型所属的混合岩亚型；李巨初等（1996）首次将米易海塔、米易垭口、大田 505、牟定 1101 等铀矿化定义为元古宇变质混合杂岩中的单铀型矿化。新世纪以来，伴随着康滇地轴铀矿地质勘查工作的重启，根据赋矿岩性，诸多学者将米易海塔、米易垭口、大田 505、牟定 1101 等铀矿点明确定义为与混合岩化作用有关的高温热液型（李莎莎，2011；姚建，2014；常丹，2016；汪刚，2016；欧阳鑫东，2017；屈李鹏，2019；徐争启等，2019a）。

(2)岩浆结晶分异型：王凤岗等(2020)针对大田505铀矿床Ⅱ号带富铀陡壁透镜状铀矿体开展岩石学、矿物学、地球化学研究工作，认为其具有地幔来源的特征和岩浆成因属性；王凤岗和姚建(2020)研究认为牟定1101铀矿点的钠长岩脉中粗粒晶质铀矿是水桥寺高分异岩体黑云母微斜长花岗岩-含黑云母微斜长钠长花岗岩-钠长花岗岩-钠长岩演化分异过程中的最远端产物，并认为牟定地区铀矿化为一种与钠长岩有关的新的铀矿化类型，具有岩浆结晶分异成因特征。

3. 存在问题

近年来，尽管众多学者对混合岩中新发现的粗粒晶质铀矿进行了较多的研究，也进行了一些初步的探讨，但是这些研究成果具有诸多争议，存在的主要问题如下。

1)粗粒晶质铀矿的形成时代具有较大争议

铀成矿时代的厘定对于研究铀矿床的成矿地质背景、成矿物质来源及成矿机制等因素至关重要。在前期的研究中初步发现，来自牟定1101、大田505、海塔2811/A19铀矿点的富铀脉体中粗粒晶质铀矿的定年结果差异较大：牟定1101铀矿点钠长岩脉中粗粒晶质铀矿形成时代具有较大争议(1060Ma和950Ma)；海塔铀矿点石英脉和长英质脉中的晶质铀矿电子探针年龄较新(约240Ma)，而与A19铀矿点长英质脉中和粗粒晶质铀矿共生辉钼矿(761Ma)形成于新元古代事实不符。

2)粗粒晶质铀矿的矿物学特征研究程度较低

当前研究仅是对粗粒晶质铀矿进行了简单的描述。晶质铀矿的矿物学特征在反演成因方面如何应用，如晶质铀矿的形态、化学组成、共生组合在成因矿物学研究领域的意义如何？诸如此类研究尚未开展，这严重制约了对天然晶质铀矿矿物学的研究程度。

3)粗粒晶质铀矿的成因机制不够明确

现阶段对研究区内产于前寒武纪混合岩或混合岩地层中的铀矿化共划分有两种成因模式假说，分别为混合岩化高温热液型、岩浆结晶分异型。粗粒晶质铀矿是何种成因类型？混合岩化作用与铀成矿作用之间的关系如何？迄今为止，针对晶质铀矿成矿物质来源和形成条件的研究工作尚未开展，那么形成粗粒晶质铀矿的物质从何而来？这些问题的答案到目前为止仍然不够明确，严重制约了晶质铀矿的成因机制研究。

1.2 基 础 工 作

1.2.1 样品采集情况

通过对康滇地轴米易海塔2811/A19铀矿点、攀枝花大田505铀矿床、牟定1101铀矿点的富铀脉体开展野外地质调查，研究团队系统地采集了富铀脉体及围岩样品。其中包括

2811 铀矿点富晶质铀矿石英脉样品 12 件，围岩（片麻岩）样品 5 件；A19 铀矿点富晶质铀矿石英脉样品 8 件，围岩（片麻岩）样品 5 件；攀枝花大田 505 铀矿床钻孔样品 30 件，混合片麻岩样品 10 件，富石墨石英片岩样品 2 件；牟定 1101 铀矿点富晶质铀矿粗钠长岩脉样品 7 件，富晶质铀矿细钠长岩脉样品 3 件，围岩（斜长角闪片岩）样品 5 件。

1.2.2　样品前处理情况

光薄片、电子探针片制作在河北省地质测绘院实验室完成；岩矿鉴定、显微照相、反射率测试、显微硬度测试在成都理工大学综合岩矿鉴定实验室进行；粗粒晶质铀矿的分选和粉碎（200 目）工作在成都理工大学地球化学实验室完成；XRD（X-ray diffraction，X 射线衍射）工作在自然资源部构造成矿成藏重点实验室（成都理工大学）采用 Bruker D8 Advance X 射线衍射仪完成；部分扫描电镜工作在中国地质调查局天津地质调查中心和东华理工大学完成。

1.3　主要研究方法

在多个高校/企业实验室利用多种方法针对晶质铀矿及其共生矿物开展了测试和分析工作，主要包括：①基础工作，主要包括样品采集、光薄片和电子探针片制作、岩矿鉴定、显微照相、反射率测试、显微硬度测试、X 射线粉晶衍射、扫描电镜等工作。②光学分析工作，主要包括针对晶质铀矿以及榍石开展的 TESCAN 综合矿物分析仪（TESCAN integrated mineral analyzer）扫面（矿物分析）、电子探针分析和扫面、价态分析工作。③微区原位分析工作，主要包括针对榍石矿物开展的原位 LA-ICP-MS U-Pb 定年、原位微区微量元素测试工作；针对锆石矿物开展的原位 LA-ICP-MS U-Pb 定年工作；针对晶质铀矿和榍石开展的原位 LA-ICP-MS Nd 同位素测试工作。

1.3.1　TIMA 扫面

TIMA 可以对矿物微区结构构造进行系统扫描成像，出具定量化的成分及微区填图数据和图像，为进一步有针对性地开展微区研究提供非常可靠的、直观的基础支撑。本次在广州市拓岩检测技术有限公司利用 MIRA3 扫描电镜对晶质铀矿特别是 2811 铀矿点的粗粒晶质铀矿开展了一系列的 TIMA 扫面工作测试。将电子探针片样品在实验前进行喷碳处理。具体实验参数为：实验中加速电压为 25kV，电流为 10nA，工作距离为 15mm，电流和 BSE（back scattered electron，背散射电子）信号强度使用铂法拉第杯自动程序校准，EDS（energy dispersive spectrometer，能谱仪）信号使用 Mn 标样校准。测试中使用解离模式，同时获取 BSE 图和 EDS 数据，每个点的 X 射线计数为 1000。像素大小为 0.2μm，能谱步长为 0.6μm。

1.3.2　电子探针

选取康滇地轴米易海塔 2811/A19 铀矿点、攀枝花大田 505 铀矿床、牟定 1101 铀矿点富铀脉体中典型粗粒晶质铀矿及其共生的榍石分别在东华理工大学核资源与环境国家重点实验室和南京大学内生金属矿床成矿机制研究国家重点实验室电子探针室开展电子探针分析和部分扫描电镜(scanning electron microscope, SEM)工作。其中扫面电镜主要用于观察晶质铀矿及其共生矿物榍石的形貌和内部结构并拍摄 BSE 图像,电子探针主要用于分析晶质铀矿的主量元素含量。仪器型号为 JXA-8230,工作条件为:加速电压 15.0kV,束流 20.0nA,束斑直径 1μm,修正方式为 ZAF(Z 为原子序数修正因子,A 为吸收修正因子,F 为荧光修正因子),测试过程按照《硅酸盐矿物的电子探针定量分析方法》(GB/T 15617—2002)标准执行。

电子探针扫面分析在中国地质调查局天津地质调查中心实验室完成,仪器型号为日本岛津公司生产的 EPMA-1600,采用钨丝热发射电子枪,分光晶体采用 Johanson 型全聚焦分光晶体,加速电压:$0.2\sim30$kV(可调步长$\leqslant0.5$kV),电子束流:$10^{-12}\sim10^{-5}$A,束斑直径:$1\sim5$μm,修正方式为 ZAF,连续可调。

1.3.3　价态分析

选取康滇地轴米易海塔 2811 铀矿点、攀枝花大田 505 铀矿床富铀滚石、牟定 1101 铀矿点富铀脉体中晶质铀矿样品在成都科学指南针分析测试公司开展 X 射线光电子能谱(X-ray photoelectron spectroscopy, XPS)铀矿物价态分析工作。XPS 设备仪器厂家 Thermo Fisher 生产的型号为 Thermo Scientific K-Alpha$^+$仪器,测试参数如下:分析室的真空度大约为 5×10^{-9}mbar(1bar=10^5Pa), X 射线源为单色化 AlKα源(Mono AlKα),能量为 1486.6eV,电压为 15kV,束流为 15mA,分析器扫描模式为 CAE(constant analyzer energy,恒分析器能量),仪器功函数为 4.2,束斑直径 100μm。测试数据使用 Avantage 软件进行校正后进行分峰从而获得铀元素的价态比值。

1.3.4　原位微区 U-Pb 同位素及微量元素测试

分别选取米易海塔铀矿点、攀枝花大田 505 铀矿床、牟定 1101 铀矿点富铀脉体和 1101 铀矿点围岩中榍石矿物开展 U-Pb 同位素年龄分析,选取攀枝花大田地区富石墨石英片岩样品中锆石开展 U-Pb 同位素年龄分析。在河北省地质测绘院实验室对本次采集的岩石样品进行粉碎、筛选、常规重液和磁选等步骤来完成分离单颗粒锆石、榍石、独居石等分选、制靶、拍照工作。

对制备好的锆石、榍石、独居石样品靶由南京聚谱检测科技有限公司实验室采用 LA-ICP-MS 法进行 U-Pb 定年。根据阴极发光图像揭示的锆石、榍石颗粒形态特征和内部结构,选择适合的位置进行 U-Pb 同位素测定。分析仪器为 193nm ArF 准分子激光剥蚀系统和电感耦合等离子体质谱仪(ICP-MS),由准分子激光发生器产生的深紫外光束经匀化光路聚焦于锆石、榍石表面,能量密度为 3.5J/cm^2,束斑直径为 33μm,频率为 5Hz,共剥蚀 50s。其中电感耦合等离子体质谱仪由安捷伦公司制造,型号为 7700X。锆石测试采用常用的 SRM 610、91500 std、GJ-600、Ple-337 等多种锆石标准监控锆石年龄值,采用 NIST 610 玻璃标样为外标监控 Pb、U、Th 的含量,用 ^{208}Pb 的含量来进行普通铅校正。榍石测试过程中以标物榍石 BLR-1(1047Ma,产于加拿大安大略省)为外标校正仪器质量歧视与元素分馏,同时作为盲样检验 U-Pb 定年数据质量;以 BHVO-2G、BCR-2G、NIST SRM 612、SRM 610 为外标,采用"无内标-基体归一法"标定榍石的微量元素含量,一部分含有普通铅的榍石,经 Tera-Wasserburg 图解获得下交点年龄,再通过 ^{207}Pb 法扣除普通铅。后期数据处理用 ICPMS-Datecal 程序和 Isoplot 来实现。

1.3.5　晶质铀矿原位微量元素测试

粗粒晶质铀矿在武汉上谱分析科技有限责任公司完成 LA-MC-ICP-MS 原位微区微量元素测试工作。分析用激光剥蚀系统为 GeoLas HD,等离子体质谱仪为 Agilent 7900;激光能量 80mJ,频率 5Hz,激光束斑直径 32μm。主微量元素含量处理中采用玻璃标准物质 NIST 610、BHVO-2G、BIR-1G、BCR-2G 作为外标样,以 7 个样品点夹一个 SRM 610 标样,以 ^{238}U 为内标元素进行微量元素校正。每个时间分辨分析数据包括大约 20s 空白信号和 50s 样品信号。测试完成后以电子探针获得 U 含量数据为标准对本次数据进行校正。后期数据处理用 ICPMS-Datecal 程序来实现。

1.3.6　晶质铀矿、榍石微区原位 Nd 同位素测试

富铀脉体中典型粗粒晶质铀矿及其共生榍石在南京聚谱检测科技有限责任公司完成 LA-MC-ICP-MS Nd 同位素测试工作。准分子激光发生器产生的深紫外光束经匀化光路聚焦于独居石表面,能量密度为 4.5J/cm^2。先收集 20s 气体本底,随后以 23μm 束斑、5Hz 频率剥蚀 40s,气溶胶由氦气送出剥蚀池,与氩气混合后进入 ICP-MS。测试过程中每隔 10 颗晶质铀矿或榍石样品,交替测试 3 颗标物独居石(包括 44069、M2、M4、Trebilcock、Namaqualand-2),以检验 Nd 同位素比值的数据质量。

第 2 章　区域地质概况

康滇地轴地处扬子板块西南缘(图 2-1)，其北侧为松潘-甘孜地块，西侧为三江构造带，纵跨云南、四川两省，北起康定-泸定南达云南红河一带，呈向北收敛、向南撒开的"帚状"狭长构造带。区内地质构造复杂、岩石组合多样、矿产资源丰富，是一个特殊的地质构造单元(图 2-1)，主要表现为晋宁期褶皱隆起与大规模中酸性岩浆侵位，区内变质作用、混合岩化作用强烈；加里东期以来的拗陷与北部华力西期—印支期大规模基性—中酸性岩浆侵位，构造热液活动频繁而强烈；中新生代以来，在泸定—米易台拱内部以及两侧形成大量内陆河湖相盆地。区内褶皱、断裂构造极为发育，发育众多高级变质杂岩、TTG(英云闪长岩—奥长花岗岩—花岗岩闪长岩)岩套等古老的地层及古生界-新生界的沉积建造，同时其在漫长的地质时期里经历了十分复杂的地质演化和多阶段、多期次的成矿作用，形成了复杂的地质构造单元和重要的多金属成矿带，先后发现了一大批矿产资源，是中国西南地区最重要的矿产资源聚集区之一。

2.1　地　　层

区内地层发育较齐全，从古元古界至新生界均有出露。区内出露有大量的中-新元古界地层，是中国前寒武纪地层较为发育的地区之一，它们组成了康滇地轴特殊的多元地壳结构(罗一月等，1998)。根据前人的观点(潘杏南等，1987；Ran et al.，1995；耿元生等，2007)，可以将地层分为基底(结晶基底、褶皱基底)和盖层两部分：古元古代以前的地层以及古元古界大红山群、河口群、康定群构成结晶基底，中元古代—新元古代早期昆阳群、会理群构成褶皱基底；新元古界震旦系及古生界、中新生界各系地层构成沉积盖层。

2.1.1　新太古界—古元古界(Ar_3—Pt_1)

1. 康定群(Pt_1K)

康定群呈南北向狭长地带中连续分布的变质混合杂岩系，其变质程度较高，出露于北起康定南至攀枝花仁和。自下而上分为：①咱里组，以灰黑色斜长混合片麻岩、斜长角闪岩夹角砾状混合岩为主；②冷竹关组，以灰白色混合岩化黑云变粒岩、混合片麻岩互层为主，夹混合岩、浅粒岩、石墨片岩、云母片岩和板岩；③五马箐组，上部以石英片岩为主，夹二云片岩、红柱石片岩及变粒岩，下部以混合岩化变粒岩为主。以暗色细—中细粒斜长角闪岩(图 2-2)及各种角砾状混合岩、条带状混合岩、片麻岩、斜长角闪岩为主，各类岩

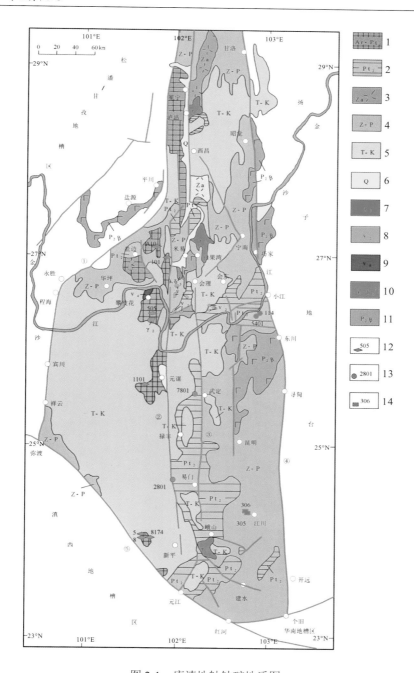

图 2-1　康滇地轴铀矿地质图

(据戴杰敏和朱西养，1992)

1-康定群、河口群、大红山群、苴林群；2-会理群、昆阳群、盐边群、登相营群；3-下震旦统火山岩；4-新元古界—古生界地台型沉积；5-中生界陆相盆地沉积；6-第四系；7-晋宁期花岗岩；8-澄江期—晋宁期基性岩；9-华力西期基性岩；10-印支期石英闪长岩；11-峨眉山玄武岩；12-混合岩型铀矿点及编号；13-碳硅泥岩型铀矿点及编号；14-砂岩型铀矿点及编号；①箐河-程海断裂；②元谋-绿汁江断裂；③安宁河-易门断裂；④甘洛-小江断裂；⑤红河-元江断裂

脉和小岩体大量侵入其中(图 2-3)，局部尚夹少量云母片岩、麻粒岩和变粒岩。麻粒岩呈黑色、灰黑色，具斑杂状色调，全晶质粒状结构，略显片麻理构造，宏观上呈角砾状，角砾大小差异极大，大者可达几平方米，小者仅几平方厘米，呈交代浑圆状至云染、迷雾状团块，一般无定向构造。混合岩化角闪黑云斜长片麻岩(Pt_1Kgm)基体以暗色黑云母斜长片麻岩为主，夕线石黑云母片麻岩、黑云母角闪片岩次之，脉体以长英岩质与花岗岩质为主，并见伟晶岩脉与石英脉，呈条带状，脉体数量为 10%~30%。眼球状混合麻岩(Pt_1Kgm^a)基体以暗色黑云母斜长片麻岩为主，含少量闪长岩质，脉体为眼球状构造，成分以钾长石变斑晶为主，含石英—长石或长石集合体，尺寸 0.2cm×0.5cm~0.5cm×2.0cm。条带黑云斜长混合岩(Pt_1Kgm^b)：基体以暗色条带状黑云母斜长片麻岩、黑云母片岩为主，脉体以浅色条带状花岗岩质和长英质为主，条带中见暗色基体残留与残留变质矿物(石榴子石)。黑云斜长角闪混合岩(Pt_1Kgm^c)为黑云母斜长片麻岩质混合岩受动力变质作用的产物，成分以中性斜长石、石英为主，含黑云母及角闪石。上述混合岩组成近似东西向混合岩带，总厚度为 1700~3900m。

图 2-2　斜长角闪岩照片　　　　　　　　图 2-3　岩脉贯入斜长角闪岩中
拍照地点：大田—永仁已建高速公路旁　　　　拍照地点：大田—永仁已建高速公路旁

2. 苴林群(Pt_1J)

苴林群(Pt_1J)分布于元谋—苴林—戌街一带，主要岩性为花岗片麻岩(图 2-4)、云母石英片岩(图 2-5)及千枚状石英片岩、斜长角闪片岩(图 2-6)、眼球状云母石英片岩(图 2-7)，夹石英岩及云母长石石英片岩，常见角闪石英片岩、石榴子石云母石英片岩。其中片麻岩类为花岗片麻岩，矿物成分为碱性长石、石英、黑云母，副矿物为绿泥石、磷矿石、锆石等；片岩类有云母石英片岩、石英黑云母片岩、白云母片岩、黑云母片岩、眼球状云母石英片岩、石榴子石云母片岩，各种片岩常互层产出，矿物成分为石英、斜长石、云母、角闪石，副矿物为电气石、锆石、榍石、磷铁矿等。有人称苴林群为普登岩群。

图 2-4　花岗片麻岩

拍照地点：牟定狗街上村

图 2-5　云母石英片岩

拍照地点：牟定狗街上村

图 2-6　斜长角闪片岩

拍照地点：1101 铀矿点

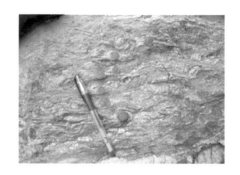

图 2-7　云母石英片岩（含结核）

拍照地点：1101 铀矿点

3. 河口群（Pt₁HK）

河口群地层出露于扬子地块西南缘康滇地轴中段，主要分布于会理市黎溪、河口及姜驿一带，构成河口复式背斜核部，出露面积较小（约 32km²），与上覆会理群呈断层接触，总厚度约 1500m。岩性主要为一套高绿片岩相—低角闪岩相的变质火山—沉积岩，由酸性变钠质火山岩、（石榴子石）黑云母片岩、千枚岩、板岩、大理岩等组成，自下而上分为大营山组、落凼组和长冲组 3 组。每组地层为 3 个火山喷发-沉积旋回，每一个旋回以正常沉积开始，火山喷发结束；大营山组以石榴子石石英白云母片岩和钠长变粒岩为主。含变质凝灰岩、白云母石英片岩及白云质大理岩；落凼组以石榴子石黑云母片岩、钠长石变粒岩及云母石英片岩为主；长冲组以石榴子石白云母片岩、绢云石英千枚岩和碳质板岩为主。其中落凼组地层是拉拉 IOCG 矿床的主要赋矿层位，自下而上分为四个岩性段：下沉积变质岩段（Pt₁HK$^{1-1}$）以浅灰色白云母片岩、云母石英片岩及银灰色石榴子石白云母片岩为主，夹黑色板岩，顶部夹硅化白云质灰岩透镜体，局部含铜；下变质火山岩段（Pt₁HK$^{1-2}$）以灰色片理化含磁铁碎粒钠长岩为主，夹少量白云母长石片岩，中部为长英二云片岩，局部含铁；上沉积变质岩段（Pt₁HK$^{2-1}$）以碳酸盐岩、白云母片岩为主，中部夹黑色板岩及少量石榴子石云母片岩、云母石英片岩以及透镜状结晶灰岩；上变质火山岩段（Pt₁HK$^{2-2}$）以灰、灰白色碎粒钠长岩、重结晶钠长岩、重结晶钠长斑岩、角斑岩为主，夹云母长石片岩及少量石榴子石黑云母片岩、角闪片岩，中部夹透镜状结晶灰岩。

4. 大红山群(Pt_1D)

大红山群(Pt_1D)分布于康滇地轴南端西缘，介于红河深断裂与绿汁江深断裂所夹持的滇中地区，北西向邻近哀牢山构造带交切部位，零星出露于云南省新平县和元江县地表，岩性为一套高绿片岩相—低角闪岩相变质火山岩—沉积岩建造，由各种片岩、石英岩、硅质岩、大理岩及变粒岩组成，主要经历了绿片岩相—低角闪岩相变质作用。从下到上分为老厂河组(Pt_1Dl)、曼岗河组(Pt_1Dm)、红山组(Pt_1Dh)、肥味河组(Pt_1Df)及坡头组(Pt_1Dp)，其中曼岗河组、红山组均为一套变质海底火山喷发-沉积建造，二者表现出韵律性的喷发-沉积旋回。

大红山群同位素年代学研究表明，大红山群老厂河组的形成年龄约为1711～1686Ma，曼岗河组形成年龄约为1687～1675Ma，红山组形成年龄约为1665～1659Ma，基性辉绿岩岩墙侵入时间为(1659±16)Ma，所以大红山群地层的火山喷发-沉积时限约为1711～1659Ma。

2.1.2 中元古界(Pt_2)

1. 盐边群(Pt_2YB)

盐边群(Pt_2YB)分布于盐边县一带，按其沉积旋回、岩相及岩性特征分为三段。第三段为青灰、深灰色绢云板岩、白云质板岩及白云质灰岩，白云质灰岩为中至厚层状、局部为块状角砾状，沿走向常变为白云质板岩。第二段为青灰、深灰色绢云板岩夹碳质板岩及砂质板岩，底部为厚约20m的变质砾岩，砾石成分主要为硅质岩及酸性火山岩，粒径一般为2～4cm。第一段为变质玄武岩，夹板状硅质岩，总厚度为6710m。

2. 会理群(Pt_2H)、昆阳群(Pt_2K)

因民组(Pt_2y)主要分布于黎溪一带。上部为深灰色绢云板岩夹含砾不等粒砂岩；中部为紫灰、暗灰色泥质绢云板岩；下部为褐灰、紫灰色角砾岩夹板岩。厚度大于324m。与上覆地层落雪组呈整合接触。

落雪组(Pt_2l)分布范围与因民组基本一致。上部为褐黄色泥质及白云质粉砂岩与绢云板岩互层；中部为具硅质条带及圆藻的白云岩；下部为薄层白云岩与粉砂质绢云板岩互层。厚度为156～263m。与上覆黑山组呈整合接触，与河口群呈断层接触。

黑山组(Pt_2hs)、鹅头厂组(Pt_2e)分布范围与落雪组基本一致。主要岩性为条带状绢云板岩夹白云岩与粉砂岩透镜体，底部为绢云板岩与粉砂岩互层和细粒石英砂岩夹绢云板岩。厚度大于872m，与上覆地层青龙山组呈整合接触，与侏罗系白果湾组呈角度不整合接触。

青龙山组(Pt_2q)分布于黎溪北东部。主要岩性为灰岩、白云岩。上部为瓦灰色、灰色白云岩，细晶灰岩及绢云母泥质页岩；中下部为具硅质条带白云岩、灰岩夹泥质板岩。厚度大于 1985m，与上覆地层淌塘组呈整合接触。

淌塘组(Pt_2t)分布范围与青龙山组基本一致。主要岩性为板岩、大理岩。上部以深灰色板岩、灰色千枚岩、绢云母片岩为主，夹一层白色厚层角砾状粗晶大理岩。大理岩夹层厚 10～80m 不等。下部以深灰色板岩为主，底部为多层灰白色大理岩，靠下部夹灰、深灰色硅化灰岩或大理岩透镜体，局部含铜。厚度大于 2000m，与上覆地层力马河组呈断层接触。

力马河组(Pt_2lm)分布于黎溪一带，与淌塘组分布范围基本一致。主要岩性为石英岩和千枚岩。分为上、下两段：上段为深灰色条带状泥质绢云板岩夹薄层粉砂岩，局部夹泥质灰岩、隐晶灰岩；下段为灰黑色泥质板岩及石英粉砂岩互层。厚度大于 908m。与上覆地层凤山营组呈整合接触，与白果湾组呈断层或角度不整合接触。

凤山营组(Pt_2f)主要分布于黎溪北东部。主要岩性为灰白色、浅灰色中至厚层微粒灰岩或白云质灰岩，局部夹泥质灰岩、千枚岩。厚度大于 169m。与上覆地层天宝山组呈断层接触，与灯影组、白果湾组呈断层或角度不整合接触。

天宝山组(Pt_2tb)、迤拉厂组(Pt_2yl)分布于会理南西部和汤郎地区。主要岩性为白云岩。分为三段：上段为白云片岩、二云片岩；中段为白云岩及泥质白云岩；下段为千枚岩、板岩、白云质粉砂岩夹白云岩，偶夹含铜磁铁矿。厚度大于 2900m，与震旦系灯影组呈断层或不整合接触。

2.1.3　新元古界(Pt_3)—震旦系

苏雄组(Z_1s)分布于白坡山—麻陇一带。岩性大致可以分为三段：上段为灰绿色流纹岩、石英斑岩夹紫红色、砖红色流纹岩，顶部为流纹质凝灰熔岩、熔凝灰岩、凝灰熔岩；中段为灰绿色、灰紫色流纹岩、石英斑岩、凝灰质流纹岩、流纹质熔灰岩互层；下段为灰黑色粉、砖红色流纹英安岩、流纹岩。厚度为 0～3125m，不整合于晋宁期石英闪长岩之上，与上覆地层列古六组呈不整合接触。

列古六组(Z_2l)分布范围与苏雄组基本一致。主要岩性为灰绿色厚层细至中粒长石砂岩夹板岩、粉砂岩。顶部为紫红色页岩；下部由紫红色凝灰质砂岩、砾岩组成多个旋回。厚度为 0～770m。与上覆地层观音崖组呈整合接触，与盐边群呈不整合接触。

观音崖组(Z_2g)分布于盐边东部茶海—草坝子一带、会理南西部和攀枝花南西部。根据岩性、岩相、沉积旋回等特点分为上、中、下三段：上段为紫红色灰质页岩与深灰色灰岩互层；中段为灰白色白云岩、燧石条带灰岩与黄色页岩互层；下段为灰白色石英砂岩、长石石英砂岩及含砾长石砂岩。底部具复杂砾岩。厚度为 250～1050m。与上覆地层灯影组呈整合接触，与盐边群呈断层接触，与康定群呈角度不整合接触。

灯影组(Z_2dn)分布范围与观音崖组基本一致。主要为镁质碳酸盐岩相的白云岩、白云质灰岩。根据其岩性、含矿性、沉积旋回等特征可分为上、下两段：上段为灰、灰白色薄至中厚层状燧石条带白云岩、叠层石白云岩；下段为灰、深灰色粒状白云岩，局部地区多为条带状白云岩。厚度为 0～1700m，与下寒武统呈整合接触。

2.1.4 古生界（Pz）

1. 寒武系（$\in$）

下寒武统（$\in_1$）：分布于会理北西部与天宝山一带。主要岩性为黄、黄绿、灰绿色粉砂岩，石英砂岩、长石石英砂岩、砂质页岩，局部夹白云岩，为滨—浅海相碎屑岩建造。厚度为 0～564m。与西王庙组、汤池组呈整合接触。

中寒武统：①西王庙组（$\in_2x$）、双龙潭组（$\in_2s$），分布于米易北东部、会理北西部和万德—田心一带，主要岩性为紫红色不等厚层状细粒泥质砂岩、泥质粉砂岩，上部夹一至三层白色中至厚层状细粒长石石英砂岩，为滨—浅海相碎屑岩建造，厚度为 81～429m，与二道水组、汤池组呈整合接触。②二道水组（$\in_3e$），分布范围与西王庙组基本一致，主要岩性为浅灰、深灰色中—厚层状致密泥砂质白云岩夹紫红、黄绿、灰色钙质页岩、钙泥质砂岩和泥质灰岩，厚度为 154～512m，与红石崖组呈整合接触。

2. 奥陶系（O）

区内缺失上统和中统，仅出露下统。根据岩性、岩相、沉积旋回和古生物组合，可分为汤池组、红石崖组和巧家组。

汤池组（O_1t）分布于万德—营盘山一带，主要岩性为紫红色夹灰白色薄层石英砂岩、长石石英砂岩夹灰绿色页岩，顶部为灰绿及黄绿色页岩，厚度约为 856m，与红石崖组呈整合接触。

红石崖组（O_1h）分布于米易北东部、会理北西部和万德一带，主要岩性为砂岩，上部为紫红色厚层状细粒石英砂岩夹灰绿、黄色页岩、粉砂岩，顶部具泥灰岩；中部为灰绿、黄色夹紫红色页岩、粉砂岩，间夹灰白色细粒石英砂岩；下部为灰白色中至厚层状细粒石英砂岩。为一套滨海—浅海相砂页岩沉积。厚度约为 1055m，与巧家组、下二叠统呈整合接触，与白果湾组呈角度不整合接触。

巧家组（O_1q）仅出露于万德地区，主要岩性为白云质灰岩，其上部为灰色薄层状致密石英岩、石英砂岩与灰色白云质灰岩互层，下部为灰、灰白色中厚层至块状白云质灰岩。厚度约为 698m，与白果湾组呈角度不整合接触。

3. 志留系（S）

分布于甘洛—昭觉—会理地区，以页岩或砂岩为主，夹砂岩、硅质岩、粉砂岩、灰岩等，为一套滨海—浅海碎屑岩、页岩及碳酸盐岩建造，与奥陶系多为假整合接触。

4. 泥盆系（D）

仅出露中泥盆统（D_2），零星分布于康滇地轴北西部。主要岩性为白云岩。上部为灰、深灰色中至厚层状白云岩夹灰岩，偶夹油页岩；下部为紫红色页岩夹灰绿色条带。厚度约为 415m，与石炭系呈平行不整合接触。

5. 石炭系 (C)

分布于盐边红花—草坝子—黑占田一带。上部为灰色白云质灰岩、白云岩夹角砾状白云岩；下部为灰色深灰色隐晶白云岩夹灰岩及页岩。厚度为 150~352m，与下二叠统呈平行不整合接触。

6. 二叠系 (P)

除康定—西昌外其余地区具有不同程度出露，主要为黏土岩、砂岩、板岩、页岩、灰岩，夹变质玄武岩及煤线，为海陆交互相含煤碎屑岩-碳酸盐岩建造，与下伏地层多为假整合接触。峨眉山玄武岩是康滇地轴上二叠统的标志性产物，沿康滇古陆两侧喷溢、喷发，以西昌—攀枝花为中心，东部为陆相，西部为海相。主要岩性为玄武岩、拉斑玄武岩、玄武质角砾岩，局部见苦橄岩。喷发旋回从数个到十余个，从南向北逐渐变薄。

2.1.5　中生界 (Mz)

1. 三叠系 (T)

分布于各个孤立的中生代盆地中。仅出露上统，根据岩性、岩相、沉积旋回和古生物组合，可分为丙南组、大荞地组、大箐组、舍资组和上三叠统—下侏罗统白果湾组。

丙南组 (T_3b) 分布于盐边南西部和攀枝花西部，主要岩性为紫红、灰紫色细—中粒钙质细砂岩、砾岩夹泥岩，上部尚夹白云质泥灰岩、紫红色豆状赤铁矿、铁质岩及不稳定的菱铁矿薄层；下部为分选不好的巨砾岩堆积。厚度为 0~280.3m，与大荞地组呈整合接触。

大荞地组 (T_3d) 仅分布于攀枝花南西部。主要岩性为灰、棕灰、深灰色泥岩、页岩、粉砂岩、细至粗粒砂岩、砾岩，夹煤层。厚度为 0~2260m，与上覆地层大箐组呈整合接触。

大箐组 (T_3dq) 分布于攀枝花南西部，主要岩性为灰白至黄灰白细至中粒石英砂岩、长石石英砂岩、灰黑至黄绿色泥岩、页岩，局部底部具砾岩 (图 2-8)、含煤层和植物化石 (图 2-9)，厚度为 0~1512m，与上覆地层舍资组呈整合接触。

图 2-8　大箐组砾岩 (Th 异常点)

图 2-9　大箐组煤层 (Th 异常点)

舍资组(T₃s)分布于元谋地区,主要岩性为黄绿色石英粉砂岩与杂色泥质页岩互层,底部为砾岩或含砾砂岩,局部夹碳质页岩及煤线,厚度为41~183m。与冯家河组呈不整合接触,与茸林群呈断层接触。

白果湾组(T₃-J₁bg)分布于新村—半顶山—攀枝花一带,为一套陆相砂页岩建造,含煤层,主要岩性为砾岩、砂砾岩、长石石英砂岩、砂页岩、碳质页岩、煤或劣煤、煤线,厚度为30~1729m,与益门组呈整合接触,与河口群呈不整合接触,与康定群呈断层接触。

2. 侏罗系(J)

普家河组(J₁p)分布于猛林沟一带,主要岩性为页岩、砂岩,分为上、下两段:上段为深灰色、黄绿色砂质页岩、粉砂岩夹细砾岩;下段为灰绿色砾岩、粗粒长石石英砂岩夹碳质页岩及煤线。厚度为0~1132.8m,与干海子组呈整合接触。

干海子组(J₁g)分布范围与普家河组基本一致,主要岩性为细砂岩。上部为灰绿色、黑色页岩夹细—粉砂岩,下部为黄白色中—粗粒石英砂岩夹泥岩。厚度为102.5~776.9m,与冯家河组呈整合接触。

冯家河组(J₁f)分布于攀枝花南西部、元谋、万德—田心地区,主要岩性为泥岩,分为上、下两段:上段为棕红至暗紫红色厚层至块状泥岩、灰至灰紫红色细至中粒石英砂岩(图2-10),下段为黄白色中—粗粒石英砂岩夹泥岩。厚度为300~1616m,与益门组呈整合接触。

图 2-10 冯家河组砂岩、泥岩

拍照地点:戌街—元谋公路旁

张河组(J₂z)、益门组(J₂y)分布范围与冯家河组基本一致,分为上、下两段:上段为紫红、灰紫色粉砂质页岩、粉砂岩夹黄绿色层纹状泥灰岩;下段为黄绿、灰绿色长石砂岩、长石石英砂岩及紫红色页岩。厚度为0~1200m。与蛇店组呈整合接触。

蛇店组(J₂s)、新村组(J₂x)分布范围与张河组基本一致,分为上、下两段:上段为灰紫色、暗紫红色厚层至块状细至中粒石英砂岩(顶部含砾)、含长石石英砂岩夹块状粉砂质泥岩、粉砂岩；下段为紫红、暗紫红色块状细粒石英砂岩、粉砂岩及粉砂质泥岩、泥岩。偶见灰白、紫灰色砂岩、砂砾岩、砾岩。厚度为 0~1793m，与妥甸组呈整合接触。

妥甸组(J_2t)、牛滚凼组(J_2n)分布于蛇店一带。分为上、下两段：上段为紫红、黄、灰绿色泥岩夹泥灰岩；下段为灰紫红、棕红色泥岩、粉砂质泥岩，常见灰绿色团块或条带。厚度为 91.6~1183.0m，与马头山组呈不整合接触。

3. 白垩系(K)

高丰寺组(K_1g)仅分布于蛇店北部，分为上、下两段：上段为灰紫红色厚层状细—中粒长石石英砂岩、紫红色至棕红色块状泥岩、粉砂岩；下段为灰紫红色、棕红色细至粗粒长石石英砂岩、砂砾岩夹紫红色粉砂岩、泥岩，偶见白色砂岩，形成较多由粗到细的小旋回。厚度为 262.6~989.0m，与普昌河组呈整合接触。

普昌河组(K_1p)、小坝组(K_1x)分布于蛇店北部和会理一带，分为上、下两段：上段为紫红色块状灰质泥岩、粉砂岩夹石英砂岩，局部为含砾砂岩；下段为紫红色粉砂质泥岩和粉砂岩互层，多具不均匀灰绿色团块，局部夹泥灰岩、黄绿色灰质泥岩，形成较多粗—细—粗的小旋回。厚度为 180~1100m，与马山头组呈不整合接触，与小坝组呈整合接触。

马头山组(K_2m)分布于黎溪南部和蛇店一带，分为上、下两段：上段为紫红色中厚层钙质粉砂岩夹粉砂质、泥质页岩，或以紫红色粉砂质泥岩为主，夹紫灰色中—厚层细—粉砂岩，局部达互层；下部为灰紫、紫灰色厚层—块状细—中粒含长石石英砂岩、石英砂岩夹少量泥质粉砂岩，砂岩以具大型单向斜层理为特征；底部普遍有一层数十厘米至数米含砾不等粒砂岩或砂砾岩，偶夹含铜砂岩透镜体。厚度为 0~366m，与江底河组呈整合接触，不整合于侏罗系之上。

江底河组(K_2j)分布范围与马头山组基本一致，岩性为紫红色粉砂质泥岩或钙质泥质页岩夹紫红色薄层铁质(或钙质)石英粉砂岩，局部成互层，构成条带状构造，条带宽 0.5~2cm，厚度为 0~960m，与赵家店组呈整合接触，与大箐组呈不整合接触。

赵家店组(K_2z)、雷打树组(K_2l)分布范围与江底河组基本一致。以土红、紫红色粉砂质泥岩为主，夹紫灰色细粒石英砂岩、粉砂岩，下部为钙质石英粉砂岩夹泥岩，局部互层；底部为含砾砂岩或长石石英粉砂岩，厚度为 34~1400m，长期遭受不同程度的剥蚀作用，各地均未见顶。岩层以巨厚单层和具楔形层理为特征，垂直节理发育，常形成悬崖峭壁。

2.1.6　新生界(Cz)

1. 古近系(E)

古近系(E)主要分布于金沙江两侧，为棕红色块状砾岩，砾石多为次棱角状灰岩，粒径为 1~10cm，分选较差，底部为厚层、块状砾岩与钙质泥岩互层，局部夹粉砂质泥岩、砂砾岩和粗砂岩透镜体。厚度为 0~856m，与下伏康定群呈角度不整合接触。

2. 新近系(N)

新近系(N)分布于金沙江两岸不同高程的盆地及槽谷地带,多为小型湖泊相沉积。主要岩性为灰黄色、灰白色、灰绿色页岩、灰质页岩、砂质页岩、细砂岩和粉砂岩互层,局部地区含褐煤。厚度为 0~464m,与下伏康定群呈角度不整合接触。

3. 第四系(Q)

第四系(Q)分布于米易、永仁和元谋一带,为洪、冲积砂砾石、砂质黏土夹砂砾石层及少数泥炭层。冲积砾石成分复杂,磨圆度好,具一定的分选性,厚度为 0~170m。

2.2 构　　造

2.2.1 断裂

康滇地轴深大断裂多为沉降带、隆起区、岩浆活动控制带,具有延伸远、切割深、活动强的特点,其中以 SN 向、NE 向、NW 向断裂最为发育(表 2-1)。SN 向断裂带主要分布于康滇地轴及岷江流域,由金河-程海、磨盘山、元谋-绿汁江、安宁河-易门、普渡河、德干、甘洛-小江等断裂组成。向北延至康定附近,被 NE 向或弧形推覆体所掩盖,在川北岷江流域又断续出现,多为幔源断裂,具有生成早、多期次活动的特点。断裂性质早期表现为压-压扭性,后期表现为张-张扭性。断裂构造带内岩浆活动频繁,从晋宁期至喜马拉雅期,从喷发到侵入,从基性、超基性、中酸性到碱性均有出露。

表 2-1　康滇地轴主要深大断裂及其特征简表

走向	名称	深度	性质	时代	主要特征
SN	金河-程海断裂	L	t、c、s	Pz、Mz、Cz	为Ⅱ级构造单元分界线,沿断裂有挤压破碎带、碎裂岩等,并有基性、超基性、酸性及碱性岩浆侵入
	甘洛-小江断裂	T	t、c、s		为Ⅱ级构造单元分界线,沿断裂挤压破碎强烈,糜棱岩、片理化发育,并有大量峨眉山玄武岩喷发
	元谋-绿汁江断裂	L	t、c、s	Pz、Mz、Cz	具多期活动特点,控制了新生界盆地的沉积,沿断裂带有基性、超基性岩浆活动
	安宁河-易门断裂	T	c、s	Pt、Pz、Mz、Cz	沿断裂带有糜棱岩、碎裂岩及片理化,并有基性、超基性、中酸性岩浆侵入和喷发,具多期活动特点,近期地震活动频繁
	磨盘山断裂	L	c、s	Pt、Pz、Mz、Cz	具逆冲特征,沿断裂带岩石破碎,褶皱发育,并有基性及酸性岩浆侵入,近期仍有地震发生
	普渡河断裂	L	t、c、s	Pt、Pz	沿断裂带发育有角砾岩、糜棱岩,同其他断裂一起组成滇中阶梯状断裂系
	德干断裂	C	c、s	Pz、Mz、Cz	由一组叠瓦状逆冲断裂组成,东侧的笻竹寺组碳酸盐岩含磷矿,西侧则不含磷,沿断裂带有基性、超基性岩浆侵入

续表

走向	名称	深度	性质	时代	主要特征
NE	宁会断裂	C	c、s	Pz、Mz、Cz	为斜冲断裂,沿断裂带有挤压透镜体。在会理南该断裂还切割和改造了南北向构造形迹,沿断裂带晚期小震活动频繁
	箐河断裂	L	t、c、s	Pt、Pz、Mz	为Ⅰ级构造单元分界线,具向北缓、倾逆拖推覆的特征,沿断裂带有基性、超基性岩浆活动
	罗茨-易门断裂	C	t、c、s	Pz、Mz、Cz	沿断裂带有挤压破碎带、碎裂岩等,并有基性、超基性及酸性岩浆侵入
	南盘江断裂	L	c、s	Pz、Mz	为Ⅰ级构造单元分界线,沿断裂带地层缺失。岩石破碎,局部见糜棱岩、角砾岩、片理化及石英脉等
NW	则木河断裂	C	t、c、s	Pz、Mz、Cz	具反时针扭动特征,中生代以来,断裂对两侧沉积建造控制明显。沿断裂带地震活动频繁,并有多处温泉
	红河-元江断裂	C	s	Mz、Cz	以右行水平位移明显,南西盘为古元古界哀牢山群,北盘为中生界所覆盖。沿断裂带挤压破碎带发育,并有基性、超基性岩脉
EW	菜园子-麻塘断裂	L	t、c、s	Pt、Pz	形成较早,被后期断裂切错,早震旦其北为中酸性火山岩,其南为陆相碎屑沉积,沿断裂带有基性、超基性—陆岩体呈线状分布

注：T-超岩石圈断裂；L-岩石圈断裂；C-壳断裂；s-剪性；c-压性；t-张性；Pt-元古代；Pz-古生代；Mz-中生代；Cz-新生代。

2.2.2　褶皱

(1)基底褶皱：区内基底岩系,尤其是结晶基底岩系,经受了各种变质作用和混合岩化作用,使原生层理模糊不清或完全消失,加之后期断裂构造的切错,使初始构造形态遭到破坏。尽管如此仍可确认结晶基底的构造线(包括主要褶皱轴线和断裂)以近东西向为主,褶皱基底的构造线以北东向为主,局部可能发生了偏转。

(2)盖层褶皱：喜马拉雅运动使康滇地轴震旦系—新近系同时褶皱,完成了全区褶皱构造的定型。康滇地轴盖层褶皱以南北向、紧密排列的线状褶皱为主。

2.2.3　新构造运动

根据康滇地轴地质构造和地壳运动的特点,新构造运动以新近纪以后的构造运动为主。康滇地轴新构造运动十分强烈,表现形式多样,有地壳的不均衡抬升、冰川作用、地震活动等,其中又以地震活动强烈、频繁为其特点。新构造运动以来,区内地壳活动性较强,活动性断裂在区内有较广泛的分布,一部分是重新活动的老断裂,如安宁河-易门断裂,一部分是新生断裂；无论哪一种断裂,都有明显的地貌表现,并常引起地震、泥石流、滑坡等；高山湖泊、断陷盆地及温、热泉的分布等均受这些断裂的控制；断块运动是新构造活动的又一特点,不同深度、不同规模的活动断裂,将区内现代地壳分割成不同层次、不同级别的断块。

2.3　岩　浆　岩

区内岩浆活动较强烈，活动形式多样，分布范围较为广泛。岩浆活动具有多旋回、多期次的特点。中条、晋宁—澄江、海西、印支—燕山和喜马拉雅期均有不同强度的岩浆活动。

1. 中条期岩浆岩

新太古代—古元古代(中条期)岩浆活动强烈，主要分布于安宁河、绿汁江断裂构造带以西：早期为大规模海底火山喷溢，伴有基性和超基性岩浆侵入；中、晚期有酸性岩浆侵入。主要岩石类型为斜长角闪岩、斜长角闪片麻岩、变质火山岩、变粒岩、浅粒岩、钠长斑岩、钠粗面岩、凝灰岩等，均经中深变质作用，火山岩的结构构造几乎消失殆尽；基性-超基性侵入岩呈岩株、岩盆、岩床状产出，以基性岩为主，超基性岩仅占约 10%，主要岩石类型为辉长岩、苏长岩、橄榄辉长岩等，多数以基性杂岩出现；中酸性侵入岩呈岩基、岩株、岩枝、岩墙、岩床状产出，与围岩呈侵入接触、侵入交代接触、同化反应接触等，以贫碱、富钠、低钾以及二氧化硅过饱和、强烈过饱和为特征。

2. 晋宁—澄江期岩浆岩

岩浆活动表现为不同环境的火山喷发，伴有基性-超基性岩侵位。晚期以火山喷发开始，继之为基性-超基性岩与石英闪长岩侵位，最后形成大规模的花岗岩。基性-超基性侵入体呈带状断续出露于攀枝花一线，以岩株、岩床、岩墙或不规则岩枝、岩脉成群出现，岩体侵入太古宙—古元古代和中元古代地层中，又为晚期花岗岩侵入，普遍受晋宁—澄江期构造控制明显；中酸性侵入岩沿康定—攀枝花一线以及安宁河、绿汁江断裂以东地区分布，主要由黑云二长花岗岩组成。火山岩主要集中分布于康滇地轴北段小相岭至西昌螺髻山一带，其中以苏雄组最为发育。

3. 海西期岩浆岩

康滇地轴海西期岩浆活动，具有早期微弱、晚期强烈的趋势。岩浆岩沿安宁河断裂带分布。二叠纪是康滇地轴海西期火山岩最发育的时期，分布于川西南与滇中地区的峨眉山玄武岩，是区内规模最大、最集中的火山喷发岩，以攀枝花—西昌为中心，东部为陆相喷发，西部为海相喷发；基性-超基性侵入岩主要分布在攀枝花—西昌基性、超基性岩带，富铁质的岩体群分布于攀枝花—会理以北，为铁-钒-钛系列的辉长岩-辉岩-橄榄岩型。

4. 印支—燕山期岩浆岩

印支期是康滇地轴地质发展史上的重要时期，构造运动和岩浆活动均很强烈。岩浆岩沿安宁河断裂东西两侧分布。火山岩仅沿安宁河断裂、昔格达断裂和攀枝花断裂带晚三叠世有零星火山岩分布，在会理小关河地区白果湾组底部紫红色砂砾岩中有安山岩夹层；基性-超基性侵入岩分布于西昌—攀枝花间的岩体以富铁、镁质基性、超基性岩发育为特色，具有成群、成串珠状、等距离分布的特点；中酸性侵入岩：分布于安宁河与雅砻江之间的牦牛山、磨盘山一带及会理矮郎河等地，岩体以普通花岗岩为主，多以岩基和岩株产出，被三叠系覆盖；碱性侵入岩虽有出露，但不发育，且较分散。

燕山期构造运动和岩浆活动亦很强烈，以中酸性侵入岩与碱性侵入岩为主。岩浆岩沿安宁河断裂东西两侧分布，主要出露于康滇地轴云南境内。

2.4 变 质 岩

康滇地轴主要出露为扬子陆块结晶基底古元古界地层，1∶50000 区域地质图将结晶基底统称为攀枝花杂岩，包括变质表壳岩—红格群，变质侵入体—同德变辉长岩岩体以及大田石英闪长岩—花滩奥长花岗岩。

研究人员对扬子陆块西缘地区的中基性二辉麻粒岩（攀枝花同德、冕宁沙坝麻粒岩）时代一直有分歧，有的认为是变质程度最高的太古宙古老结晶基底，部分学者认为主体为变辉长岩，仅可能存在部分麻粒岩。对这些古老的岩体采用不同方法测年，结果为不同的形成年龄。对冕宁沙坝麻粒岩、攀枝花同德麻粒岩岩体进行精细测年（锆石 U-Pb），同德麻粒岩形成年龄为（844±12）Ma，沙坝麻粒岩形成年龄为 788Ma（刘文中，2006a；2006b）。在同德麻粒岩（005A）的锆石 U-Pb 测年结果中，一件锆石的 $^{207}Pb/^{208}Pb$ 谐和年龄值为（1870±24）Ma，其岩石地球化学研究表明麻粒岩的原始岩浆遭受了下地壳的混染作用，该年龄值很可能说明混染的是古元古代下地壳岩石，而并非代表麻粒岩的原岩形成时代。沙坝花岗片麻岩中的残留锆石年龄[（2468±11）Ma]和会理碱性岩中锆石核部年龄[（2818±14）Ma]，以及攀枝花变质沉积岩中碎屑锆石（1800～1000Ma）和石棉基性岩中捕虏晶锆石（1750～1100Ma）的 SHRIMP U-Pb 定年结果也一致表明，扬子陆块西缘存在新太古代—古元古代的古老基底。

2.5 区 域 矿 产

除铀矿以外，区域分布上还有铜、铁、金、钨、锡、钍、钼等矿床。在长期以特提斯为主的构造体系影响下，成矿作用频繁，矿床类型多样，如海相火山岩型、岩浆型、热液型及夕卡岩型等。成矿组分以铁、铜、铅、锌最为发育，钨、锡次之。矿床在空间分布上主要位于绿汁江大断裂与小江大断裂之间，而且矿床分布具有一定的规律性，其中夕卡岩型、岩浆型与热液型矿床多位于大断裂附近，而其他类型的矿床则形成于其旁侧断陷盆地或沉积盆地中，见图 2-11。

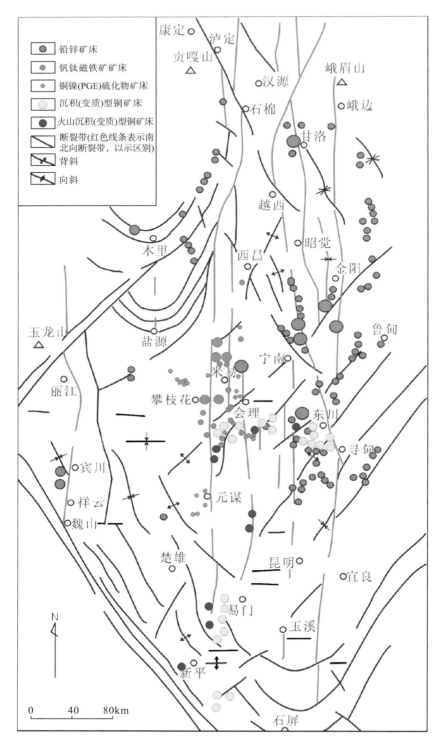

图 2-11　康滇地轴主要矿产分布图

(刘家铎等，2004)

1. 中—新元古代

区域西缘为洋盆拉张环境，产生了海相火山喷发及铁、铜成矿作用，如云南大红山铁铜矿（海相火山岩型）；东缘处于弧后裂陷环境，出现了与杂色岩系有关的铜矿化，如云南东川铜矿（碳酸盐岩建造型）；中部为活动陆缘环境，沿晋宁期花岗岩侵入体发生了钨、锡、铜等成矿，如四川安宁岔河锡钨矿（夕卡岩型）、云南泸沽锡铁矿（夕卡岩型）。区内发育大量与晋宁花岗岩有关的古老钨、锡矿化，这些花岗岩的形成时代大多集中在 $1000\sim800Ma$，如摩挲营岩体和易门九道湾岩体、黑么岩体和戍街岩体等都有矿化显示。根据矿石同位素年代研究，易门铜矿 Pb-Pb 法年龄为 $(897\pm6)\,Ma$，东川铜矿 Pb-Pb 法年龄为 $(794\pm73)\,Ma$，Ar-Ar 法年龄分别为 $(778\pm63)\,Ma$、$(773\pm17)\,Ma$。铜矿床的成矿物质来源于富集地幔，矿床成因为火山喷流-同生沉积，与当时大陆边缘裂谷环境产出的富碱非造山型岩浆有密切关系。澄江期花岗岩（$700\sim650Ma$）与元古宙碳酸盐岩地层接触带有镁质夕卡岩型磁铁矿化，伴生锡矿化。

2. 古生代

以裂谷或裂陷槽环境为主，在四川会理一带形成了产于碳酸盐岩中的天宝山（密西西比型）、麒麟厂（密西西比型）等大型铅锌矿，华弹（沉积型）、鱼子甸（沉积型）等沉积铁矿，以及与基性岩有关的攀西钒钛铁矿（岩浆型）等。

3. 中生代以后

印支期冕西岩体里庄弧北翼南段内接触带发育有伟晶岩-气成高温热液型稀土小矿床，一般产在后期碱性正长泥晶岩脉或霓辉石脉中，如张家坪子、牙骨台子、牦牛坪等地，有时伴生钼矿，如三岔河。北段外接触带泥盆纪碳酸盐岩中发育中低温热液型铜、金、多金属矿点，如阿成拉玛多金属矿点、擦拉沟多金属矿点、三代铜矿点、猫儿沟锌矿点等。

此外，在沉积盆地内形成外生矿床，如滇中与西昌盆地中产生含铜砂岩矿床。该带矿产地较多，其中，已探明铁矿储量为 70 多亿吨，占全国储量的 13.7%，铜占全国储量的 8.96%，铅锌占全国储量的 5.9%。目前，在该成矿带中仍有大型的铅锌矿等矿床被发现，是一个十分有远景的成矿带。

2.6　区域地质发展史

通过对康滇地轴各地史时期地壳运动、沉积作用、生物演化、岩浆活动、变质作用、同位素地质以及成矿作用的综合分析，可将其区域地质发展历史由老至新划分为新太古代—中元古代基底形成、震旦纪—三叠纪地台早期稳定发展和侏罗纪—第四纪地台晚期陆内改造三个阶段。

2.6.1 基底形成阶段

新太古代—中元古代，是中国地槽普遍发育阶段，亦是康滇地轴早期地槽发展阶段。该阶段形成的基底，因其组成具有明显的双层结构特点，故又可进一步划分为新太古代—古元古代(中条期及以老)结晶基底形成时期与中元古代(晋宁期)褶皱基底形成时期。

1. 新太古代—古元古代结晶基底形成时期(1700Ma 以前)

古元古代早期，地幔上涌，使太古宇原本较薄的洋壳隆起及破裂，从而在破裂洋壳及附近形成一套下部为苦橄质玄武岩和火山沉积岩，上部为中酸性火山岩、火山沉积岩及部分砂泥质正常沉积岩，它们共同组成康定群与下村岩群(五马箐组)的原岩。据《中国区域志·四川志》，在康定群中目前所获得同位素年龄值为 2400～1700Ma，反映康定群为古元古代的产物。

古元古代中晚期，经中条运动，康定群及下村岩群(五马箐组)隆升，产生褶皱变形与低—中压型高绿片岩相—低角闪岩相(局部麻粒岩相)区域动热变质及深熔作用。随后槽盆消亡，岩层先后产生韧性剪切变形，形成近南北向韧性剪切带，并伴随构造末期一期后 I-S 型花岗质岩浆被动兼主动侵位及基性岩墙群贯入，从而结束中条构造作用，完成克拉通化，形成扬子准地台最老的结晶基底。

古元古代晚期，随着中条运动形成的古陆核分裂，裂陷槽盆(弧后盆地)形成，在较闭塞、非补偿性低能还原环境的深水槽盆中沉积深色细碎屑岩—硅质黏土岩建造，并产生强烈钠质钙碱性—中酸性岩浆的水下裂隙式溢流，二者交替进行，构成火山-沉积旋回，形成河口群原岩，其中火山岩锆石 $^{207}Pb/^{206}Pb$ 年龄为(1987±6)Ma。

出露于滇中地区的苴林群、大红山群中深变质岩系，其原岩是一套以泥砂质岩为主，夹火山岩及少量灰岩的岩石组合，经区域热流变质作用而形成各种片岩、变粒岩、片麻岩、角闪岩、大理岩及混合岩。虽然出露不连续，但其基本特征较为近似，从已知 1706Ma、1725Ma、1900Ma 等同位素年龄值，可以确定其时代同属中元古代。

苴林群、大红山群与康定群、河口群是康滇地轴最早的陆壳，构成该区最古老的结晶基底。其地壳演化历史迄今还不甚了然，部分学者认为，可能是来自冈瓦纳古陆边缘或界于冈瓦纳古陆与古中国大陆之间的小陆块，并于古元古代晚期拼接于古中国大陆边缘。中条运动使上述新太古界、古元古界发生褶皱，一部分地区隆起成陆；另一部分地区则拉伸变薄或破裂。

2. 中元古代褶皱基底形成时期(晋宁期：1700～850Ma)

中条运动后，康滇地轴结晶基底(古陆核)已基本形成，海陆分野基本明朗。进入中元古代后，康定—西昌—攀枝花—滇中大部分地区曾一度上升为陆(康滇古陆)，经历了短暂的剥蚀、夷平期。继之，西昌—滇中古陆核的两侧，形成了两个性质不同的地槽，一个是东侧的冒地槽，另一个是西侧的优地槽(图 2-12)。

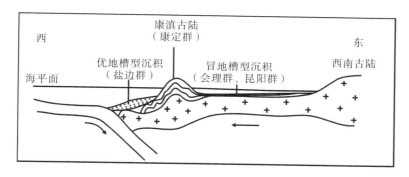

图 2-12 康滇地轴中元古代沉积与板块构造关系示意图

冒地槽内沉积以昆阳群、会理群、登相营群为代表，主要由杂砂岩、复理石及少量细碧角斑岩、陆屑碳酸盐岩、中酸性火山岩等建造组成，厚近万米。优地槽内沉积了盐边群。中元古代晚期的东川运动，使会理群和盐边群发生绿片岩相的区域变质作用，并形成东西向的褶皱和逆冲断裂。

中元古代岩浆活动较弱，除早期局部有基性和酸性火山活动外，晚期有一定规模的同构造期钾质花岗岩侵位(其 K-Ar 同位素年龄值多在 800Ma 左右)。

晋宁运动及同期区域动力变质作用，使地槽内岩石全部形变、变质，形成形态复杂的褶皱和以板岩、千枚岩为代表的变质岩，构成了康滇地轴褶皱基底，进而使褶皱基底和结晶基底融合在一起，形成统一的具双层结构的地台基底。

晋宁运动是康滇地轴地质发展史中的重要事件之一，奠定了康滇地轴基底构造格局。晋宁运动是一次强烈的褶皱运动，前述的区域变质和混合岩化作用、岩浆侵位都与该构造运动有程度不同的关系，而相伴出现的强烈褶皱和断裂活动则是它的直接表现。至此，康滇地槽转变成康滇褶皱带，陆壳固结，镶嵌在扬子地台基底的西部边缘。

2.6.2 稳定发展阶段

晋宁运动后，扬子地台进入稳定的地台发展阶段。震旦纪—三叠纪，是康滇地轴地质发展史中最为错综复杂的阶段。

1. 早震旦世槽台过渡发展时期(澄江期：时限约 850～650Ma)

经过晋宁运动，扬子地台雏形已基本形成，但西部边缘康滇地轴仅有短暂的稳定。早震旦世，以会理向斜长垣隆起为界，北部沿安宁河、小江等断裂带相继发生了强烈的中基性—酸性岩浆溢流—喷发活动，在泸定、石棉、甘洛和冕宁一带形成厚约 2000～5000m的火山岩(苏雄组)，向南、向北熔岩迅速递减，逐渐被火山碎屑岩、碎屑岩代替。在德昌一带少数洼地内，发育零星陆缘浅海和河流相类磨拉石建造紫红色岩屑砂岩、粉砂岩和含砾砂岩，夹少量凝灰质砂岩(开建桥组)；南部滇中地区澄江组则发育一套山间冲积扇—河湖相紫红色砾岩、砂岩、粉砂岩及泥岩建造。

　　苏雄组、开建桥组和澄江组是扬子地区进入地台发展阶段后的第一个盖层沉积，没有变质现象，且多与中元古界变质岩系呈明显的角度不整合接触关系。因此，有人将其称为"过渡盖层"。

　　早震旦世酸性岩浆侵入活动亦十分强烈，形成了大量的花岗岩体，其同位素年龄值多为 850～700Ma（黄草坪岩体 786Ma、大相岭岩体 697Ma、大桥乡石棉岩体 718Ma、泸沽岩体 680Ma、峨山岩体 828Ma）。

2. 晚震旦世—志留纪发展时期（加里东期：时限约 650～408Ma）

　　晚震旦世：澄江运动后，晚震旦世南沱期为大陆冰川相冰碛砾岩与冰川湖亚相粉砂岩、泥岩等。南沱期以后，随着全球性气候由冷变暖，冰川消融，引起较大范围的海侵，古陆缩小，沉积区不断扩大，至灯影期海侵达到高峰。除滇中大姚—峨山以西地区外，康滇地轴其余地区均发育有灯影期沉积。沉积区以滨海—浅海相碎屑岩、碳酸盐岩建造为主。

　　寒武纪：灯影期海侵消退后，除滇中大姚—峨山以西地区外，川西南地区泸定—石棉—德昌一线亦形成古陆或岛屿。在古陆两侧出现了两个性质不同的海区，东面和南面的滇中等地为陆表海；西面和北缘为陆缘海。沉积区主要为滨海—浅海相碎屑岩、碳酸盐岩建造，普遍含磷。局部地区在某些时期出现滨海咸化潟湖环境，夹有膏盐，为一套地台型沉积建造。生物繁盛，演化迅速，三叶虫、介形类、腕足类、海绵等化石较为丰富。

　　奥陶纪：奥陶纪康定—西昌—攀枝花—元谋—峨山一线古陆连为一体，形成统一的康滇古陆。早奥陶世沉积范围分布于川西南甘洛—昭觉—会理与滇中巧家—武定—昆明地区；中奥陶世沉积分布于川西南甘洛—昭觉—会理地区；晚奥陶世沉积范围与中奥陶统基本一致。早奥陶世中期开始海侵，其后时有进退，但幅度不大。总体看，本区为滨海—浅海潮间环境，自西向东沉积由以砂岩为主夹碳酸盐岩，逐渐过渡到以泥质碳酸盐岩为主夹页岩。

　　志留纪：志留纪海陆分布与奥陶纪的轮廓大体相似，但沉积范围略小。早志留世，在古陆与古岛链之间的陆表海呈海湾状，海水深而流动不畅，沉积滞流黑色页岩和硅质岩；晚志留世，为滨海—浅海或潮坪环境，发育紫红色砂泥质粉砂岩、绿色泥岩。志留纪末的加里东运动对康滇地轴有较大影响，使早古生代地层发生褶皱和断裂活动，无岩浆活动。

3. 泥盆纪—早二叠世发展时期（海西期：时限 408～258Ma）

　　泥盆纪：加里东运动后，全球气候转潮湿，从泥盆纪开始生物界出现了一个新的繁盛时期，脊椎动物和植物都进入了高级发展阶段。

　　泥盆纪沉积区主要分布于康滇古陆东侧甘洛—昭觉与滇中昆明—建水地区。早泥盆世发育以海陆交互相石英砂岩为主的碎屑岩以及碳酸盐岩、页岩等；中泥盆世与晚泥盆世，海侵略有扩大，主要沉积区以滨海—浅海相碎屑岩、碳酸盐岩建造为主，腕足、珊瑚、腹足、瓣鳃、植物等化石较为丰富。

　　石炭纪：总体上看，本区石炭纪处于相对较平静的构造环境，沉积区分布于康滇古陆东侧昆明—建水地区与西侧康定—冕宁—攀枝花—大姚一带。石炭纪是地史上珊瑚发育的高峰时期。早石炭世，多为滨海—浅海相灰岩、白云岩等，含珊瑚、层孔虫、腕足类生物；

中石炭世与晚石炭世，沉积区逐步扩大，多数地区仍以滨海—浅海相碳酸盐岩为主。

二叠纪：早二叠世，海侵范围进一步扩大。海水淹没了康滇古陆除川西南康定—西昌与滇中大姚—牟定—峨山以西地区以外的所有地区。早期沉积为海陆交互相碳质页岩、钙质页岩，夹砂岩、粉砂岩、灰岩透镜体，产煤、铁、铝土矿、耐火黏土，含植物、蜓类、腹足类化石；晚期为滨海—浅海相灰岩、生物碎屑灰岩、泥晶灰岩等，夹页岩、硅质岩，局部夹砂岩、粉砂岩，含蜓类、腕足类、珊瑚及植物化石。

晚二叠世沉积主要分布于川西南德昌—会理地区，为海陆交互相含煤碎屑岩—碳酸盐岩建造。海西运动在康滇地轴表现强烈。康滇古陆两侧沿金河、箐河和小江断裂带，有大陆裂谷作用的层状基性岩侵位和大规模玄武岩浆喷发，最终有花岗岩浆侵位。

4. 三叠纪发展时期(印支期：时限 258~213Ma)

早、中三叠世康滇古陆全部隆起，晚三叠世以发育陆相含煤碎屑岩沉积为特征。滇中永仁—禄丰地区楚雄盆地，早期为潮间、潮坪沉积环境，晚期为滨海—湖泊—河流含煤碎屑岩、湖泊—河流含煤碎屑岩沉积环境；建水—石屏地区，为滨海相含煤碎屑岩沉积；西昌—会理南北向狭窄地带的小型断陷盆地，为河湖沼泽相含煤碎屑岩沉积。

三叠纪末的印支运动及与之相伴的同构造期中酸性岩浆侵入活动，使三叠纪以前地层全部褶皱回返，结束了康滇地轴海相沉积历史，亦塑造了康滇地轴现代地貌的雏形。

2.6.3　陆内改造阶段

侏罗纪以来，太平洋板块向西俯冲，喜马拉雅构造域强烈隆升和由此引起的向东、向南的推覆与走滑以及第四纪以来全球性冷暖气候交替等众多因素的制约，康滇地轴均发育陆相沉积，使本区进入陆内改造阶段。根据其发展特点，该阶段又可进一步划分出两个发展时期。

1. 侏罗纪—白垩纪发展时期(燕山期：时限 213~65Ma)

侏罗纪：川西南西昌—会理地区攀西盆地沉积环境相对稳定。早侏罗世，发育河流相或河湖相暗色泥页岩夹泥灰岩和粗砂岩；晚侏罗世，以浅湖相细碎屑岩夹泥灰岩为主，含钙质结核和薄层石膏。富含叶肢介、介形虫、腹足、双壳类及植物碎屑。滇中楚雄盆地亦为内陆湖盆沉积环境，发育一套浅湖—滨湖相红色砂岩、泥岩夹泥灰岩，局部地区为半深湖相或河流相沉积。生物较丰富，除植物、介形虫、双壳类外，大型爬行类动物占统治地位。

白垩纪：白垩纪古地理承接侏罗纪发展，但沉积范围大为缩小。早白垩世为河流相或河湖相沉积环境。晚白垩世，滇中楚雄盆地为浅湖—滨湖相沉积环境；川西南西昌—会理地区攀西盆地为干旱气候条件下的咸湖沉积环境，沉积物为红色砂、泥岩夹碳酸盐岩及蒸发岩，含大量石膏、钙芒硝层。燕山期岩浆侵位虽大不如前，但所形成的岩体分布较广，且以中酸性岩体居多。白垩纪末的燕山运动使白垩纪以前地层卷入该期构造运动。

2. 新生代发展时期(喜马拉雅期：时限65Ma以后)

古近纪：古近纪盆地基本继承了白垩纪的沉积格局，但沉积范围相对较小。古新世为一套棕红色细粒长石石英砂岩、钙质泥质粉砂岩、钙质泥岩等，夹膏盐，局部地区底部发育含砾砂岩。始新世以河湖相砂砾岩、泥岩、砂质泥岩、粉砂岩为主，夹砂岩，偶见薄层状泥灰岩。渐新世为河湖相泥岩、砂质泥岩、粉砂岩夹砂岩、泥灰岩等，含介形类、爬行类、哺乳类化石。

新近纪：中新世，盆地范围大为缩小，仅限于滇中江川及以南建水—开远等地，为河流—滨湖、浅湖或咸湖相沉积环境，沉积物为红色泥岩、粉砂岩、砂岩、砂砾岩等。上新世，沿断裂带产生了一些新的断陷盆地，川西南西昌—昔格达与滇中江川及以南建水—开远等地小型断陷盆地中，堆积了河湖相及以山麓相为主的红色磨拉石建造。生物较少，少数盆地中有介形虫和植物，个别盆地边缘有哺乳动物。

第四纪：上新世末的喜马拉雅运动使康滇地轴差异性升降更为明显，断裂活动较为强烈。第四纪沉积类型较多，主要有湖盆沉积、冰川堆积、洞穴堆积及洪积、冲积堆积等。

第3章 典型铀矿点（床）地质概况

自 20 世纪 60 年代以来，经过 60 余年的勘查和研究，在康滇地轴发现了上百个铀矿化点。前人在铀矿化点上做了大量的地质调查和研究工作，取得了较多的基础资料和认识。2008 年以来，成都理工大学铀矿地质团队在康滇地轴先后共发现了 3 处大颗粒晶质铀矿产地，由北到南分别为四川米易海塔地区、攀枝花大田地区、云南牟定地区。米易海塔地区的 2811 铀矿化点的石英脉中发现了最大可达厘米级的晶质铀矿颗粒；攀枝花大田地区是目前工作程度最高的地区，最早在康滇地轴发现的富铀滚石就来自大田地区的 505 铀矿点，在钻孔施工过程中也发现了粗粒晶质铀矿的存在；云南牟定地区发现铀矿点 1 个，包含 7 个铀矿化段，现阶段仅 111 铀矿化段地表出露较好，并可见大颗粒晶质铀矿形成的集合体。上述三个地区铀矿化均产在晋宁—澄江期岩体边缘的中高级变质岩（混合岩）中，且均发现了大颗粒晶质铀矿，故将上述地区作为重点开展研究工作。本章对三个以粗粒晶质铀矿为特点的铀矿床（点）地质特征进行简要叙述。

3.1 米易海塔铀矿点

3.1.1 地质概况

1. 地层

海塔地区出露地层主要为新元古界五马箐组变质岩及少量震旦系灯影组白云质大理岩（图 3-1～图 3-3），铀矿化产于五马箐组中。

五马箐组岩石经历了三个世代变形。第一世代形成顺层掩卧褶皱（图 3-4）、区域性（顺层）片麻理变形构造层次较深，属固态流动-柔流变形相。第二世代因强烈剪切变形而形成韧性剪切带，其糜棱面理一般平行，夹子沟背斜西冀显左行、东冀显右行，并伴生小型紧闭-闭合状无劈理相似片褶及矿物拉伸线理等，原岩动态重结晶，沿糜棱面理出现新生毛发状或针柱状、细纹状硅线石与绿色黑云母并常截切早期矿物定向排列，系伸长型应变，属固态流动变形相的韧性剪切变形。第三世代先为较强烈挤压形成较宽缓直平状无劈理片褶（夹子沟背斜），随后伴随晋宁期花岗岩侵位产生右行剪切形成浅构相韧性剪切带。不同世代的构造变形叠加较明显。第二世代的叠加，造成早成岩石普遍而不均一的糜棱岩化；第三世代的叠加，造成面理、线理及运动指向的变位和岩石的糜棱岩化。

混合岩化的岩性主要以石英云母片岩和斜长角闪岩为代表的变质岩。混合岩化受原岩控制，原岩云母片岩和斜长角闪片岩混合岩化产生不同的长英质混合岩和长英质脉体。在

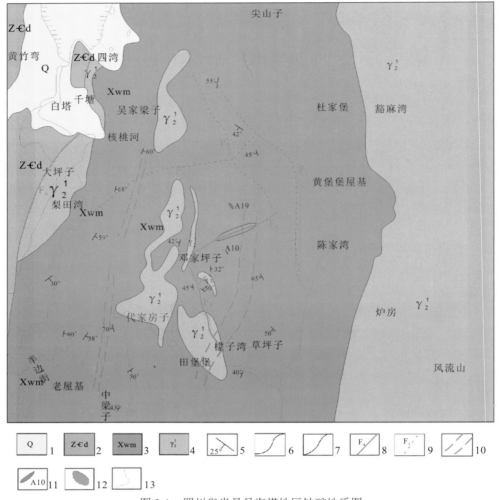

| Q | 1 | Z-€d | 2 | Xwm | 3 | γ₂¹ | 4 | | 5 | | 6 | | 7 | F₂ | 8 | F₁¹ | 9 | | 10 |

| A10 | 11 | | 12 | | 13 |

图 3-1　四川省米易县海塔地区铀矿地质图

（引自核工业二八〇研究所）

1-第四系坡积物；2-灯影组大理岩；3-五马箐组黑云母片岩、混合岩；4-晋宁期片麻状花岗岩；5-地层产状；6-实测地质界线；
7-推测地质界线；8-正断层；9-实测及推测断层；10-韧性剪切带；11-铀矿体；12-铜-硫矿体；13-河流

图 3-2　五马箐组二云母片岩野外及镜下照片

Qz-石英；Ms-白云母；Bi-黑云母

图 3-3 条带状混合岩野外及钻孔照片

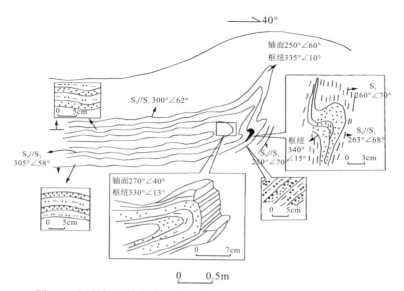

图 3-4 五马箐组片岩夹石英岩中顺层掩卧褶皱(层褶)剖面素描

海塔区存在两种产状的长英质脉体(图 3-5 和图 3-6),一种为顺片理产出的塑性长英质脉;另一种为沿韧脆性剪切带充填的长英质脉体,其总体方向仍与片理一致,但局部可切割片理,且微裂隙较为发育。与铀矿化有关的长英质脉体基本上是顺片理方向贯入,其形态为不规则脉状、透镜状、眼球状,规模从几厘米到几米不等。对铀矿点附近的长英质脉体,采用 LA-ICP-MS 测得其锆石 U-Pb 加权平均年龄值为(801±38)Ma,其代表了长英质脉体的形成年龄,说明混合岩化的形成时代应属晋宁期。

第一阶段在云母(石英)片岩(绿片岩相)或斜长角闪岩中形成各种条带、眼球状等长英质混合岩和长英质脉体;在较深的部位(角闪岩相)形成具有流动形态韧性构造控制的长英质脉体,这些脉体和基体一起形成深熔混合岩,具有区域动热变质-深熔混合岩化特征。长英质脉体基本上是顺层的,或受韧性构造影响顺层流动或滑动。

第二阶段主要由较厚大的长英质脉体形成,或形成花岗岩体、岩株和岩脉,这些长英质脉体和花岗岩可能多为顺褶皱轴面发育的,普遍发育眼球状构造、糜棱面理、线理,或劈理。表明它们是在韧性剪切构造影响下的深熔-高度熔合作用的产物。见发育有绿帘石-绿泥石化等退化变质作用产物。

图 3-5   两种长英质脉体野外露头及长英质脉体被晚期脆性裂隙所切割

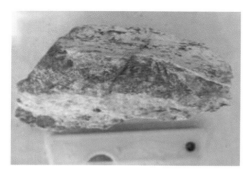

图 3-6   长英质脉体手标本及镜下照片

Qz-石英；P1-斜长石；Hb1-角闪石

第三阶段主要发育长英质脉体(或结晶粗大的长英质脉体)(图3-7)，一般比较富硅质。这些脉体主体上顺层(包括早期混合岩化层位)贯入，但多表现为局部切层，或发生褶皱、剪切型石香肠化，或被小型剪切裂隙所切割，发生小规模错断及硅化。表明是在韧-脆性剪切应力下的同构造脉体，是一种高度熔合作用的产物。在这个阶段，还发育有少量切层的似伟晶岩团块。

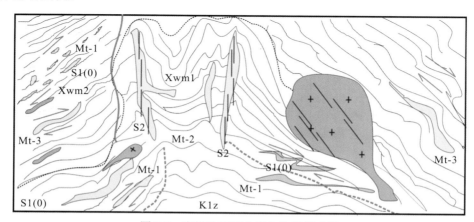

图 3-7   海塔地区混合岩化阶段模式图

Xwm2-五马箐组云母(石英)片岩；Xwm1-五马箐组斜长角闪片岩；Klz-冷竹关组斜长角闪岩；S1(0)-片理(原生层理)；S2-片麻理(线理)；Mt-1-第一阶段混合岩化；Mt-2-第二阶段混合岩化；Mt-3-第三阶段混合岩化聚集的长英质脉体

2. 岩浆岩

海塔地区出露岩浆岩主要为晋宁期片麻状混合花岗岩(γ_{1-2})，岩性主要为灰白色片麻状中细粒黑云二长花岗岩，中细粒黑云英云闪长岩，片麻状中细粒二云花岗闪长岩及细中粒斑状黑云二长花岗岩，细粒二云钾长花岗岩，与矿化关系密切。另外在风流山、草场鸡爪山一带分布有峨眉山玄武岩；在横山以东，草场以北分布有深灰色的橄榄辉长岩、辉绿辉长岩、角闪苏长辉长岩、角闪辉长岩等基性岩，以及后期侵入的石英脉、辉绿岩脉，晚期的细粒花岗岩脉等。

3. 构造

海塔地区以南北向、北北东-南南西向构造为主，褶皱构造、面理构造较为发育。夹子沟—风流山一带复式褶皱为区内主体构造，轴向近南北。东翼为风流山向斜，核部有基性岩侵入并见钒钛磁铁矿化；西翼为凉风杠向斜，核部有花岗质、长英质脉侵入，在东翼见铀钼矿化。区内断层主要有海塔断层和邓家坪子断层。海塔断层位于矿区西部，断层上盘为五马箐组，下盘为灯影组，断裂面走向为北东-南西向，倾向南东，断裂破碎带宽 2～10m，沿破碎带见后期的石英细脉侵入；邓家坪子断层出露于邓家坪子一带，沿公路可见断层破碎带，破碎带宽约 20m，断层上下盘均为五马箐组岩层，断层走向 70°左右，倾向北西，局部近于直立。区内发育多条韧性剪切带，主要有老厂沟韧性剪切带和夹子沟韧性剪切带。老厂沟韧性剪切带宽约 10m，与主岩渐变，无明显的分带，走向北北东-南南西，倾向南东，黑云母拉伸线理发育，岩性为糜棱岩化、片理化夕线石黑云母片岩，常见长英质碎斑拖尾。据前人资料，夹子沟韧性剪切带形成于古元古代中晚期，其糜棱面理一般平行于片理或片麻理，走向北北东-南南西，倾向西，岩性为糜棱岩化、片理化夕线石黑云母片岩。

3.1.2　铀矿化特征

海塔地区共发现了 3 个铀矿化点，分别为 A10、A19 及 2811。A10 地表风化严重，铀矿物仅见次生铀矿物，赋矿围岩及原生铀矿物已经很难识别，地表出露规模相对较大，宽约 1m，长 10 余米。A19 处主要为铀-钼共生型铀矿化，赋矿围岩主要为碱性岩，地表出露处可见碱性岩中发育有较多暗色矿物，铀矿化及钼矿化与暗色矿物具有一定的成因联系，在碱性岩附近见石英脉。2811 处铀矿化主要产于石英脉中，以大颗粒晶质铀矿为主。

1. 石英脉中粗粒晶质铀矿型铀矿化

含铀硅质脉主要呈透镜体状穿插于斜长角闪片岩、石英云母片岩、斜长片麻岩等岩石中。含晶质铀矿石英脉往往规模较小，一般不超过 1m，最宽 2～3m。石英多为他形粒状，根据矿物接触关系推断，石英要晚于晶质铀矿、榍石及磷灰石等矿物。石英多具波状消光，个别可见带状消光，显示矿石受应力作用不均匀，或长英质脉矿石中的石英具有多期次活动的现象。

石英脉中铀矿化连续性差,且铀矿化仅产于石英脉中的局部地段。石英脉中的铀矿物主要为晶质铀矿。晶质铀矿既有成堆分布的,也有受裂隙控制的。成堆分布的晶质铀矿多密集聚集于不足1m²范围内,晶质铀矿颗粒较大,大者粒径可达1cm左右(图3-8和图3-9)。

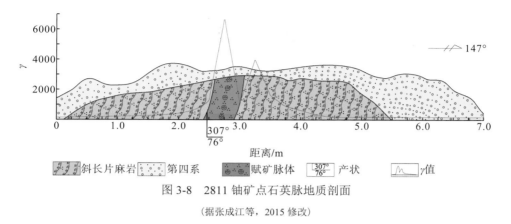

图3-8　2811铀矿点石英脉地质剖面

(据张成江等,2015修改)

图3-9　2811铀矿点石英脉中的晶质铀矿

Qz-石英,Ur-晶质铀矿

经野外地质调查,含晶质铀矿的石英脉呈透镜状,最大厚度约1m,其中铀矿化主要集中于宽25～30cm范围内,具有高品位。矿化体在走向上向南延伸有一探槽控制,揭露了长白色石英细脉,但未见矿化。向北延伸,由于坡积物太厚,未能揭示控制,但有异常显示,矿化体在走向上延伸预计不大于5m。

2. 铀-钼共生铀矿化

铀-钼共生铀矿化以 A19 矿化点为代表,主要产于碱性岩与石英脉接触界线附近(图3-10),铀主要与辉钼矿共生,铀矿化和辉钼矿含量与岩石中的暗色矿物具有密切关系,暗色矿物含量越多,则辉钼矿含量越高,铀矿化也越强,初步推断暗色矿物为辉石和角闪石,与铀矿化的成因联系还有待深入研究。在该铀矿化点附近施工了钻孔 ZK1101,在钻孔 159m 左右岩心中见辉钼矿-晶质铀矿组合。

与辉钼矿共生的铀矿物也主要为晶质铀矿,但粒度很小,仅在显微镜下可见。通过偏光显微镜及扫描电子显微镜观察，晶质铀矿与榍石、角闪石、辉石关系密切，晶质铀矿发育处可见较多榍石，晶质铀矿多存在于矿物粒间，个别晶质铀矿直接产于角闪石晶粒中，并见放射性晕圈。在晶质铀矿边缘可见有大量黄铁矿围绕晶质铀矿发育，且这种现象较为普遍。

(a) 长英质脉体　　　　　(b) 长英质脉体中的辉钼矿　　　　(c) 长英质脉体中的暗色矿物

图 3-10　A19 铀矿点

Gne-围岩；Fv-长英质脉体；Hb1-角闪石；Prx-辉石；Mo-辉钼矿

3. 风化碱性岩中的铀矿化

风化碱性岩中的铀矿化主要产于 A10 铀矿化点，风化碱性岩呈白色脉状，地表出露处脉体长 10～20m，宽约 1m，含矿脉体风化强烈，已呈粉末状。含矿脉体产于混合岩化云母片岩中，混合岩化片岩由浅色及暗色部分组成，界线较清晰，暗色部分可见片状构造，属于混合岩化程度较低的一种。含矿风化碱性岩细脉脉体方向与片理方向一致(图 3-11)，产状为 60°∠55°，铀矿化主要产出在风化碱性岩中，少量分布于脉岩与围岩接触部位的片岩中，局部地区见大量钙铀云母及硅钙铀矿等次生铀矿物。海塔地区 A10 矿化点矿化类型为次生铀矿化。整个矿化岩石风化强烈呈糖粒状，赋矿风化岩石中见大量黑云母团块，黑云母较多之处，矿化亦较好。A10 处施工钻孔揭露，在深部铀矿物主要为钛铀矿、黑稀金矿，为钛、铌、钽、铀元素组合(莫帮洪等，2013)，显示具有岩浆成因矿物组合特征。

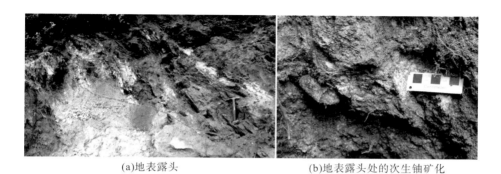

(a)地表露头　　　　　　　　(b)地表露头处的次生铀矿化

图 3-11　海塔 A10 处风化碱性岩中的铀矿化

3.2 攀枝花大田 505 铀矿床

3.2.1 地质概况

大田 505 铀矿床位于攀枝花市仁和区大田镇西南一带,经过勘探现阶段落实为小型铀矿床。

1. 地层

攀枝花大田地区的地层属泸定—攀枝花变质带的一部分,是一套以斜长角闪片岩、斜长角闪片麻岩及白云母石英片岩为主的中、深程度变质且普遍混合岩化的地层,属康定群咱里组和冷竹关组(图 3-12)。大田地区咱里组位于上部,与下伏的冷竹关组呈整合接触关系。

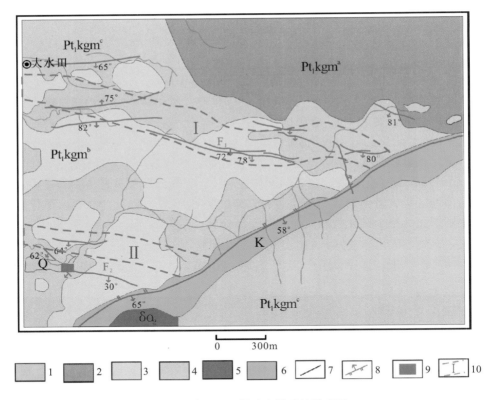

图 3-12 大田 505 铀矿床铀矿地质略图

(据柏勇等,2019)

1-第四系;2-眼球状混合片麻岩;3-混合岩化云母片岩;4-混合岩化斜长角闪岩;5-石英闪长岩;6-钾长石化、绿泥石化带;

7-地质界线;8-断裂;9-大田二号带铀矿出露点;10-铀矿带及其编号

咱里组：相当于康定群云母片岩段(Pt_1kgm^b)，以二云母片岩、石榴子石二云母片岩、夕线石云母片岩、二云母长英变粒岩等为主。二云母石英片岩主要由黑云母、白云母、石英等组成，岩石片理发育，石英呈细脉状或长扁豆体沿片理分布，片岩厚度约 300m。黑云母石英片岩以黑云母及石英为主，岩层内夹厚 3～5m 的硅化角闪斜长变粒岩，总厚度约 120m。石榴子石二云母斜长变粒岩主要由石榴子石、黑云母、白云母、斜长石及石英组成，与二云母石英片岩及斜长二云母片岩呈互层产出，各岩层间无明显界线，均为渐变过渡关系，该层"眼球"状构造明显，厚约 440m。石榴子石斜长云母片岩主要由石榴子石、黑云母、白云母、斜长石及石英组成，岩层与接触岩石间的界线清楚，片理产状与围岩片理产状一致，岩层内可见直径较大的斜长角闪岩包体，总厚度约 400m。斜长角闪片岩主要由角闪石和斜长石组成，岩层与相邻地层呈断层接触，岩层内夹厚约 2m 石英岩，总厚度约 100m。白云母斜长石英片岩主要由白云母、斜长石和石英组成，层内可见褶皱状石英质细脉，厚度约 310m。石英片岩主要由石英和少量云母组成，该层出露不全，层内夹云母石英片岩，与下伏回龙组为断层接触，厚度大于 200m。

冷竹关组：相当于康定群混合岩化黑云斜长角闪岩段(Pt_1kgm^c)，以暗色基体为主，脉体相对较少，出露厚度大于 1000m。

1）基体

基体以暗色细粒斜长角闪岩-角闪斜长片麻岩互层为主，具体岩性如下。

细粒斜长角闪岩：是冷竹关组暗色岩系的主要岩石类型之一，与角闪斜长片麻岩或变粒岩呈不均匀的互层状产出，或作为捕虏体呈不规则团块状、透镜状，或大面积包于大田石英闪长岩及花滩奥长花岗岩等岩体中。岩石常见为灰黑或灰绿色，细粒致密块状，主要由细粒柱状角闪石组成，角闪石多呈定向排列，含少量不规则斜长石或由细粒斜长石组成的线条状集合体，副矿物以磁铁矿及细粒榍石较常见，局部不规则榍石沿角闪石边缘富集。受后期岩浆作用或叠加改造的影响，局部钠黝帘石化较发育。

细粒斜长角闪片麻岩、变粒岩：常见岩石为灰至灰黑色，细粒变晶结构，主要由角闪石和斜长石组成，为不规则镶嵌结构。斜长石为中长石(An_{30-35})。角闪石常为不规则柱状或粒状，具有较好的定向性，局部粒度较大并与斜长石一起构成片麻岩构造。黑云母在这类岩石中较常见，但含量较少，一般为 3%～5%，都围绕角闪石分布或沿角闪石带的两侧呈定向延伸，多为细小鳞片或板状。

条带条纹状角闪斜长片麻岩：以中细粒斜长角闪岩或角闪斜长变粒岩为主体，平行片麻理或片理方向穿插较多以中细粒斜长石为主的浅色条带或脉体。

混合岩化变质岩类：大田地区出露的混合岩化变质岩类主要为眼球状黑云二长混合片麻岩、弱混合岩化云母斜长片岩、混合岩化斜长黑云母片岩和混合岩化斜长黑云母片麻岩。此类岩石可分为基体(暗色)和脉体(浅色)两个部分，二者界线较模糊，为混合岩化程度较低的产物。以暗色部分为主，浅色部分次之。暗色矿物为片状构造，浅色矿物以透镜状、条带状为主，少量为条痕状、眼球状，岩石为片状粒状变晶结构，片状或片麻状构造，肉眼可见暗色、浅色矿物成分不同，浅色矿物为石英、斜长石，暗色矿物为黑云母。

2）脉体

脉体主要为长英质脉体,组成脉体矿物成分主要为石英和长石,显著特点是颗粒粗大,石英呈灰黑色。在Ⅱ号成矿带,常见于混合岩边部或切穿混合岩呈脉状、透镜状或囊状,或在混合岩内部呈透镜状,外围被细粒混合岩包裹。这些脉体空间分布总体上近东西向,少量近南北向,在空间上与混合岩伴生,应是混合岩化作用晚期分异作用的产物。

值得一提的是,区内还发育似伟晶岩脉体和花岗岩脉体,多见近东西走向产出。其中似伟晶岩脉体主要由石英和长石组成,呈细脉状,脉宽约2～5cm,有时石英呈小透镜状,大体顺层穿插在角闪斜长片麻岩中。细粒花岗岩脉体宽约10～20cm,多穿插于花岗片麻岩中。这种似伟晶岩脉体和花岗岩脉体明显富碱质,且钾含量大于钠,应是更晚期活动的产物,大体与晋宁期花岗岩相当,具有岩浆-分异侵入成因。

2. 构造

1）大田背斜

大田背斜位于攀枝花大田地区,轴部近北东展布,核部为大田石英闪长岩,南东翼为康定群、河口群,倾角50°～70°,北西翼为康定群,倾角60°～70°。该背斜被后期岩体破坏而保留不全。大田铀矿点位于该背斜南东翼。

2）断裂

大田街-河边断裂:该断层为元谋-绿汁江断裂的次级断裂,西起河边,东经地龙阱至大田街附近,长约9km,大田地区的F_3断裂即为此断裂的一部分,断裂内见断层泥,岩石具糜棱结构。断裂带两盘岩性主要为角闪黑云斜长花岗片麻岩、黑云斜长花岗岩、眼球状混合花岗片麻岩、混合岩化片麻岩、片岩等。断裂带内岩石发生强烈蚀变,见有绿帘石化、绿泥石化、钾长石化等,蚀变带宽度达100m。推断该断层为逆断层,其产状为150°～160°∠70°～80°,被新近系覆盖。

大田街-河边断裂在大田区内派生出两条断裂,分别为F_1断裂和F_2断裂,对应大田铀矿点内的Ⅰ号矿化带和Ⅱ号矿化带。F_1和F_2均呈东西向,大致平行展布,其中F_1长约2.5km,宽250m,F_2长约1.5km,宽200m。

3. 岩浆岩

1）大田杂岩

大田石英闪长岩分布于大田北至仁和雅江桥一带,区内出露面积约300km^2。大田石英闪长岩侵入红格群或与红格群紧密伴生,被花滩奥长花岗岩侵入,部分地区见其与震旦系和三叠系不整合接触。

大田石英闪长岩具有岩浆成因特征,根据粒度、结构、包体发育情况等,大田石英闪长岩体大体可分为内带和外带两个相带。内带为石英闪长岩,为主体,色浅粒粗。边部为混杂石英闪长岩,色深粒细,暗色包体多。

　　根据矿物组成，大田石英闪长岩可分为石英闪长岩及黑云母石英闪长岩。其中石英闪长岩多为中-粗粒，块状构造或似片麻状构造，主要由斜长石、石英及角闪石组成，有时含有少量黑云母。暗色矿物较多，含量一般为20%～40%。角闪石呈半自形粒状。斜长石含量一般为60%左右，中-粗粒半自形粒状，双晶普遍发育，以奥-中长石为主(含量为30%～40%)。石英多为不规则粒状，含量约5%～10%，最多可达20%。黑云母一般含量不超过5%，以较小的板状晶体充填于长石晶隙中。黑云母石英闪长岩宏观特征与石英闪长岩相似，但暗色矿物含量更高，可达50%。黑云母含量一般大于10%。副矿物主要由磁铁矿、锆石、磷灰石、钛铁矿、独居石、榍石等组成。

　　大田岩体普遍遭受退化变质作用的叠加改造。受中元古代晚期区域动热变质的影响，次生变化发育斜长石的绿帘石化、钠长石化及黑云母的绿泥石化，整体侵入体遭受绿帘石-绿泥石及伴生的钠长石化。

　　大田石英闪长岩侵入体主要侵入回龙组角闪斜长片麻岩中，岩体内含有较多围岩包体，没有波及上覆的湾湾组片岩及盐边群地层，被震旦系不整合覆盖。

2) 黑么岩体

　　黑么岩体是康滇地轴中南段晋宁期花岗岩体之一，主要由中-粗粒花岗岩组成，其中有中粒二云母二长花岗岩、似斑状花岗岩，有大量基性岩脉穿插，岩体的边部有钨、锡和铀的异常。前人研究测得年龄为783Ma。李巨初(2009)和王红军等(2009)对黑么岩体的岩石地球化学进行了研究，显示该岩体具有 A 型花岗岩特征，推测为后造山伸展构造环境下的产物。

3) 正长岩

　　在黑么村东北的采石场内首次发现了规模较大的碱性岩体，该岩体侵位于黑么岩体中，岩石主要由正长石和暗色矿物组成，其中暗色矿物含量较多，一般可达30%左右，地表出露厚度大于 20m(图 3-13)。岩石矿物分选结果显示，该碱性岩体中除锆石、磷灰石等副矿物较多外，还含有大量的独居石。根据野外地质观察及室内综合研究，此正长岩主要形成于三叠纪。

(a)侵入于黑么岩体（红色虚线上部）的　　　　　　　　　　　(b)碱性岩照片
　碱性岩（红色虚线下部）

图 3-13　攀枝花大田地区侵入黑么岩体的碱性岩

4) 基性脉岩

大田地区的基性脉岩较为发育，主要为各种辉绿(玢)岩，按照矿物组成不同，大致可分为两大类：辉绿(玢)岩、辉长岩。

(1) 辉绿(玢)岩。呈脉状侵位于混合岩等地层内，岩石为墨绿色，较致密，斑状结构，块状构造。斑晶主要为斜长石，基质主要由斜长石、辉石及钛铁质矿物组成。辉石呈半自形-他形，斜长石呈长条状，辉石、钛铁质等分布于斜长石组成的三角形格架之间。辉石多绿泥石化，斜长石多伊利石化。受后期硅化作用影响，在斜长石粒间见有后生的石英充填。

(2) 辉长岩。主要充填于混合岩中或见于钻孔内，岩石主要由辉石、斜长石和少量石英组成。斜长石多发育强烈的黝帘石化、伊利石化。辉石边部发育绿泥石化，形成绿泥石蚀变环边。

3.2.2 铀矿化特征

大田 505 铀矿床主要分为两个铀成矿带，铀成矿带与区内呈东西向展布的断裂构造(F_1、F_2)高度契合：Ⅰ号成矿带主要受到 F_1 断裂的控制，成矿段受断层控制明显，同时该成矿带的岩石裂隙较为发育且倾角较大，显示出张性裂隙和共轭剪切裂隙的性质；Ⅱ号成矿带受到 F_2 断裂的控制，岩石裂隙显示出韧性-脆性的剪切性质。大田 505 特富铀矿陡壁位于大田 505 铀矿床Ⅱ号成矿带西侧，产于 F_2 断裂次级构造的破碎带中(图 3-12)。在Ⅰ号成矿带多个钻孔的浅色脉体中发现了粗粒晶质铀矿(图 3-14)。近年核工业二八〇研究所在Ⅰ号成矿带北侧开展工作又发现了Ⅲ号铀矿化带，与已知铀矿化带具有相似的地质特征，具有很好的找矿前景。

图 3-14   大田地区Ⅰ号成矿带钻孔岩心中的粗粒晶质铀矿

1. Ⅰ号成矿带

Ⅰ号成矿带从东至西，地表均断续见铀矿化显示，其东部发现两条前人揭露的见矿探槽，分别揭露地表矿化体走向及倾向，研究过程中对其进行了清理编录(图 3-15 和图 3-16)，并进行取样分析，其铀矿化较为连续，铀品位最高达 1.15%。铀矿化赋存于斜长角闪混合岩风化土中，见黄绿色次生铀矿物。

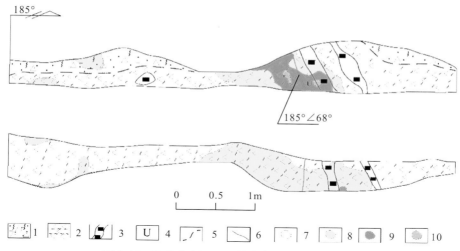

图 3-15　攀枝花大田 505 铀矿点 TC-1 探槽编录图

1-第四系残坡积物；2-斜长角闪混合岩；3-石墨化；4-铀矿化；5-风化土与基岩界线；6-断层；7-$\gamma<50\times10^{-6}$；8-$50\times10^{-6}\leqslant\gamma<100\times10^{-6}$；9-$100\times10^{-6}\leqslant\gamma<300\times10^{-6}$；10-$300\times10^{-6}\leqslant\gamma<500\times10^{-6}$

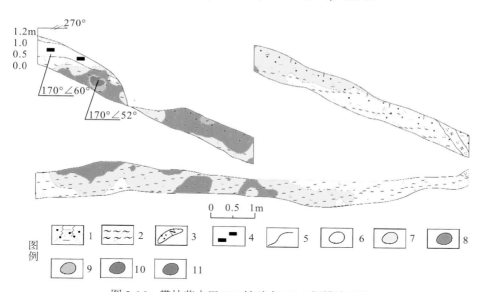

图 3-16　攀枝花大田 505 铀矿点 TC-2 探槽编录图

1-第四系残坡积物；2-斜长角闪混合岩；3-长英质脉体；4-石墨化；5-风化土与基岩界线；6-$\gamma<50\times10^{-6}$；7-$50\times10^{-6}<\gamma<100\times10^{-6}$；8-$100\times10^{-6}<\gamma<300\times10^{-6}$；9-$300\times10^{-6}<\gamma<500\times10^{-6}$；10-$500\times10^{-6}<\gamma<1000\times10^{-6}$；11-$1000\times10^{-6}<\gamma<3000\times10^{-6}$

　　I 号成矿带中部地表见两处铀矿化露头，其一露头主要赋存在黑云斜长混合岩中，见白色长英质脉体穿插，底部混合岩较为破碎，呈劈理化，铀矿化最为富集，见黄绿色次生铀矿，伽马测量达 4000×10^{-6}，分析品位 U 含量为 7.31%(图 3-17)。另一露头围岩为斜长角闪混合岩、黑云斜长混合岩，岩石硅化强烈，铀最富集处已风化为土状(图 3-18)，伽马测量值为 1200×10^{-6}。

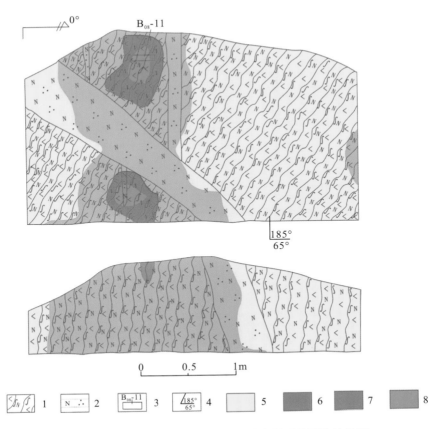

图 3-17　大田地区 I 号成矿带中部地表铀矿化露头编录图

1-混合岩化黑云母斜长角闪岩；2-长英质脉体；3-取样位置及编号；4-产状；5-$\gamma<100\times10^{-6}$；6-$100\times10^{-6}\leqslant\gamma<500\times10^{-6}$；
7-$500\times10^{-6}\leqslant\gamma<1000\times10^{-6}$；8-$\gamma\geqslant1000\times10^{-6}$

图 3-18　大田 I 号成矿带地表铀矿化露头照片

在 I 号成矿带西部一小沟中见一铀矿化带(图 3-19),沟走向 260°,矿化沿沟断续出露长 55m,宽约 5m。岩性主要为闪长质混合岩(Pt₁kgmᶜ),硅化强烈,并见褐铁矿化、绿帘石化等。矿化段内见大量构造角砾岩,次棱角—中等磨圆,大小不均,粒径 5～40cm,四周为长英质脉体。薄片鉴定显示主要矿物成分为角闪石,其次是斜长石,少量石英和不透明矿物。铀矿化赋存于构造角砾岩(混合岩基体)中(图 3-20),与硅化、褐铁矿化关系较为密切,带铅套伽马测量值最高达 5000×10^{-6},局部达 1000×10^{-6},分布极不均匀。

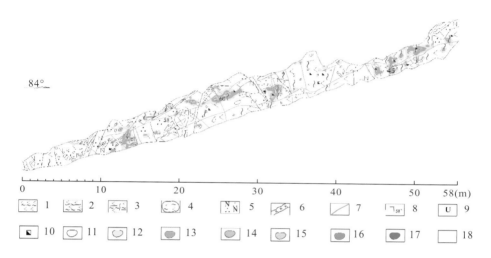

图 3-19 攀枝花大田 I 号成矿带西部 BT-2 剥土地质及放射性编录图

1-斜长角闪混合岩基体;2-条带状斜长角闪混合岩基体;3-网脉状斜长角闪混合岩基体;4-角砾状斜长角闪混合岩基体;5-长英质脉体;6-辉绿岩脉;7-裂隙;8-产状;9-铀矿化;10-褐铁矿化;11-$\gamma < 50 \times 10^{-6}$;12-$50 \times 10^{-6} \leqslant \gamma < 100 \times 10^{-6}$;13-$100 \times 10^{-6} \leqslant \gamma < 300 \times 10^{-6}$;14-$300 \times 10^{-6} \leqslant \gamma < 500 \times 10^{-6}$;15-$500 \times 10^{-6} \leqslant \gamma < 1000 \times 10^{-6}$;16-$1000 \times 10^{-6} \leqslant \gamma < 3000 \times 10^{-6}$;17-$\gamma \geqslant 3000 \times 10^{-6}$

图 3-20 大田地区 I 号成矿带西部铀矿化带及角砾状混合岩照片

2. II 号成矿带

在 II 号成矿带一陡壁上见矿化露头,壁面走向 30°,因已剥蚀掉一部分,其厚度不明,残留 30cm,见绿色铜铀云母(图 3-21),伽马能谱测量值最高达 7000×10^{-6},取样分析 U

含量为 0.96%，Th 含量为 0.05%。剥土编录显示，混合岩基体呈透镜状，铀矿化赋存于斜长角闪混合岩基体及基体与脉体接触部位，以及裂隙交切部位(图 3-22)。

图 3-21　大田地区Ⅱ号成矿带铀矿露头及次生铀矿物(绿色铜铀云母)照片

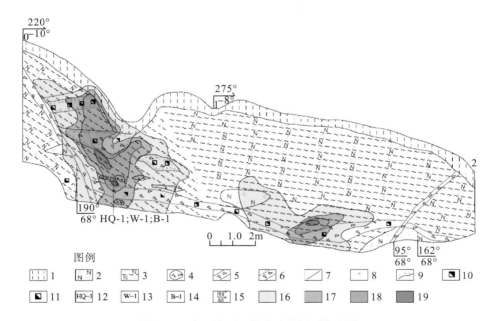

图 3-22　大田地区Ⅱ号成矿带剖面编录图

1-第四系浮土；2-斜长角闪岩；3-角闪斜长混合岩；4-构造角砾岩；5-实测构造破碎带；6-推测构造破碎带；7-解理；8-铜铀云母；9-硅化；10-赤铁矿化；11-褐铁矿化；12-化学分析取样位置及编号；13-微量元素分析取样位置及编号；14-标本取样位置及编号；15-产状；16-100×10⁻⁶≤γ＜300×10⁻⁶；17-300×10⁻⁶≤γ＜500×10⁻⁶；18-500×10⁻⁶≤γ＜1000×10⁻⁶；19-γ≥1000×10⁻⁶

另在该成矿带发现了一铀矿滚石散落带，沿沟底大约有 200m 以上长度分布，滚石分布无规律，推测不会是从一个点散落的。滚石品位较高、比重大，矿石见晶质铀矿脉、硅钙铀矿等(图 3-23)。滚石特征：矿物为硅钙铀矿；磨圆、次棱角状；原岩为混合岩，有硅化，取样分析，铀矿滚石品位最高达 58.85%。

薄片鉴定显示：原岩结构构造已难以辨认，但仍可见破碎斜长石、残留角闪石和石英组成，以斜长石为主。斜长石大部分已蚀变为黝帘石、绢云母和绿泥石(占 50%)，石英占 10%。岩石破碎、蚀变强烈，裂隙发育，裂隙中充填有金属矿物，黑色、胶状、块状沥青铀矿，网脉状次生铀矿物硅钙铀矿(亮棕黄色)集合体。网脉状充填物中还有黏土矿物和铁质(褐铁矿)，切穿沥青铀矿，定名为蚀变破碎角闪斜长片麻岩。

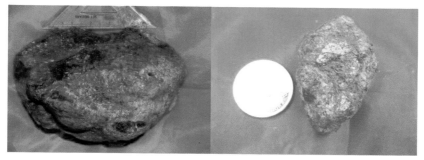

图 3-23 大田地区 II 号成矿带铀矿滚石照片

3. 近矿围岩蚀变

大田地区蚀变较为发育、类型繁多，已知类型主要为钾长石化、绿帘石化、黝帘石化、绿泥石化、黄铁矿化、黄铜矿化、绢云母化、硅化、褐铁矿化、石墨化、辉钼矿化、方解石化、绢云母化等，其中硅化、黄铁矿化、钾长石化、方解石化、绿泥石化、辉钼矿化与铀成矿关系较为密切，这与混合岩退化变质作用及构造热液蚀变作用有关。

1)退化变质作用

大田地区混合岩普遍存在退化变质现象，表现为斜长石的钠长石净化边，斜长石发生绿帘石化、黝帘石化，黑云母发生绿泥石化，并伴有黄铁矿、黄铜矿等硫化物，伴生有铀矿化。

在地表和深部，铀异常和矿化岩石常可见带绿的暗色矿物集中团块(黝帘石-绿帘石-绿泥石化)。II 号成矿带铀矿滚石薄片观察结果显示，铀矿化的围岩有强烈黝帘石-绿帘石化和硅化。据钻孔揭露，II 号成矿带 ZK4201、ZK4401、ZK4801 均发现有"绿色蚀变"，岩石普遍碎裂，推测深部可能沿构造存在一绿色蚀变带，该蚀变带两侧普遍见异常或矿化。另在Ⅰ号成矿带地表及深部的混合岩中裂隙发育处、暗色矿物集中部位、长英质细脉发育部位、或在含暗色残留体混合岩中暗色矿物集中成细脉见绿色蚀变，并伴生有铀异常。

　　与退化变质伴生的金属矿物组合主要为黄铁矿-黄铜矿-磁黄铁矿，此外还有硫锑铅矿、锌锰矿等(图 3-24、图 3-25)，常呈脉状分布在矿物颗粒间或微裂隙内，也有呈星点状分布，在微裂隙内还有水锌锰矿和碳质物，部分黄铁矿向白铁矿转化。这表明硫化物形成属于中低温度范围；在退化变质过程中，铀与铁锰质析出物一起析出，并可能富集形成含铀矿物或铀矿物。

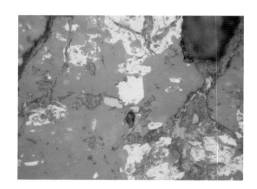

图 3-24　混合岩化斜长角闪岩　　　　　　　图 3-25　单偏光 10×20 块硫锑铅矿

(含块状、细脉状黄铁矿)　　　　　　　(中间白色较亮颗粒为硫锑铅矿，周围为锌锰矿)

　　在混合岩化岩石和混合岩中较普遍发育黑云母的白云母化，或称去黑云母化。黑云母有时发生绿泥石化，以及长石的绢云母化和高岭石化，可以认为是一种富水的钾质交代作用。这种交代作用往往伴有金属硫化物析出，可能对铀的活化起到作用。但退化变质蚀变整体上呈面状分布在混合岩化带的中上部，局部呈团块状、似层状分布，在成矿构造带中最为发育。由于叠加作用，在成矿构造带内发育的"绿色蚀变"和区域变质—退化变质的蚀变难以区分。

　　2)构造热液蚀变作用

　　岩石在构造热液作用下发生蚀变的时期是大田铀成矿的主矿化期，钻孔内已经证实有工业铀矿化存在。深部揭示工业铀矿化多受裂隙或破碎蚀变带控制，铀矿化体多充填有黄铁矿，或黄铁矿-方解石，或黄铁矿-方解石-绿泥石(硅质)脉，或硅质脉体等，或直接有晶质铀矿，或有辉钼矿充填。

　　黄铁矿(黄铜矿)化：钻孔揭露显示，黄铁矿化在整个大田地区普遍发育。最典型的是钻孔揭露的深部含矿地段，这类蚀变发育，黄铁矿化发育，黄铁矿呈脉状、团块状、浸染状等产出，偶见晶质铀矿呈细粒状产于黄铁矿边部或粗粒状晶质铀矿中见黄铁矿细脉。在无铀异常的混合岩中也常见单独黄铁矿，呈细脉状(黄铁矿-方解石脉)、浸染状、团块状、星点状等产出，部分黄铁矿脉产状较陡(图 3-26 和图 3-27)。

图 3-26　斜长角闪混合岩中的黄铁矿　　　　图 3-27　角砾状混合岩中的黄铁矿脉

（黄铁矿化脉体，呈胶结角砾状）　　　　　　　（脉状分布黄铁矿、星点状分布黄铜矿）

　　硅化：在Ⅰ号成矿带的沟内发现滚石存在强硅化混合岩，放射性异常为 300×10^{-6}，含有少量黄铁矿（图 3-28）。岩石中含有暗色矿物，部分为黑云母；斜长石绿帘石化，黑云母绿泥石化，另沟内硅化普遍强烈，其铀当量亦普遍增高。所施工钻孔中工业铀矿化段均见强烈硅化（图 3-29）。薄片鉴定显示：在有异常的强硅化的黑云斜长片麻岩中石英交代斜长石边缘或石英颗粒间大量呈微脉状、团块状金属矿物，局部见金属矿物被方解石包裹。

图 3-28　角砾状混合岩中的强烈硅化　　　　图 3-29　黑云斜长混合岩中的强烈硅化

　　碳酸盐岩化：Ⅰ号成矿带钻孔揭露显示碳酸盐岩化广泛发育，主要为方解石(白色)，呈细脉、网脉状，主要发育在混合岩、部分变粒岩或部分混合岩化的斜长角闪岩或片麻岩以及基性岩中(图 3-30 和图 3-31)。其中基性岩中方解石细脉为晚期热液蚀变结果，而混合岩及其残留体中方解石细脉则可能为多期次热液蚀变叠加结果。

　　辉钼矿化：项目施工过程中，在Ⅰ号成矿带钻孔中均见有辉钼矿化(图 3-32)，辉钼矿呈团块状，或沿构造裂隙充填，呈细脉状。辉钼矿化段普遍见异常，其中 ZK501 辉钼矿化处测井铀最高品位达 0.11%，ZK2402 晶质铀矿物边部亦见辉钼矿化。

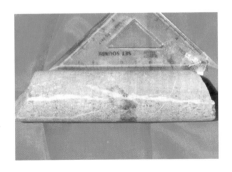

图 3-30　斜长角闪混合岩（一）　　　　　　图 3-31　斜长角闪混合岩（二）

图 3-32　ZK501 铀矿化段中的辉钼矿化

　　综上所述，大田地区近矿围岩蚀变类型较多，中低温-中高温热液蚀变均有发现，矿化段蚀变发育，可见多种蚀变，但蚀变分带性不强，各工业矿化段蚀变有所差异，导致其规律性不明显。总体来看大田地区绿帘石化、黝帘石化、绿泥石化等退化变质及硅化、黄铁矿化、碳酸盐岩化、辉钼矿化等构造热液蚀变对铀矿化富集较为有利。

3.3　牟定 1101 铀矿点

3.3.1　地质概况

1. 地层

　　云南牟定地区位于康滇地轴中南段。该区部分地层（图 3-33）由老到新如下。

　　古元古界苴林群（Pt_1j）：分布于大尖山、秀水河、戌街、迷尔苴等地，出露面积为 89.5km^2，呈薄厚不均的厚层状。该群岩性主要为灰色千枚岩、灰白色中晶大理岩、灰白色白云母石英片岩夹绿泥石片岩、千枚状石英岩、花岗片麻岩、眼球状云母石英片岩、云母长石石英片岩、角闪片岩、石榴子石云母石英片岩等。

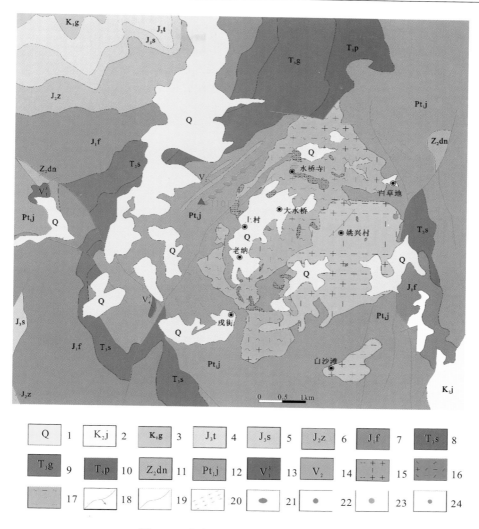

图 3-33　牟定 1101 地区铀矿地质略图

(据郭锐, 2020 修改)

1-第四系; 2-上白垩统江底河组; 3-下白垩统高峰寺组; 4-上侏罗统妥甸组; 5-上侏罗统蛇店组; 6-中侏罗统张河组; 7-下侏罗统冯家河组; 8-上三叠统舍资组; 9-上三叠统干海子组; 10-上三叠统普家村组; 11-上震旦统灯影组; 12-古元古界苴林群; 13-海西期辉长岩; 14-晋宁期辉长岩; 15-晋宁期黑云母花岗岩; 16-晋宁期二长花岗岩; 17-晋宁期片麻状花岗岩; 18-实测逆断层; 19-性质不明断层; 20-韧性剪切带; 21-铀矿化点; 22-铀异常点; 23-铌钽矿; 24-钨矿

上震旦统灯影组(Z_2d): 分布于溪木村东部, 出露面积约 $2.5km^2$, 厚度大于 135m, 上为三叠统地层。该组上、中部为灰、灰白色薄至中厚层状燧石条带白云岩、叠层石白云岩。下部为灰、深灰色粒状白云岩。局部地区多为泥质条带状白云岩。

上三叠统普家村组(T_3p): 上部深灰色、黄绿色砂质页岩粉砂岩夹细粒岩; 下部灰绿色砾岩、粗粒长石石英砂岩夹碳质页岩及煤线。

上三叠统舍资组(T_3s): 为一套碎屑岩石组合, 岩性主要为黄绿色石英粉砂岩, 杂色泥质页岩互层底部砾岩或含砾砂岩局部夹碳质页岩及煤线，厚度 127～189m。

上三叠统干海子组(T_3g)：为一套下粗上细的沉积岩组合，上部灰绿色、黑色页岩夹细粒砂岩及粉砂岩，下部黄白色中粗粒石英砂岩夹泥岩。厚度为 44～200m。

下侏罗统冯家河组(J_1f)：上部为棕红、暗紫红色厚层至块状泥岩，灰至灰紫红色细至中砾石英砂岩。下部为紫红至斑驳色泥岩为主夹灰至浅灰白色细至中砾石英砂岩，总厚度超过 1600m。

中侏罗统张河组(J_2z)：上部紫红、灰紫色粉砂质页岩、粉砂岩夹黄绿色层纹状泥灰岩。下部黄绿、灰绿色长石砂岩、长石石英砂岩及紫红色页岩。总厚度约 470m。

上侏罗统蛇店组(J_3s)：上部灰紫色、暗紫红色厚层至块状至中粒石英砂岩(顶部含砾)、含长石石英砂岩夹块状粉砂质泥岩、粉砂岩。下部为紫红、暗紫红色块状细粒石英砂岩、粉砂岩及粉砂质泥岩、泥岩。偶见灰白、紫灰色砂岩、砂砾岩、砾岩。总厚度约 800m。

上侏罗统妥甸组(J_3t)：上中部为紫红、黄、灰绿色泥岩夹泥灰岩。下部为灰紫红、棕红色泥岩、粉砂质泥岩，常见灰绿色团块或条带。

下白垩统普昌河组(K_1p)：上部为紫红色块状灰质泥岩、粉砂岩夹石英砂岩，局部有含砾砂岩。下部为紫红色粉砂质泥岩和粉砂岩互层，多具不均匀灰绿色团块，局部夹泥灰岩、黄绿色灰质泥岩，形成较多的粗-细-粗的小旋回。

上白垩统马头山组(K_2m)：紫灰色厚层至块状砾岩、砂砾岩、含砂砾岩及紫红色长石石英砂岩、砂质泥岩。局部含铜。

上白垩统江底河组(K_2j)：杂色钙质粉砂岩夹粉砂质泥岩、泥灰岩夹钙质页岩。含芒硝、石膏、铜。

上白垩统赵家店组(K_2z)：上部以红、紫红色粉砂质泥岩为主，含紫灰色细粒砂岩、粉砂岩；下部为钙质石英粉砂岩夹泥岩，局部互层；底部为含砾砂岩或长石石英粉砂岩。

第四系(Q)：砾石、砂砾、砂、粉砂岩、黏土、浮土等，偶含金。

2. 构造

1)穹隆(褶皱)构造

穹隆构造位于戌街黄草坝地区。轴部近北东向，核部为晋宁期黄草坝片麻状花岗岩，由苴林群花岗片麻岩构成。北西翼倾角 55°～70°，南东翼倾角 45°～60°。牟定 1101 铀矿点赋存于该背斜北西翼。

2)断裂

牛街-上村断裂(F_{23})：北东向展布，该断裂为元谋-绿汁江断裂的次级断裂，长度超过 30km，断裂带宽数十米，断裂带内见构造角砾岩等。

110 断裂(F_{29})：北西向展布，位于 110 矿化段河沟内，与牛街-上村断裂带相交。长大于 500m，断裂带宽 1～2m，带内由构造角砾岩、断层泥等构成，走向 290°～300°。该断裂直接影响到矿区的地层展布与构造格局，造成矿区地层重复与缺失。

3. 岩浆岩

牟定地区岩浆活动频繁，超基性-酸性岩均有出露，尤以花岗岩分布面积最大，并较集中地分布在姚兴村、白沙滩一带，出露面积约 47km²。

本区岩浆活动可分为晋宁期、海西期、印支期、燕山期等 4 个时期。

1) 晋宁期岩浆活动

晋宁期岩浆活动以花岗岩及基性-超基性岩为主。

(1) 花岗岩。

主要为戌街杂岩，也称水桥寺杂岩，分布于老衲村—水桥寺一带，出露面积约 17km²，侵位于苴林群变质岩系中，呈规模较大的岩株产出，以混合花岗岩、片麻状花岗岩为主，呈灰白色、浅红色、中-粗粒。锆石 U-Pb 同位素年龄为 1038Ma。岩石主要由斜长石(含量约 20%，An=20±)、钾长石(含量约 40%，以微斜长石为主)、石英(含量约 25%)、黑云母(含量约 10%)及少量角闪石(含量约 5%)组成。化学分析结果显示，岩石具有多硅(SiO_2含量为 69%～78%)、富钾钠(K_2O 含量为 2.2%～5.1%，Na_2O 含量为 2.9%～4.4%)、贫钙(CaO 含量为 0.3%～1.1%)的特征。副矿物主要有褐帘石、榍石、磷灰石、锆石、独居石等。

(2) 基性-超基性岩。

角闪岩：分布于白草地、大尖山、勐岗河等地，出露面积 3.8km²，呈岩床侵位于苴林群变质岩中。岩石变质、变形强烈，原岩很难识别。岩石主要由角闪石组成，还有少量斜长石和石英。

辉长岩：分布于勐岗河、碗厂一带，主要由片理化辉长岩和黑云角闪辉长岩组成。片理化辉长岩呈岩脉侵位于苴林群变质岩中，接触界面平直、清晰、截然，倾角较陡，长 20～50m，宽 0.2～0.5m。黑云角闪辉长岩呈群脉状产出，与围岩呈侵入接触，长一般为 20～50m，宽 0.1～0.5m。

2) 海西期岩浆活动

海西期岩浆活动继承了元古宙构造环境，表现为在元古宙热事件中心发生了频繁的岩浆活动，且与区内的铜、镍、铂、钯、钨、金等矿产关系密切。该期超基性、基性、酸性岩浆均有。

(1) 花岗岩。

花岗岩主要分布在姚兴村、水桥寺、老衲村一带，呈岩株产出，出露面积约 23km²，侵位于苴林群变质岩及戌街岩体内，岩性主要有中细粒白云母花岗岩、中粒黑云二长花岗岩、中粒二云二长花岗岩和细粒黑云二长花岗岩等。岩石主要由石英、斜长石、钾长石、黑云母、白云母等组成。岩体具有一定的分带性，中心以二云二长花岗岩为主，边缘以白云二长花岗岩为主，具有铝过饱和岩石化学特征。地石磨中粒二云二长花岗岩中同位素模式年龄为 302Ma(锆石 U-Pb)，老景家中粒黑云二长花岗岩同位素模式年龄为 360Ma(锆石 U-Pb)，王家村白云母花岗岩同位素模式年龄为 396Ma(锆石 U-Pb)。副矿物主要有磁铁矿、铁铝榴石、独居石、锆石、黄铁矿、磷钇矿等。

(2) 基性岩。

基性岩分布于塔底、伏龙基等地，出露面积 0.1km²，岩性主要为辉长岩，次为铁角闪岩，在辉长岩中见与岩浆分异有关的钒钛磁铁矿。

辉长岩：在塔底最为发育，岩石主要由辉石(含量 15%～20%)、斜长石(含量大于 65%)、角闪石(含量大于 1%)、磁铁矿(含量 1%～2%)及其他矿物组成，呈岩墙侵位于上震旦统白云岩和苴林群石英片岩中。

铁角山岩：深灰绿色，岩石主要由角闪石(含量 60%)、辉石(含量 15%～20%)、磁铁矿及钛铁矿(总含量 30%)、绿泥石(含量 5%)及其他矿物组成。

(3) 超基性岩。

超基性岩主要集中于秀水河一带，此外在老厂村、碗厂、白沙门前等地也有零星分布。

秀水河超基性岩：成群出现，以岩墙、岩脉状产出，岩性主要有橄榄岩、辉橄榄岩以及少量辉石岩、角闪辉石岩等。辉石大多角闪石化，橄榄石具蛇纹石化，斜长石多已钠黝帘石化。副矿物主要有磁铁矿、钛铁矿、楣石、磷灰石等。

碗厂辉石-辉橄榄岩体：分布于碗厂北，主要呈岩墙侵位于苴林群石英片岩中，呈南北向，长 500m，宽数米至数十米，最宽可达数百米，岩性主要为辉石岩、辉橄榄岩及橄榄岩，辉橄榄岩一般位于辉石岩边缘。副矿物主要有磁铁矿、钛铁矿、磁黄铁矿等。

白沙门前蛇纹岩：分布于白沙滩北，主要呈岩墙侵位于苴林群石英片岩和角闪岩中，长约 160m，宽 20m。岩石主要由橄榄石(含量 30%～70%)、辉石(含量 40%～60%)、角闪石(含量小于 10%)及少量黑云母等其他矿物组成。橄榄石已基本蚀变为蛇纹石，辉石角闪石化。

3) 印支期岩浆活动

印支期主要为花岗岩，分布于白沙门前，呈不规则岩株侵位于围岩中，岩性较单一，主要为中粒白云母钾长花岗岩，主要由钾长石(含量 35%～45%)、微斜长石(含量 25%～30%)、石英(含量 25%～30%)、白云母(含量 5%～8%)组成。岩石成分中钾、钠含量高，偏碱性。同位素模式年龄为 209Ma(锆石 U-Pb)，属晚三叠世。

4) 燕山期岩浆活动

燕山期岩浆活动以煌斑岩脉为主，分布于元古宙、古生代岩体内，呈脉状产出。岩性主要为橄榄云煌岩、云斜煌岩、云斜煌斑岩、角闪云斜煌岩、透闪云斜煌岩等。

3.3.2　铀矿化特征

1101 铀矿点由 7 个矿化段组成，其中以 111、110、165、116 四个矿化段规模较大，位于黄草坝背斜的北西翼，牛街-上村断裂带(F23)内(图 3-34)。

1. 赋矿围岩

牟定地区铀矿化赋矿围岩主要为新太古界—古元古界苴林群(Pt_1j)变质岩系，自下而上苴林群由斜长角闪岩、斜长角闪片麻岩、二云母石英片岩组成。

斜长角闪岩：灰黑色，粒柱状变晶结构，块状构造。矿物组成：普通角闪石(70%～75%)、中长石(20%～25%)、石英(约 3%)、黑云母(约 2%)、榍石(可达 1%)等，个别含磷灰石。角闪石镜下显黄绿、蓝绿多色性，常包裹细粒石英、斜长石、榍石，呈连续定向分布；中长石多已绢云母化，偶见聚片双晶及环带构造。

斜长角闪片麻岩：分布局限，仅限于牛街-上村断裂带，浅灰、灰白色，粒状变晶结构，片麻状构造或眼球状片麻构造，长石斑晶直径可达 2～3cm，具定向排列。底部由较多黑云母(40%～50%)、斜长石(30%～40%)、碱性角闪石(5%～10%)和榍石等组成，向上暗色矿物减少，95%以上为斜长石，黑云母仅 1%～2%。斜长石有两种，其一绢云母化较强，双晶不明显，形态不规则，似镶嵌状，为早期变质产物；其二为半自形板状，常具聚片双晶，属奥长石，系晚期变质产物。二者均呈拉长状、定向分布。黑云母呈黄-淡黄色多色性，已向绿泥石过渡。

二云母石英片岩：灰白-褐色，粒状变晶结构，片理构造。矿物成分：石英(30%～50%)、斜长石(10%～15%)、黑云母(20%～30%)、白云母(15%～20%)，另有少许石榴子石、锆石、电气石等副矿物。

铀矿化直接产于浅色脉岩中，含矿浅色脉岩侵入苴林群变质岩中，为浅灰-灰白色，粒状结构，受后期应力作用影响，岩石较碎裂。晶质铀矿多呈团块状、角砾状，表面见石英细脉、褐铁矿及次生铀矿。

2. 铀赋存状态

111 铀矿化段地表露头处可见大颗粒晶质铀矿聚合体形式存在(图 3-34)，晶质铀矿最大颗粒可达厘米级(图 3-35)。地表次生铀矿发育，主要有钙铀云母、铜铀云母、硅钙铀矿等。

图 3-34   1101 铀矿点 111 矿化段富铀钠长岩脉

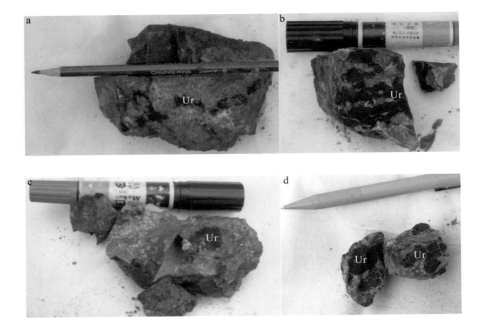

图 3-35   1101 铀矿点 111 矿化段晶质铀矿集合体

(Ur 为晶质铀矿)

通过偏光显微镜及扫描电子显微镜观察,除大颗粒晶质铀矿聚合体外,在矿石中还发现许多粒度较小的晶质铀矿,较均匀地分布在岩石内(图 3-36),个别晶质铀矿被完整的钠长石晶粒包裹。此外,通过扫描电子显微镜背散射图像发现,还有呈脉状分布的铀矿物,主要充填于岩石的微裂隙内,少数分布于斜长石的解理及矿物粒间。

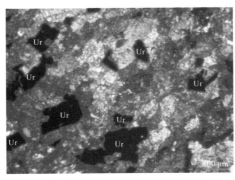

(a)铀矿石及其内部的晶质铀矿(Ur)
(偏光显微镜正交图像)

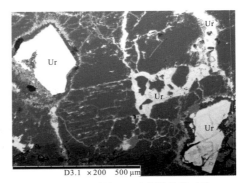

(b)晶质铀矿晶粒(Ur)及其脉状铀矿物
(扫描电子显微镜背散射图像)

图 3-36   牟定 1101 地区矿化段地表露头

第 4 章　粗粒晶质铀矿光性矿物学及化学组成特征

晶质铀矿的光性特征主要是指可以反映其形成条件的某些物理性质,如晶质铀矿的晶胞参数、含氧系数等。影响晶胞参数的因素主要包括温度、化学成分以及后生氧化等,晶胞参数值和成矿温度具有正相关的关系;含氧系数在一定程度上可以反映铀的简单氧化物的形成条件、存在时间和形成后的变化,不同产状及不同温度条件下形成的简单氧化物具有不同的含氧系数,晶质铀矿多为内生作用形成故含氧系数一般较低。晶质铀矿标型特征的实质仍是矿物的化学成分、晶体结构的外在表现,如不同成因形成的矿物由于富集或贫化某些元素使得矿物反射率会有所差异,后生地质作用也会显著降低晶质铀矿的显微硬度。晶质铀矿中化学组成是研究其形成物理化学条件的重要矿物学特征之一,可以反映晶质铀矿的化学成分的变化过程,晶质铀矿中铀离子价态的变化及比例关系,对于研究成矿熔体或流体的氧逸度具有重要意义。本章将从光性矿物学、物性特征和微区化学组成三个方面对粗粒晶质铀矿进行简要叙述。

4.1　晶体结构及光学特征

4.1.1　晶胞参数特征

本次选取了海塔 2811 铀矿点(UrA)、大田 505 铀矿床 II 号矿化带、牟定 1101 铀矿点富铀脉体中各 5 件典型铀矿物样品在自然资源部构造成矿成藏重点实验室 X 射线粉晶衍射测试室开展 XRD 测试,康滇地轴发现的粗粒铀矿物确为晶质铀矿(图 4-1~图 4-3),与标准晶质铀矿的测试图谱特征基本一致,数据可靠性较强。分析发现的晶质铀矿的晶格面网衍射强度表明(表 4-1),晶体{111}面网 X 射线衍射强度最强,{220}、{200}面网及{311}面网次之,而{222}面网最弱,海塔 2811 铀矿点晶质铀矿(UrA)晶胞参数变化范围为 5.4570~5.4620,大田 505 铀矿床 II 号矿化带晶质铀矿晶胞参数变化范围为 5.4567~5.4633,牟定 1101 铀矿点晶质铀矿晶胞参数变化范围为 5.4568~5.4620。整体来看,三个铀矿点晶质铀矿晶胞参数差异较小。

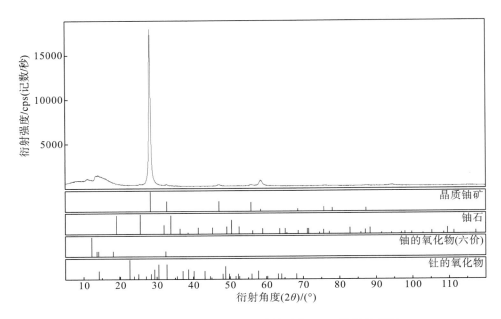

图 4-1   海塔 2811 铀矿点(UrA)铀矿物 XRD 图谱及解译

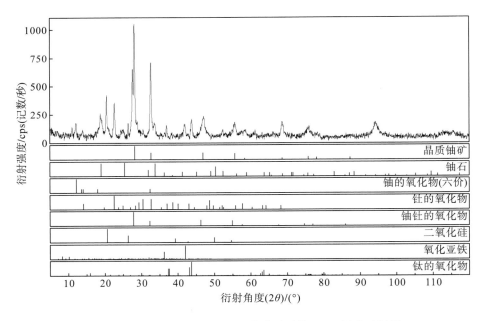

图 4-2   大田 505 铀矿床 II 号矿化带铀矿物 XRD 图谱及解译

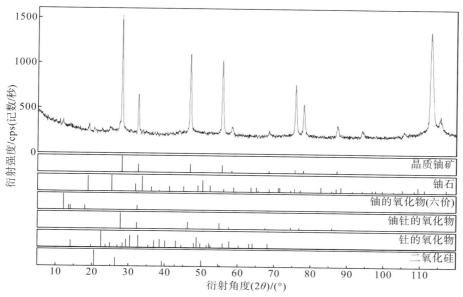

图 4-3 牟定 1101 铀矿点铀矿物 XRD 图谱及解译

表 4-1 研究区晶质铀矿粉晶衍射数据

序号	样品编号	晶粒大小/nm	晶胞参数/Å	面网间距/d	面指数	拟合误差
1	海塔 2811UrA-1	15.5	5.458	3.1294	{111}	9.844
				2.7202	{200}	
				1.9318	{220}	
				1.6435	{311}	
				1.5716	{222}	
2	海塔 2811UrA-2	16.9	5.457	3.1511	{111}	7.566
				2.7202	{200}	
				1.9280	{220}	
				1.6408	{311}	
				1.5716	{222}	
3	海塔 2811UrA-3	15.4	5.462	3.1620	{111}	5.387
				2.7122	{200}	
				1.9241	{220}	
				1.6381	{311}	
				1.5691	{222}	
4	海塔 2811UrA-4	15.6	5.461	3.1565	{111}	7.683
				2.7162	{200}	
				1.9280	{220}	
				1.6408	{311}	
				1.5716	{222}	
5	海塔 2811UrA-5	15.0	5.460	3.1510	{111}	7.928
				2.7201	{200}	
				1.9318	{220}	
				1.6407	{311}	
				1.5691	{222}	

序号	样品编号	晶粒大小/nm	晶胞参数/Å	面网间距/d	面指数	拟合误差
6	牟定 1101-1	78.8	5.4607	3.15039	{111}	10.5
				2.72834	{200}	
				1.92923	{220}	
				1.64634	{311}	
				1.57685	{222}	
7	牟定 1101-2	105.3	5.4603	3.15384	{111}	14.8
				2.72695	{200}	
				1.92986	{220}	
				1.64688	{311}	
				1.57641	{222}	
8	牟定 1101-3	115.4	5.4605	3.15279	{111}	11.7
				2.7307	{200}	
				1.93109	{220}	
				1.64719	{311}	
				1.57673	{222}	
9	牟定 1101-4	98.3	5.4567	3.15499	{111}	11.8
				2.73288	{200}	
				1.93186	{220}	
				1.64771	{311}	
				1.57793	{222}	
10	牟定 1101-5	85.1	5.4633	3.15499	{111}	12.1
				2.73228	{200}	
				1.93186	{220}	
				1.64771	{311}	
				1.57793	{222}	
11	大田 505 II-1	31.5	5.4568	3.15092	{111}	6.998
				2.72974	{200}	
				1.92882	{220}	
				1.64541	{311}	
				1.57678	{222}	
12	大田 505 II-2	32	5.462	3.15301	{111}	9.395
				2.73232	{200}	
				1.92911	{220}	
				1.64659	{311}	
				1.57755	{222}	
13	大田 505 II-3	68.1	5.4586	3.15097	{111}	9.642
				2.72914	{200}	
				1.92961	{220}	
				1.64604	{311}	
				1.57645	{222}	
14	大田 505 II-4	55.9	5.4581	3.15108	{111}	9.562
				2.72783	{200}	
				1.92976	{220}	
				1.64612	{311}	
				1.57603	{222}	

序号	样品编号	晶粒大小/nm	晶胞参数/Å	面网间距/d	面指数	拟合误差
15	大田 505 II-5	53.5	5.4612	3.15312	{111}	6.153
				2.73073	{200}	
				1.92976	{220}	
				1.64556	{311}	
				1.57752	{222}	

4.1.2 含氧系数特征

通过参考王德荫和傅永全(1981)编著的《铀矿物学》中晶体化学特征中计算含氧系数公式 $y = -7.5x + 43.025$，获得其含氧系数为 2.0503～2.0998(表 4-2)。

表 4-2 粗粒晶质铀矿晶胞参数与含氧系数

样品编号	晶胞参数/Å	含氧系数
海塔 2811UrA-1	5.4580	2.0900
海塔 2811UrA-2	5.4570	2.0975
海塔 2811UrA-3	5.4620	2.0600
海塔 2811UrA-4	5.4610	2.0675
海塔 2811UrA-5	5.4600	2.0750
牟定 1101-1	5.4607	2.0698
牟定 1101-2	5.4603	2.0728
牟定 1101-3	5.4605	2.0713
牟定 1101-4	5.4567	2.0998
牟定 1101-5	5.4633	2.0503
大田 505 II-1	5.4568	2.0990
大田 505 II-2	5.4620	2.0600
大田 505 II-3	5.4586	2.0855
大田 505 II-4	5.4581	2.0892
大田 505 II-5	5.4612	2.0660

4.2 晶质铀矿物性特征

对反射率的研究能够体现其重要的矿物学特征，反映成矿作用信息。不同成因形成的矿物由于富集或贫化某些元素使得矿物反射率会有所差异。以磁铁矿为例，热液成因的反射率为 18.7，因其富含 Mg 所导致；而岩浆成因低于热液成因，因其富含 Ti 所导致。在海塔 2811 铀矿点的富晶质铀矿石英脉中挑选出结晶粒度大且晶型较好的晶质铀矿(UrA)和牟定 1101 集合体状晶质铀矿样品进行了反射率和硬度的测定。

测试结果表明，海塔 2811 铀矿点晶质铀矿(UrA)反射率最小值为 13.267，最大值为 15.647，平均为 14.362(表 4-3)；牟定 1101 铀矿点晶质铀矿反射率最小值为 10.640，最大值为 16.832，平均为 14.439(表 4-3)。晶质铀矿的反射率参考值为 15～16(王德荫和傅永全，1981)，由此看出海塔 2811 和牟定 1101 铀矿点晶质铀矿的反射率稍微偏低。而造成反射率偏低的原因可能是多方面的，有实验误差及样品光面是否平整等，还有可能是晶质铀矿表面在氧化作用下形成其他铀酰矿物。

表 4-3　海塔 2811 和牟定 1101 铀矿点晶质铀矿反射率测试数据

序号	铀矿点	反射率							
1	海塔 2811	14.455	14.494	13.520	13.823	14.489	14.186	15.019	14.492
2	海塔 2811	14.756	13.958	13.338	13.802	15.000	14.065	—	—
3	海塔 2811	14.665	14.328	14.761	13.267	15.647	14.597	15.145	14.167
4	牟定 1101	14.698	14.796	14.470	14.704	13.274	13.856	14.704	15.261
5	牟定 1101	14.130	14.749	13.503	14.473	13.104	15.295	14.134	15.897
6	牟定 1101	13.297	14.355	13.940	15.769	13.959	15.622	14.718	15.267
7	牟定 1101	16.832	14.539	14.140	15.661	15.028	13.879	14.168	15.132
8	牟定 1101	15.402	15.384	13.599	16.250	16.009	15.053	16.118	14.477
9	牟定 1101	12.642	15.463	14.920	10.640	12.888	15.072	14.820	15.004
10	牟定 1101	15.117	13.099	15.123	12.015	15.742	14.957	14.219	14.675
11	牟定 1101	13.883	14.110	14.851	12.364	15.564	14.036	14.663	14.299
12	牟定 1101	13.160	13.873	11.494	11.737	15.160	15.086	13.212	15.404
13	牟定 1101	13.202	15.433	15.485	13.666	14.119	15.075	14.483	14.703

矿物硬度的大小是内部结构中联结力强弱的体现，具体载体是化学键类型和强度。U^{4+} 主要为离子键化合物，结构中原子堆积密度大，因此硬度较大。而六价矿物多为层状结构，层内是离子键，而层间为分子键、氢键或弱离子键，因此，硬度偏低。对海塔 2811 铀矿点晶质铀矿利用成都理工大学综合岩矿鉴定实验室 HV-1000 NDT 显微硬度计，砝码为 100g 和 200g，进行显微硬度测试，测试结果数据为 330HV 左右，低于一般参考值。而导致这种结果的原因可能是在后期地质作用下晶质铀矿及共生矿物形成了较多的裂隙。此外，四价铀矿物经氧化作用形成了六价铀矿物也会使得硬度远低于正常参考值。

4.3　晶质铀矿化学组成特征

4.3.1　元素分布

以海塔 2811 铀矿点石英脉、大田 505 铀矿床 II 号矿化带水沟中连续发现的特富铀矿滚石、牟定 1101 铀矿点钠长岩脉中未蚀变的粗粒晶质铀矿为研究对象，在中国地质调查局天津地质调查中心采用电子探针方法针对典型晶质铀矿开展了微区 Mapping 扫面工作，扫面元素为 U、Th、Si、Pb、Ca、Fe、Al、Ti、P。由电子探针扫描成分变化图可见，海塔 2811 铀矿点石英脉中粗粒晶质铀矿内部除包裹有榍石、锆石等矿物外，其成分变化并不明显(图 4-4)，颗粒较为破碎，U、Th 元素分布较为均匀，表明粗粒晶质铀矿受后期流体活动影响较小，也表明其形成环境较为稳定，同时可能受到后期构造活动影响导致颗粒破碎。大田 505 铀矿床 Ⅱ 号矿化带水沟中连续发现特富铀矿滚石中粗粒晶质铀矿的 U、Th 表现出明显的不均匀性，Pb、Ca 和 U 的分布区域表现出互补性，Fe、Al 主要分布在晶质铀矿的裂隙中(图 4-5)，表明晶质铀矿形成后可能受到氧化作用的影响，发生了一些元素的丢失和获得现象，这可能与测试的岩石为滚石有关。牟定 1101 铀矿点钠长岩脉中粗粒晶质铀矿 U、Th、Si、Pb 等元素除裂隙外分布较为均匀(图 4-6)，表明粗粒晶质铀矿受后期流体活动影响较小，也表明其形成环境较为稳定。

以海塔 2811 铀矿点石英脉中发现的粗粒晶质铀矿为研究对象，在中国地质调查局天津地质调查中心采用电子探针方法针对典型晶质铀矿开展了微区地球化学剖面测量。由电子探针铀钍元素含量剖面变化可见(图 4-7)，晶质铀矿 UO_2 含量变化区间为 84.40%～85.83%(平均为 85.06%)，ThO_2 含量变化区间为 4.68%～6.15%(平均为 5.28%)，表现为较强的均一性，表明晶质铀矿的形成环境较为稳定。

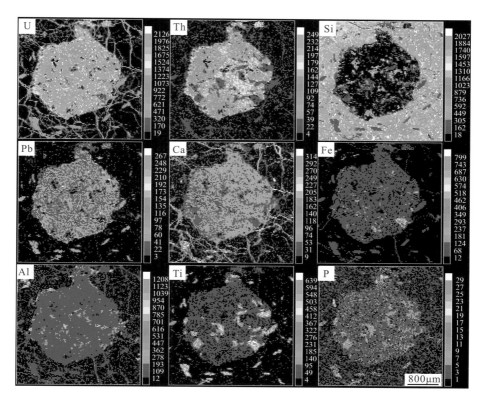

图 4-4　海塔 2811 铀矿点 UrA 粗粒晶质铀矿 Mapping 扫面图

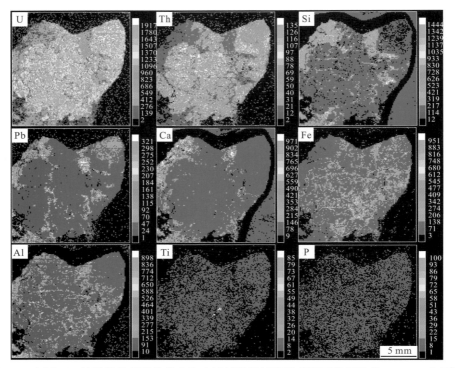

图 4-5　大田 505 铀矿床 II 号矿化带水沟中连续发现特富铀矿滚石晶质铀矿 Mapping 扫面图

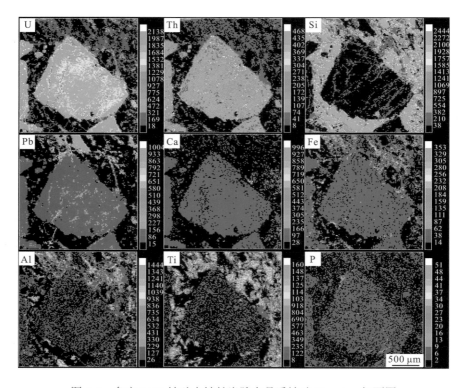

图 4-6　牟定 1101 铀矿点钠长岩脉中晶质铀矿 Mapping 扫面图

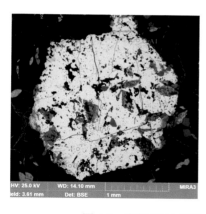 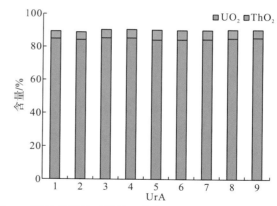

图 4-7　海塔 2811 铀矿点 UrA 粗粒晶质铀矿铀钍元素含量剖面

本次采用电子探针分析方法分析了康滇地轴海塔 2811 铀矿点/A19 铀矿点、牟定 1101 铀矿点富铀脉体中粗粒晶质铀矿的化学成分(表 4-4～表 4-6)，收集了大田 505 铀矿床Ⅰ号矿化带钻孔中粗粒晶质铀矿的电子探针数据(表 4-7)。海塔 2811 铀矿点的两类晶质铀矿 (UrA 和 UrB) 的 UO_2 和 ThO_2 含量具有较大的差异，与磷灰石共生的晶质铀矿(UrA)中 Th 元素含量较高且变化较大(表 4-4)，与榍石共生晶质铀矿(UrB)相比具有相对较高的 ThO_2 含量和较低的 UO_2 含量(表 4-5)，表明钍和铀的类质同象作用较强(图 4-8)，暗示了 UrA 和 UrB 可能不是同期形成的；海塔 A19 铀矿点的两类晶质铀矿(UrC 和 UrD)则具有相对一致的 UO_2、ThO_2、PbO 和 Y_2O_3 含量(图 4-8)，表明 UrC 和 UrD 为同期形成。此外，海塔地区 2811 和 A19 铀矿点晶质铀矿具有一致的 PbO 含量，表明晶质铀矿形成时代相同或受到同一地质事件的影响；牟定 1101 铀矿点和大田 505 铀矿床Ⅰ号矿化带钻孔中粗粒晶质铀矿相比海塔铀矿点差别较大，具有较高的 PbO 含量(表 4-6 和表 4-7、图 4-8)。

总体上看，三个铀矿点晶质铀矿的成分有较明显的差异，特别是海塔铀矿点的晶质铀矿明显表现出富钍贫铅的特征，牟定 1101 铀矿点和大田 505 铀矿床Ⅰ号矿化带钻孔中晶质铀矿表现出铅含量很高的特征。整体来看三个铀矿点晶质铀矿均具有较高的 ThO_2 和 Y_2O_3 含量，反映晶质铀矿是在高温条件下形成的。

表 4-4　海塔地区 2811 铀矿点粗粒晶质铀矿的电子探针数据

样品编号	Na$_2$O /%	MgO /%	Al$_2$O$_3$ /%	SiO$_2$ /%	UO$_2$ /%	ThO$_2$ /%	PbO /%	Y$_2$O$_3$ /%	K$_2$O /%	CaO /%	TiO$_2$ /%	FeO /%	总计 /%	U/Th	年龄 /Ma
2811UrA1	0.020	0.004	—	0.060	84.996	4.679	3.238	0.510	0.252	0.301	0.027	—	94.09	16.98	276.59
2811UrA2	0.005	0.005	0.046	0.050	84.44	4.726	2.976	0.596	0.229	0.414	0.014	0.034	93.54	16.71	255.80
2811UrA3	0.004	—		0.017	85.583	5.217	2.806	0.731	0.171	0.369	0.082	0.047	95.03	15.34	237.51
2811UrA4	0.012	0.013	—	0.070	85.552	5.233	2.938	0.609	0.211	0.350	0.059		95.05	15.29	248.75
2811UrA5	0.007	—		0.084	84.396	6.147	2.994	0.714	0.185	0.262	0.043	—	94.83	12.84	255.83
2811UrA6	—	—		0.095	84.589	5.672	3.031	0.720	0.227	0.313	0.026	0.018	94.69	13.94	258.97
2811UrA7	—	0.011		0.095	84.758	5.639	3.063	0.654	0.191	0.482	0.015	0.064	94.97	14.05	261.23
2811UrA8	0.009	—		0.045	85.439	5.261	3.224	0.618	0.205	0.279	0.028	0.010	95.12	15.18	273.29
2811UrA9	0.017	0.009	—	0.070	85.828	4.977	3.051	0.493	0.239	0.413	0.014	—	95.11	16.12	257.80

续表

样品编号	Na$_2$O /%	MgO /%	Al$_2$O$_3$ /%	SiO$_2$ /%	UO$_2$ /%	ThO$_2$ /%	PbO /%	Y$_2$O$_3$ /%	K$_2$O /%	CaO /%	TiO$_2$ /%	FeO /%	总计 /%	U/Th	年龄 /Ma
2811UrA10	0.009	—	0.816	0.156	84.815	5.247	3.093	0.737	0.170	0.490	0.028	0.004	95.57	15.11	264.08
2811UrA11	0.013	—	—	0.062	86.066	5.399	3.095	0.628	0.207	0.344	0.029	0.002	95.85	14.90	260.33
2811UrA12	0.006	0.016	0.032	0.061	85.165	5.429	2.857	0.698	0.205	0.463	0.044	—	94.98	14.67	242.76
2811UrA13	0.022	—	—	0.067	85.125	5.772	2.998	0.654	0.200	0.324	0.050	—	95.21	13.79	254.46
2811UrA14	0.004	0.017	0.009	0.059	86.529	4.868	3.132	0.643	0.218	0.294	0.053	0.005	95.83	16.62	262.68
2811UrA15	0.026	0.007	2.396	0.091	84.014	4.915	2.877	0.690	0.192	0.349	0.047	—	95.60	15.98	248.30
2811UrA16	0.007	0.006	0.055	0.124	84.783	5.699	2.949	0.685	0.225	0.314	0.057	—	94.90	13.91	251.37
2811UrA17	0.006	—	2.368	0.320	81.587	5.772	2.803	0.637	0.163	0.265	0.044	0.001	93.97	13.22	247.95
2811UrA18	0.006	0.006	—	0.068	85.176	5.907	3.006	0.567	0.217	0.365	0.021	—	95.34	13.48	254.84
2811UrA19	—	—	—	0.093	84.500	6.008	2.936	0.673	0.171	0.434	0.037	—	94.85	13.15	250.73
2811UrA20	0.001	—	—	0.091	84.616	5.996	3.242	0.692	0.194	0.198	0.016	0.010	95.06	13.19	276.51
2811UrA21	0.017	0.008	0.208	0.076	85.920	5.294	3.185	0.732	0.206	0.272	0.012	—	95.93	15.17	268.47
2811UrA22	0.023	—	—	0.039	85.433	4.656	3.086	0.65	0.275	0.217	0.054	—	94.43	17.16	262.31
2811UrA23	0.003	0.001	—	0.084	84.735	6.432	3.115	0.691	0.204	0.327	0.042	—	95.63	12.32	264.79
2811UrA24	0.016	—	0.015	0.087	86.028	5.055	2.999	0.548	0.270	0.220	0.033	—	95.27	15.91	252.74
2811UrA25	0.004	0.004	—	0.079	84.879	5.919	3.120	0.603	0.178	0.429	0.045	—	95.26	13.41	265.39
2811UrA26	0.007	0.010	0.112	0.065	85.003	5.194	2.948	0.764	0.206	0.267	0.027	—	94.60	15.30	251.22
2811UrB1	0.048	0.021	0.012	0.738	77.748	10.434	2.585	0.490	0.835	0.444	0.018	0.090	93.46	6.97	234.31
2811UrB2	0.043	0.021	—	0.591	80.744	8.483	2.696	0.349	1.091	0.316	0.043	0.079	94.46	8.90	237.87
2811UrB3	0.021	0.011	0.089	0.907	76.520	11.721	2.938	0.574	0.420	0.529	0.155	0.230	94.12	6.10	268.69
2811UrB4	0.040	0.010	1.108	0.813	77.209	10.274	2.866	0.461	0.617	0.459	0.037	0.182	94.08	7.03	261.70
2811UrB5	0.025	0.016	0.762	1.943	68.061	11.421	3.400	0.656	0.410	0.609	0.078	1.496	88.88	5.57	347.71
2811UrB6	0.032	0.016	0.121	0.646	79.659	9.291	2.951	0.445	0.759	0.385	0.057	0.138	94.50	8.02	262.78
2811UrB7	0.030	0.017	0.062	1.009	77.581	10.768	2.034	0.261	1.169	0.249	—	0.216	93.40	6.74	184.45
2811UrB8	0.049	0.013	0.018	0.668	78.732	8.543	1.678	0.365	1.519	0.139	0.093	0.097	91.91	8.62	151.64
2811UrB9	0.052	—	0.182	1.388	67.101	16.998	2.502	0.253	0.509	0.230	0.090	0.272	89.58	3.69	251.65

表 4-5　海塔地区 A19 铀矿点粗粒晶质铀矿的电子探针数据

样品编号	Na$_2$O /%	MgO /%	Al$_2$O$_3$ /%	SiO$_2$ /%	UO$_2$ /%	ThO$_2$ /%	PbO$_2$ /%	Y$_2$O$_3$ /%	K$_2$O /%	CaO /%	TiO$_2$ /%	FeO /%	总计/%	U/Th	年龄 /Ma
A19UrC1	0.003	0.017	—	0.022	88.496	3.427	3.056	0.882	0.159	0.331	0.039	—	96.43	24.14	252.29
A19UrC2	0.022	0.019	—	0.019	89.909	2.938	2.976	0.788	0.161	0.354	0.083	—	97.27	28.61	242.39
A19UrC3	0.029	0.004	—	0.035	89.387	3.335	3.096	0.659	0.139	0.316	0.037	—	97.04	25.06	253.19
A19UrC4	0.003	0.015	—	0.035	89.397	3.455	2.945	0.765	0.174	0.377	0.001	—	97.17	24.19	240.69
A19UrC5	0.01	0.018	—	0.053	88.985	3.412	2.818	0.818	0.169	0.354	0.022	—	96.66	24.38	231.40
A19UrC6	0.001	0.005	0.008	0.720	88.957	3.420	2.851	0.680	0.178	0.304	0.049	0.050	97.22	24.32	234.18
A19UrC7	—	0.003	—	0.035	89.051	3.870	2.969	0.692	0.156	0.312	0.055	0.040	97.18	21.51	243.14
A19UrC8	0.026	0.011	—	0.026	89.437	3.638	2.961	0.695	0.167	0.260	0.052	0.007	97.28	22.99	241.70
A19UrC9	—	0.023	—	0.040	88.683	3.570	2.853	0.481	0.166	0.402	0.033	—	96.25	23.23	234.90
A19UrC10	—	0.005	—	0.001	88.845	3.841	2.938	0.785	0.152	0.334	0.061	—	96.96	21.63	241.18

样品编号	Na$_2$O /%	MgO /%	Al$_2$O$_3$ /%	SiO$_2$ /%	UO$_2$ /%	ThO$_2$ /%	PbO$_2$ /%	Y$_2$O$_3$ /%	K$_2$O /%	CaO /%	TiO$_2$ /%	FeO /%	总计/%	U/Th	年龄 /Ma
A19UrD1	—	0.013	—	0.012	88.747	2.722	2.759	0.930	0.159	0.233	0.036	0.080	95.69	30.48	227.84
A19UrD2	0.014	0.002	—	0.020	89.067	3.164	2.877	0.942	0.161	0.272	0.030	—	96.55	26.32	236.29
A19UrD3	—	—	—	0.038	89.940	3.007	2.759	0.588	0.151	0.277	0.014	0.065	96.84	27.97	224.58
A19UrD4	0.009	—	—	0.020	89.186	3.189	2.773	0.830	0.156	0.238	0.073	0.033	96.51	26.15	227.42
A19UrD5	0.022	—	—	0.015	89.327	2.671	2.939	0.984	0.148	0.254	0.019	—	96.38	31.27	241.20
A19UrD6	—	—	—	0.018	88.993	2.653	2.853	0.814	0.162	0.244	0.005	—	95.74	31.36	235.03
A19UrD7	0.006	0.006	—	0.022	89.890	2.555	2.905	0.834	0.162	0.261	0.006	0.029	96.68	32.90	237.05
A19UrD8	—	—	—	0.022	88.861	2.912	2.930	1.058	0.150	0.235	0.049	0.027	96.24	28.53	241.45
A19UrD9	0.002	—	—	0.028	89.091	2.370	2.833	0.881	0.145	0.151	0.062	0.172	95.74	35.15	233.41
A19UrD10	0.005	0.010	—	0.622	89.433	2.498	2.652	0.857	0.165	0.305	0.009	0.074	96.63	33.47	217.55

表 4-6　牟定 1101 铀矿点粗粒晶质铀矿的电子探针数据

样品编号	Na$_2$O /%	MgO /%	Al$_2$O$_3$ /%	SiO$_2$ /%	UO$_2$ /%	ThO$_2$ /%	PbO /%	Y$_2$O$_3$ /%	K$_2$O /%	CaO /%	TiO$_2$ /%	FeO /%	总计/%	U/Th	年龄/Ma
1101-1	0.048	0.024	—	0.234	80.550	2.763	8.091	0.810	0.205	0.199	—	0.088	93.01	27.26	735.11
1101-2	0.047	0.009	—	0.135	80.238	2.268	8.842	1.362	0.157	0.107	0.041	0.032	93.24	33.08	808.35
1101-3	0.036	0.005	—	0.228	80.593	2.439	8.388	1.179	0.180	0.159	0.014	0.120	93.34	30.90	762.88
1101-4	0.038	—	—	0.058	79.952	1.963	9.058	1.862	0.133	0.534	0.049	—	93.65	38.08	832.25
1101-5	0.056	0.019	—	0.098	80.000	2.205	8.918	1.479	0.145	0.093	0.032	—	93.05	33.92	817.95
1101-6	0.055	0.012	—	0.116	81.227	2.601	8.964	0.950	0.155	0.246	0.061	—	94.39	29.20	808.35
1101-7	0.023	0.006	—	0.072	81.812	2.558	8.664	1.194	0.170	0.085	0.057	—	94.64	29.90	775.94
1101-8	0.041	0.011	—	0.192	80.528	2.986	8.223	1.292	0.161	0.159	0.030	0.039	93.66	25.22	746.51
1101-9	0.054	0.006	—	0.288	80.101	2.662	8.115	1.179	0.196	0.258	0.006	0.033	92.90	28.13	741.73
1101-10	0.053	0.010	—	0.135	79.127	2.182	8.352	1.866	0.157	0.193	0.017	0.039	92.13	33.91	774.48

表 4-7　大田 505 铀矿床 I 号矿化带钻孔中粗粒晶质铀矿的电子探针数据

样品编号	UO$_2$ /%	PbO /%	ThO$_2$ /%	Y$_2$O$_3$ /%	SiO$_2$ /%	K$_2$O /%	MgO /%	Ce$_2$O$_3$ /%	Na$_2$O /%	FeO /%	CaO /%	La$_2$O$_3$ /%	Nd$_2$O$_3$ /%	Pr$_2$O$_3$ /%	总计/%	U/Th	年龄/Ma
DT1802/1	82.42	8.19	3.54	0.72	0.11	0.20	—	0.54	0.06	0.05	0.49	—	0.64	0.08	97.04	18.04	724.81
DT1802/2	80.98	8.47	3.74	0.62	0.08	0.13	0.04	0.24	0.06	0.07	0.54	—	0.47	0.08	95.52	16.77	761.97
DT1802/3	81.35	7.99	3.97	0.88	—	0.18	—	0.76	0.16	0.04	0.15	0.16	0.44	0.05	96.13	15.88	714.81
DT1802/4	82.44	8.87	3.41	0.76	0.08	0.20	—	0.58	0.09	0.04	0.12	—	0.31	0.06	96.96	18.73	785.28
DT1802/5	81.80	8.86	3.54	0.55	—	0.18	0.04	0.63	—	—	0.12	—	0.4	—	96.12	17.9	789.95
DT1802/6	82.51	9.22	3.46	0.46	—	0.14	—	0.55	0.04	—	0.16	—	0.47	0.03	97.04	18.47	815.39
DT1802/7	82.11	9.55	3.65	0.57	—	0.16	—	0.48	—	0.06	0.07	—	0.29	—	96.94	17.43	847.87

样品编号	UO₂/%	PbO/%	ThO₂/%	Y₂O₃/%	SiO₂/%	K₂O/%	MgO/%	Ce₂O₃/%	Na₂O/%	FeO/%	CaO/%	La₂O₃/%	Nd₂O₃/%	Pr₂O₃/%	总计/%	U/Th	年龄/Ma
DT1802/8	81.77	8.60	3.71	0.59	0.06	0.17	—	0.38	0.08	0.06	0.14	—	0.22	0.04	95.82	17.08	766.43
DT1802/9	82.52	8.41	3.62	0.67	0.07	0.27	—	0.47	0.07	0.05	0.27	—	0.37	0.05	96.84	17.66	743.12
DT1802/10	82.69	8.76	3.84	0.65	—	0.23	0.03	0.73	—	—	0.27	—	0.47	—	97.67	16.68	771.69
DT4102/1	80.93	8.14	4.07	0.98	—	0.18	0.03	0.51	0.10	0.04	0.37	—	0.25	0.04	95.64	15.41	731.59
DT4102/2	80.97	8.25	4.19	0.80	0.09	0.12	—	0.34	0.07	—	0.39	0.10	0.27	—	95.59	14.97	740.69
DT4102/3	79.61	8.30	4.28	0.97	0.19	0.14	—	0.34	0.09	0.09	0.59	0.07	0.39	0.03	95.09	14.41	757.33
DT4102/4	80.71	8.19	4.66	0.83	0.06	0.21	0.02	0.36	0.15	—	0.47	0.16	0.21	—	96.03	13.42	735.99
DT4102/5	81.19	9.17	4.83	0.48	—	0.14	—	0.51	0.06	—	0.06	—	0.27	0.09	96.8	13.02	818.64
DT4102/6	80.68	7.40	4.34	0.77	0.06	0.22	—	0.30	—	0.05	0.69	0.09	0.24	—	94.84	14.4	666.25
DT4102/7	80.30	8.42	4.76	0.79	0.08	0.18	0.02	0.59	0.11	—	0.52	—	0.31	0.05	96.13	13.07	760.07
DT4102/8	80.96	8.11	4.41	0.92	0.09	0.19	—	0.87	0.11	—	0.59	0.13	0.45	0.05	96.88	14.22	727.46
DT4102/9	80.54	8.44	4.25	0.61	0.06	0.19	0.04	0.37	0.14	—	0.51	0.14	0.36	0.06	95.71	14.68	761.50
DT4102/10	80.26	8.30	4.74	0.76	0.07	0.16	0.02	0.62	0.15	—	0.39	0.12	0.27	0.07	95.93	13.12	749.68

（据 Cheng et al.，2021）。

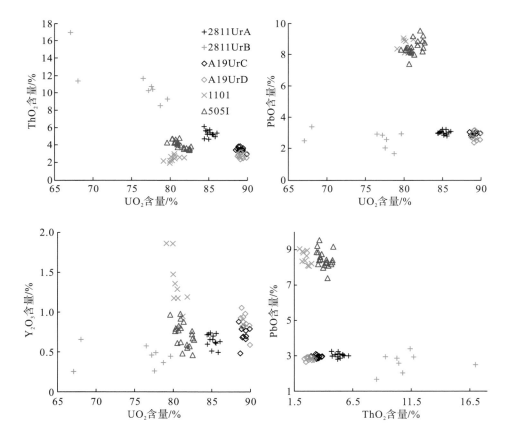

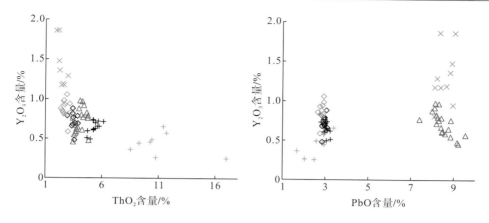

图 4-8　粗粒晶质铀矿中元素相关性散点图

4.3.2　价态特征

晶质铀矿作为铀的简单氧化物，其中铀主要以 U^{4+} 形式存在，少量以 U^{6+} 形式存在。晶质铀矿中铀离子价态的变化及比例关系，对于研究成矿熔体或流体的氧逸度具有一定的指示意义。大田 505 铀矿床 II 号矿化带富铀滚石氧化作用比较明显，因此本次仅选取了海塔 2811 铀矿点（UrA）、牟定 1101 铀矿点典型粗粒晶质铀矿样品在成都科学指南针分析测试公司开展 XPS 铀矿物价态比例分析。通过表 4-8 和图 4-9 可以看出，海塔 2811 铀矿点（UrA）、牟定 1101 铀矿点晶质铀矿中铀主要以四价形式存在。

表 4-8　海塔 2811 和牟定 1101 铀矿点晶质铀矿铀的价态数据

项目	2811UrA1		2811UrA2		1101-1		1101-2	
	U^{4+}	U^{6+}	U^{4+}	U^{6+}	U^{4+}	U^{6+}	U^{4+}	U^{6+}
中间峰	380.46	382.12	380.42	381.99	380.26	381.69	380.22	381.72
峰宽	2.03	1.80	1.99	2.05	1.88	2.08	1.88	2.14
原子比	91.57	8.43	90.32	9.68	83.83	16.17	81.97	18.03

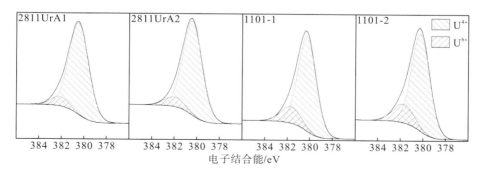

图 4-9　海塔 2811 和牟定 1101 铀矿点晶质铀矿铀的价态分布

第5章 粗粒晶质铀矿矿物组合特征

矿物共生组合是指在特定地质环境下，不同矿物在空间、时间和成因上的关联性，这种关联性往往能够揭示出成矿的基本规律，不同的矿物共生组合往往与特定的矿床类型相关联，因此通过分析矿物共生组合可以对矿床的成因进行有效的指示。海塔2811铀矿点矿物共生组合为晶质铀矿、榍石、磷灰石、石英；海塔A19铀矿点矿物共生组合为晶质铀矿、榍石、辉钼矿、磷灰石、石英、长石；大田505铀矿床矿物共生组合为晶质铀矿、长石、石英、榍石、辉钼矿、独居石、黄铁矿；牟定1101铀矿点矿物共生组合为晶质铀矿、钠长石、石英、榍石、金红石、电气石等，其中榍石和辉钼矿作为共性矿物在3个铀矿点均有发现。在3个铀矿点近地表产出的晶质铀矿均发生了不同程度的后生氧化作用，形成了多种以铀酰氢氧化物和硅酸盐为主的六价铀矿物，主要矿物有：柱铀矿、黄钙铀矿、红铀矿、橙黄铀矿、硅铅铀矿、板铅铀矿、硅钙铀矿等。本章对康滇地轴3个铀矿点粗粒晶质铀矿的矿物共生组合以及各铀矿点的后生氧化形成的六价铀矿物进行了简要叙述。此外本章还对2021年在海塔地区发现的新矿物"海塔铀矿"，从矿物学、化学组成、晶体结构等方面进行了简要叙述。

5.1 海塔铀矿点矿物组合

5.1.1 2811铀矿点

在石英脉中发现了数百颗粒度大且晶型完整的粗粒晶质铀矿。野外观察到的粗粒晶质铀矿呈黑色，金属光泽，肉眼可见晶质铀矿晶体形态生长完好，多呈等轴粒状镶嵌在石英脉中，粒径大多在0.5cm左右，最大可达1cm左右；断面呈钢灰色，条痕呈黑色；粒度粗大，呈单颗粒或聚形镶嵌于石英脉之中；晶型以立方体和八面体聚形及菱形十二面体为主，偶见呈立方体形态，表现为明显的等轴粒状晶体(图5-1 a～c)；当氧化强烈时，晶质铀矿全部变为六价铀矿物，晶质铀矿矿物外圈或全部发生氧化作用形成一圈次生铀矿物或完全蚀变为次生铀矿物(图5-1 d、e)，但仍保留晶质铀矿的形态。

通过详细的镜下岩矿鉴定及TIMA扫面测试工作发现(图5-2a、b)，可以根据与磷灰石和榍石的共生关系将晶质铀矿分为两类：一类与榍石矿物共生，晶质铀矿(UrA)颗粒相对较大且形态完整，部分榍石矿物蚀变为钛铀矿(图5-2d和图5-3a)；另一类是与磷灰石共生，晶质铀矿粒径相对较小(UrB)，可以见到磷灰石包裹榍石的现象，被包裹的榍石未发生明显的蚀变(图5-2c和图5-3b)。

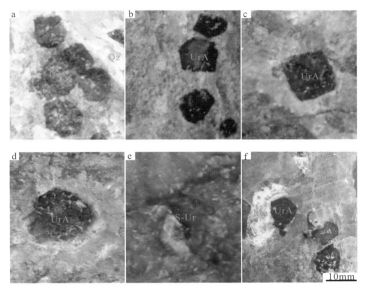

图 5-1　镜下晶质铀矿（张成江等，2015）

a～c-晶质铀矿；d-晶质铀矿边缘蚀变形成次生铀矿物；e-晶质铀矿完全蚀变为次生铀矿物；f-晶质铀矿、榍石、辉钼矿共生

S-Ur-次生铀矿物；Mo-辉钼矿；Ttn-榍石；Qz-石英

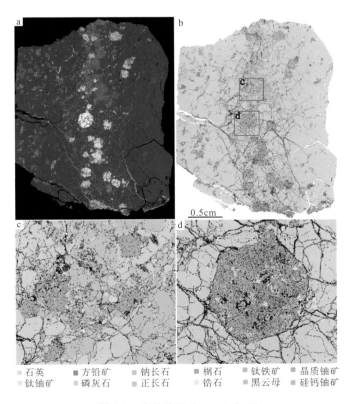

▨ 石英	▨ 方铅矿	▨ 钠长石	▨ 榍石	▨ 钛铁矿	▨ 晶质铀矿
▨ 钛铀矿	▨ 磷灰石	▨ 正长石	▨ 锆石	▨ 黑云母	▨ 硅钙铀矿

图 5-2　岩矿鉴定及 TIMA 扫面

a-晶质铀矿 BSE 照片；b-晶质铀矿（UrA 和 UrB）TIMA 扫面；c-UrB TIMA 扫面；d-UrA TIMA 扫面

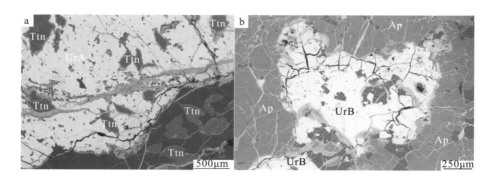

图 5-3　晶质铀矿(UrA 和 UrB)的矿物组合背散射电子(BSE)照片

Ap-磷灰石；Ttn-榍石

与晶质铀矿共生的矿物较多，肉眼可见与晶质铀矿共生的矿物为石英、长石、榍石、辉钼矿、磷灰石(图 5-1f)；详细的镜下鉴定可以看出主要与晶质铀矿共生的矿物为石英、长石、榍石、磷灰石、钛铀矿(榍石蚀变形成)、钛铁矿以及少量的黑云母、锆石等，此外可以见到一些次生的硅钙铀矿等次生铀矿物(图 5-2 和图 5-3)。

5.1.2　A19 铀矿点

A19 铀矿点作为铀-钼共生型铀矿化，长期以来并未开展实质工作，前人的主要研究工作也是围绕着辉钼矿开展(刘凯鹏，2017)。2021 年在 A19 铀矿点的长英质脉体中再次发现了粗粒晶质铀矿的存在，表明海塔地区具有较大的铀成矿潜力。根据晶质铀矿的赋存关系可以将晶质铀矿分为两类：完全赋存于长英质矿物中的晶质铀矿(UrC)具有晶型较好但粒径较小的特征，在长英质矿物中也发现了榍石、磷灰石、辉钼矿等共生矿物(图 5-4)。在长英质脉中与暗色矿物共生的晶质铀矿(UrD)具有粒径较大但晶型较差的特点，同时还发现了榍石、辉钼矿等共生矿物(图 5-5)。

野外观察到的与晶质铀矿共生的矿物为长石、石英、辉钼矿及暗色矿物(图 5-3)；经过详细的镜下鉴定可以看出赋存在长英质矿物中的晶质铀矿的矿物共生组合为长石、石英、磷灰石、榍石、辉钼矿等(图 5-4)；与暗色矿物共生的晶质铀矿的矿物共生组合为石

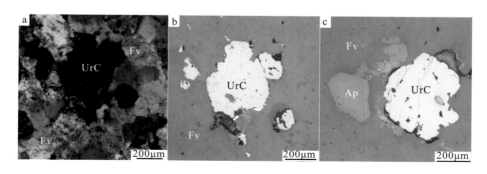

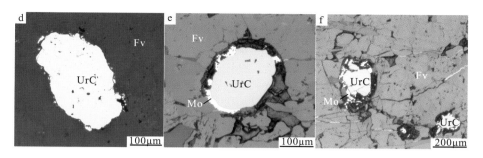

图 5-4　完全赋存于长英质矿物中的晶质铀矿（UrC）及共生组合（Xu et al.，2021）

a-透射光；b～f-BSE 图像；Fv-长英质脉；Ap-磷灰石；Mo-辉钼矿

图 5-5　长英质脉中与暗色矿物共生的晶质铀矿（UrD）（Xu et al.，2021）

a、b-透射光；c～d-BSE 图像；Hb1-角闪石；Prx-辉石；Mo-辉钼矿；Ttn-榍石

英、榍石、角闪石、辉石、辉钼矿等（图 5-5）。前人研究认为，辉石可能是原地产物，角闪石可能是从辉石蚀变形成的，因此 A19 铀矿点长英质脉体中晶质铀矿矿物共生组合为长石、石英、磷灰石、榍石、角闪石、辉钼矿。

5.2　攀枝花大田 505 铀矿床矿物组合

核工业二八〇研究所在针对Ⅰ号矿化带的铀异常开展钻探工作过程中，发现了粗粒晶质铀矿的存在，晶质铀矿呈自形晶粒状分散分布，晶型与米易海塔 2811 铀矿点石英脉中粗粒晶质铀矿相似，主要以立方体与八面体聚形和菱形十二面体为主（图 5-6 和图 5-7），少量呈立方体；粒径一般为 1~5mm，晶质铀矿基本没有发生后生氧化；详细的岩矿鉴定表明晶质铀矿主要赋存在长英质脉体中，脉体主要由长石和少量的石英矿物组成，因此 I 号矿化带钻孔中晶质铀矿的矿物共生组合为长石、石英、榍石、辉钼矿、独居石、黄铁矿等(图 5-6 和图 5-7)。

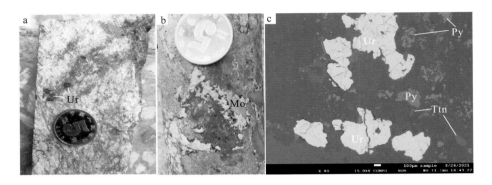

图 5-6　镜下岩矿鉴定

a-钻孔中的晶质铀矿；b-钻孔中与晶质铀矿共生的辉钼矿；c-晶质铀矿、榍石、黄铁矿共生的 BSE 图像

Ur-晶质铀矿；Py-黄铁矿；Mo-辉钼矿；Ttn-榍石

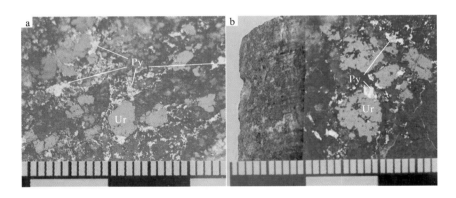

图 5-7　钻孔中的晶质铀矿

Py-黄铁矿；Ur-晶质铀矿

近年来，在 II 号矿化带水沟中连续发现特富铀矿滚石(图 5-8)，最高品位达 58%。核工业二八〇研究所在 II 号矿化带异常位置开展槽探工作揭露出富铀陡壁，发现多条富铀的钠长岩透镜体顺层侵位于围岩中，近年来的研究成果表明富铀滚石来自富铀陡壁。富铀滚石中晶质铀矿呈团块状分布，晶质铀矿后生氧化明显；受氧化作用影响，晶质铀矿的矿物共生组合不明，但是可以见到较多的榍石、石英等矿物，榍石边缘发生了明显的钛铀矿化现象(图 5-8 b、c)，表明钠长岩透镜体中也含有一定量的石英矿物，其矿物组合为长石、石英、晶质铀矿、榍石。

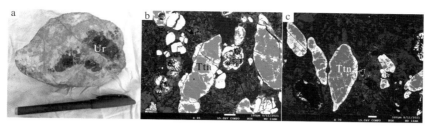

图 5-8　特富铀矿滚石与镜下特征

a-Ⅱ号矿化带水沟中连续发现特富铀矿滚石；b、c-富铀陡壁与晶质铀矿共生的榍石(榍石边缘发生钛铀矿化)

5.3　牟定 1101 铀矿点矿物组合

　　111 矿段露头上发现的粗粒晶质铀矿最大颗粒可达厘米级(图 5-9 和图 5-10)。晶质铀矿团块角砾化明显，有时也见呈脉状产出(图 5-9、图 5-10 和图 5-12)。晶质铀矿的形态与海塔铀矿点和大田 505 铀矿床有较大的区别，主要表现为晶质铀矿晶粒相对细小，以立方体为主，偶见立方体与八面体聚形，电子探针图像显示且有较明显的环带结构(图 5-9 和图 5-13)。2020 年在 111 矿段富铀的主钠长岩脉旁发现了诸多细小的钠长岩脉，其中可见到毫米级的粒状晶质铀矿，其具有明显的环带结构(图 5-9 和图 5-13)。

　　晶质铀矿赋存在钠长岩脉中，经过对钠长岩脉开展详细的岩矿鉴定发现脉体中也有部分石英矿物的存在，榍石矿物与晶质铀矿紧密共生，可以见到部分榍石被晶质铀矿包裹，因此晶质铀矿矿物共生组合为钠长石、石英、榍石、金红石、电气石、方铅矿、白云母等，此外还可以见到大量的次生铀矿物(图 5-9～图 5-12)。

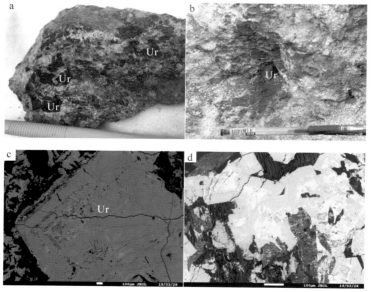

图 5-9　角砾状晶质铀矿及镜下特征

a、b-钠长岩脉中角砾状晶质铀矿；c、d-晶质铀矿的 BSE 图像(Ur 为晶质铀矿)

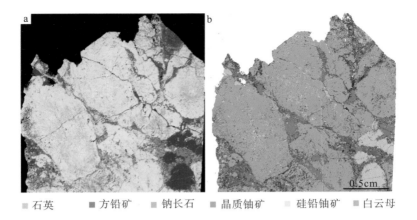

■ 石英　■ 方铅矿　■ 钠长石　■ 晶质铀矿　□ 硅铅铀矿　■ 白云母

图 5-10　钠长岩脉中晶质铀矿 TIMA 扫面(a 为 BSE 图像)

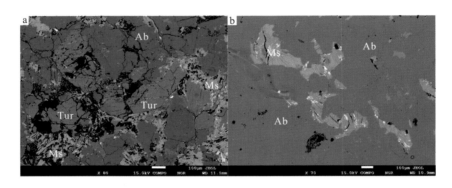

图 5-11　钠长岩脉中电气石、白云母及次生铀矿物

Tur-电气石；Ab-钠长石；Ms-白云母

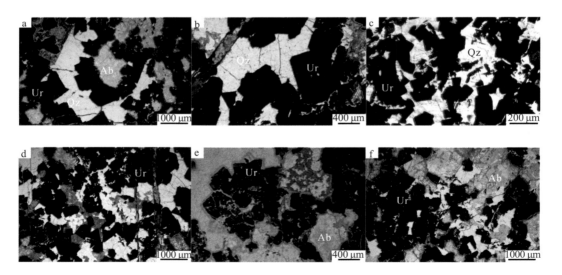

图 5-12　钠长岩脉中晶质铀矿的形态(透射光；汪刚，2016)

Ur-晶质铀矿；Qz-石英；Ab-钠长石

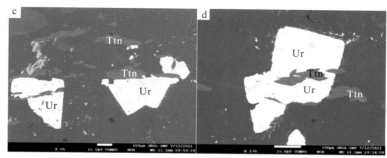

图 5-13 富铀钠长岩细脉与镜下特征

a、b 富铀钠长岩细脉；c、d 晶质铀矿与榍石矿物共生；Ur-晶质铀矿；Ttn-榍石

5.4 晶质铀矿的后生氧化

原生铀矿物在近地表条件下很容易氧化，形成六价铀的氢氧化物和各种含氧盐类(亦称表生铀矿物)。表生铀矿物的发育取决于气候、地形和地质构造等条件，而形成矿物的类别则与介质的酸碱度有关。在碱性介质中形成的有六价铀的氢氧化物、硅酸盐、碳酸盐和钒酸盐等，在酸性介质中形成的有六价铀的硫酸盐、磷酸盐、砷酸盐和钼酸盐等。表生铀矿物的类别还与原生矿石的贫富程度有关，例如，六价铀的氢氧化物只产于贫富对比度大的富矿段。各种表生铀矿物在氧化带剖面中有一定的位置，六价铀的氢氧化物和一部分六价铀的硅酸盐为原地氧化产物，其他类矿物则都在距原生矿石一定距离以外产出。六价铀的钒酸盐主要产于后生淋积型铀矿床氧化带。

研究发现，在米易海塔、攀枝花大田以及云南牟定矿区，除钻孔样品外，近地表产出的晶质铀矿都不同程度地发生了后生氧化作用，形成了多种以铀酰氢氧化物和硅酸盐为主的六价铀矿物，主要矿物有：柱铀矿、黄钙铀矿、红铀矿、橙黄铀矿、硅铅铀矿、板铅铀矿、硅钙铀矿等。这些六价铀矿物分布于晶质铀矿的周边或裂缝中，在黑色晶质铀矿边缘呈环带状分布，形成铀酰矿物绚丽多彩的特征色调。彩色圈由里向外，一般具有从橙红色—橙色—橙黄色—黄色—黄绿色逐渐变化的趋势，反映出由铀酰氢氧化物逐渐向铀酰硅酸盐、磷酸盐变化的特点，这与原生铀矿物（晶质铀矿、沥青铀矿）氧化形成六价铀矿物的一般顺序相一致。当氧化强烈时，晶质铀矿全部变为六价铀矿物，但仍保留晶质铀矿的形态。六价铀矿物电子探针分析结果见表 5-1。

表 5-1　晶质铀矿氧化形成的六价铀矿物电子探针分析结果

点号	Na_2O/%	SiO_2/%	TiO_2/%	UO_2/%	Al_2O_3/%	MgO/%	FeO/%	ThO_2/%	Y_2O_3/%	MnO/%	CaO/%	K_2O/%	P_2O_5/%	PbO/%	总量/%	矿物名称（推测）
大田 U3	0.28	7.03	—	67.08	2.21	0.44	0.48	—	0.26	0.30	5.68	—	0.03	0.23	84.02	黄钙铀矿
大田 U4	0.24	5.33	—	76.57	1.26	0.15	0.28	—	0.34	0.45	6.93	—	0.07	0.20	91.82	黄钙铀矿
大田 U5	0.11	3.28	0.04	77.72	0.27	0.03	0.74	—	0.64	0.46	6.63	—	0.04	0.14	90.10	黄钙铀矿
大田 U6	0.22	2.25	0.01	76.36	0.19	0.09	1.02	—	0.76	0.50	5.85	—	0.05	0.14	87.44	黄钙铀矿
大田 U7	0.13	2.24	—	80.58	0.17	0.01	0.78	—	0.84	0.62	6.69	—	—	0.13	92.22	黄钙铀矿
大田 U8	0.21	2.88	—	83.29	0.44	0.06	1.08	—	0.78	0.71	6.85	—	0.05	0.07	96.42	黄钙铀矿
大田 U17	—	—	—	83.98	—	—	—	0.10	0.98	0.58	—	0.16	0.14	7.89	93.83	橙黄铀矿
米易 U8	0.54	16.44	—	64.69	0.39	0.74	0.08	—	—	—	7.10	0.50	0.22	—	90.70	硅钙铀矿
米易 U9	0.15	17.87	0.03	59.54	0.47	0.40	0.13	0.49	—	0.02	6.27	0.45	0.30	0.22	86.34	硅钙铀矿
牟定 U1	—	0.04	0.00	85.75	—	0.02	0.04	0.23	0.06	—	—	—	0.07	0.70	86.91	柱铀矿
牟定 U7	—	9.27	—	47.59	0.01	—	0.01	0.10	—	0.03	—	—	0.01	38.12	95.14	硅铅铀矿
牟定 U9	—	0.09	0.03	87.40	0.04	—	0.01	1.67	0.25	0.01	—	—	—	0.54	90.04	柱铀矿
牟定 U10	0.00	—	0.04	72.16	—	—	0.01	0.11	—	0.04	—	—	—	22.29	94.65	板铅铀矿
牟定 U11	—	0.46	0.02	82.07	—	—	0.02	0.89	0.03	0.07	—	—	—	0.56	84.13	柱铀矿
牟定 U14	—	0.16	0.31	82.22	—	—	0.02	0.22	0.06	—	—	—	0.01	0.54	83.54	柱铀矿
牟定 U16	—	3.61	—	80.11	2.87	—	0.61	0.03	0.07	0.03	—	—	—	0.55	87.90	黄钙铀矿
牟定 U17	—	0.38	0.03	81.32	0.30	—	0.02	1.27	0.13	—	—	—	—	0.81	84.26	柱铀矿
牟定 U31	0.00	0.08	—	88.22	—	—	0.00	1.27	0.27	—	—	—	0.01	0.65	90.50	柱铀矿
牟定 U35	—	0.77	0.02	72.74	0.27	—	0.02	0.10	0.15	—	—	—	—	20.21	94.28	板铅铀矿
牟定 U36	—	1.04	0.04	73.11	0.06	0.03	0.12	0.28	0.07	—	—	—	0.00	16.46	91.21	红铀矿
牟定 U37	—	9.49	—	43.94	2.22	—	0.51	0.30	—	0.03	—	—	0.03	29.68	86.23	硅铅铀矿
牟定 U38	—	6.96	—	56.93	0.54	0.00	1.25	0.39	0.06	—	—	—	0.03	33.94	100.10	硅铅铀矿
牟定 U39	—	14.69	—	37.92	4.38	0.05	2.48	0.58	0.08	—	—	—	0.07	26.65	86.90	硅铅铀矿
牟定 U42	—	0.48	0.03	77.54	0.25	0.01	0.45	—	0.02	—	—	—	0.02	18.20	96.98	板铅铀矿
牟定 U43	—	—	—	80.82	—	—	0.02	—	0.05	—	—	—	0.02	19.48	100.39	板铅铀矿
牟定 U44	0.04	8.38	0.10	44.10	0.01	—	0.00	0.12	—	0.00	—	—	0.02	32.19	85.04	硅铅铀矿
牟定 U45	—	0.07	0.02	85.82	0.04	—	0.89	0.03	0.02	0.02	—	—	—	0.61	87.52	柱铀矿
牟定 U46	—	0.14	0.05	82.50	0.03	0.02	1.65	—	—	—	—	—	0.02	0.48	84.89	柱铀矿

注：在核工业北京地质研究院分析测试中心及东华理工大学测试。

5.5　海塔铀矿的发现及矿物学特征

5.5.1　海塔铀矿矿物学特征

海塔铀矿是我国核地矿系统成立近 70 年来发现的第 7 个铀矿物、第 3 个原生铀矿物。2021 年 2 月海塔铀矿正式被国际矿物学协会新矿物命名及分类委员会批准，编号为 IMA 2019-33a。典型矿物标本收藏于中国地质博物馆，编号为 M13859。

海塔铀矿发现于中国四川省米易县海塔村，坐标为 26°5413″N、102°0127″E，并根据发现地对其进行了命名，发现地位于海塔地区铀矿点范围内。海塔铀矿产于新元古代花岗岩体与中元古代云母石英片岩接触部位，呈粗粒集合体形式产出，最大块状集合体可达 5cm，主要与钠长石、钛铁矿、锐钛矿、磁铁矿、方铅矿、锆石、钛铀矿、晶质铀矿等共生(图 5-14)。根据海塔铀矿产出特征及其共生矿物组合等推断，其成因与岩浆作用有关。

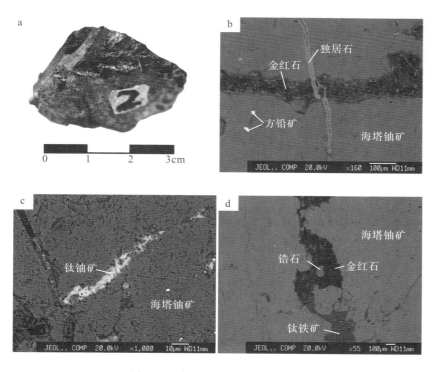

图 5-14　海塔铀矿及其共生矿物

a-海塔铀矿照片；b-海塔铀矿与独居石、方铅矿、金红石共生；c-海塔铀矿与钛铀矿共生；d-海塔铀矿与锆石、金红石、钛铁矿共生

海塔铀矿为金属矿物，呈聚集体形式产出，新鲜未氧化的聚集体呈亮黑色，不透明，具有金属光泽，表面氧化后呈褐黄色，条痕为黑色。矿物在物理性质上显性脆，贝壳状断

口，聚集体为均质，解理、裂开均不发育。矿物荧光性不发育。运用显微硬度计(仪器型号为 VHN500)测得的显微硬度范围为 $692\sim718\text{kg/mm}^2$，均值为 701kg/mm^2，根据换算其摩氏硬度为 6。根据经验化学式计算得出海塔铀矿的密度为 4.99g/cm^3，实测密度范围为 $4.98\sim5.15\text{g/cm}^3$，平均密度为 5.03g/cm^3。海塔铀矿可缓慢溶解于 HF 酸，可在 H_2SO_4 及 HNO_3 中集中。

海塔铀矿在偏光显微镜下不透明，反射光为灰白色，均质体，未见双反射、多色性和内反射。运用 MSP400 型显微分光光度计(micro spectrophotometry, MSP)在不同波段下对海塔铀矿在空气中的反射率进行了测定，测定采用的标样为 SiC，每个波长(λ)下的测点数为 5 个，具体测试结果见表 5-2。海塔铀矿反射率(R，下标 av 表示平均，min 表示最小，max 表示最大)变化范围(5 个测点平均值)为 16.42%～22.50%，反射率总体上随波长的变化而变化，波长越大，反射率越低。

表 5-2   海塔铀矿不同波段下反射率测定结果

λ/nm	$R_{av}(5)$/%	R_{min}/%	R_{max}/%	λ/nm	$R_{av}(5)$/%	R_{min}/%	R_{max}/%
400	22.50	21.27	22.16	560	17.37	16.99	17.61
420	20.81	20.38	21.18	580	17.14	16.80	17.36
440	19.99	19.60	20.36	600	16.95	16.63	17.15
460	19.21	18.77	19.53	620	16.83	16.57	17.04
480	18.72	18.30	19.02	640	16.73	16.47	16.92
500	18.29	17.87	18.55	660	16.71	16.46	16.89
520	17.97	17.54	18.24	680	16.42	16.20	16.57
540	17.69	17.31	17.95	700	16.68	16.49	16.87

5.5.2   海塔铀矿矿物成分及其化学式

海塔铀矿成分主要通过电子探针测定，对于矿物中的变价元素，如 Fe、U 等，分别采用穆斯堡尔谱(Mössbauer spectroscopy)和光电子能谱(XPS)进行了测试，同时运用红外光谱仪对样品中是否含有 H_2O 和 HO^- 进行了测试。综合各种测试结果，最终获得了海塔铀矿的准确成分，包括变价元素不同价态及其含量，并依据最终的成分计算了海塔铀矿的分子式。

海塔铀矿化学成分通过电子探针(JXA-8100；WDS；20kV；20nA；光束直径 2μm)测定(测点数为 10)，电子探针测试结果见表 5-3。

表 5-3   海塔铀矿电子探针测试结果

成分	海塔铀矿				标样
	均值(n=10)	范围	均方差(σ)	单位化学式中原子数	
TiO_2	50.16	48.35～51.91	0.96	12.26	蓝锥矿(Benitoite)
FeO_{total}	24.61	22.73～26.58	1.10		Fe_2O_3

续表

成分	海塔铀矿				标样
	均值(n=10)	范围	均方差(σ)	单位化学式中原子数	
FeO*	14.38			3.91	
Fe₂O₃*	11.00			2.78	
UO₂total	9.19	8.74~9.59	0.26		U(金属)
UO₂**	5.82			0.42	
UO₃**	3.57			0.24	
MnO	0.21	0.10~0.36	0.09	0.06	锰硅灰石(Bustamite)
MgO	0.27	0.17~0.37	0.07	0.13	镁铝石榴子石
ZrO₂	0.26	0.16~0.49	0.10	0.04	锆石
Cr₂O₃	2.79	2.52~3.11	0.19	0.72	Cr₂O₃(人工合成)
Y₂O₃	0.10	0.02~0.18	0.04	0.02	YAG(人工合成)
V₂O₅	1.51	1.34~1.66	0.09	0.32	V,P,K 碎屑
PbO	1.88	1.66~2.31	0.20	0.16	方铅矿
CaO	0.41	0.34~0.50	0.05	0.14	锰硅灰石
La₂O₃	3.33	3.14~3.51	0.13	0.40	独居石
Ce₂O₃	2.37	2.19~2.49	0.11	0.28	独居石
Pr₂O₃	0.17	0.13~0.21	0.03	0.02	独居石
Ho₂O₃	0.03	0.00~0.11	0.04	0.00	独居石
Nd₂O₃	0.02	0.00~0.13	0.04	0.00	独居石
ThO₂	0.03	0.00~0.10	0.03	0.00	独居石
Eu₂O₃	0.00	0.00~0.07	0.02	0.00	独居石
Dy₂O₃	0.02	0.00~0.16	0.05	0.00	独居石
Tb₂O₃	0.02	0.00~0.10	0.03	0.00	独居石
Tm₂O₃	0.02	0.00~0.13	0.04	0.00	独居石
Lu₂O₃	0.19	0.00~0.83	0.29	0.02	独居石
Er₂O₃	0.07	0.00~0.21	0.08	0.01	独居石
Sm₂O₃	0.01	0.00~0.09	0.03	0.00	独居石
Al₂O₃	0.39	0.34~0.48	0.04	0.15	硅铍铝钠石
合计	99.03			22.08	

注: *为 Mössbauer spectroscopy; **为 XPS。

因 Fe 和 U 是变价元素且在矿物中含量较多,为了得到准确的分子式必须首先确定它们的价态。穆斯堡尔谱是确定 Fe 价态最有效的方法,测试前将样品碎至 200 目,在体式显微镜下挑纯,运用穆斯堡尔谱(仪器型号为 Wissel MVT-1000,57Co)对海塔铀矿中 Fe 的价态进行测定,测试样品重 986mg,测试结果显示 Fe 既有 Fe^{3+},也有 Fe^{2+},其中 Fe^{3+} : Fe^{2+}=41.55‰:58.45‰(图 5-15 及表 5-4)。

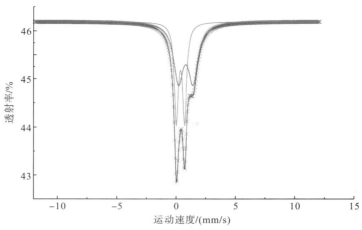

图 5-15　海塔铀矿 Fe 价态穆斯堡尔谱测试谱图

表 5-4　海塔铀矿 Fe 价态穆斯堡尔谱测试结果

氧化态	Fe^{2+}	Fe^{3+}
同质异能移/(mm/s)	0.82785	0.38525
四级分裂/(mm/s)	1.24766	0.00306
含量/%	58.45	41.55

　　运用光电子能谱仪[仪器型号为 Thermo Electron Corporation VG Multilab 2000，Al Ka(hv=1486.6eV)300W，100eV]对海塔铀矿中 U 的价态进行测定，测试样品重 112mg，拟合后的 XPS 谱图及不同价态 U 的组成分别见图 5-16 和表 5-5。测试结果显示，海塔铀矿中 U 主要以 U^{4+} 为主，计算结果显示 U^{6+} ： U^{4+} =36.72‰：63.28‰。

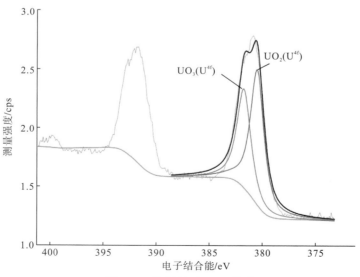

图 5-16　海塔铀矿 XPS 谱图

表 5-5 海塔铀矿中铀价态 XPS 测试结果

氧化态	峰能	电子结合能/eV	含量/%
U^{4+}	U^{4f}	380.30	63.28
U^{6+}	U^{4f}	381.71	36.72

矿物中是否含 H_2O 及 HO^- 也是应该考虑的，红外光谱是较为方便和有效的方法。对未加热的自然态海塔铀矿开展了红外光谱测试，测试结果显示海塔铀矿中不含 H_2O 及 HO^-（图 5-17）。

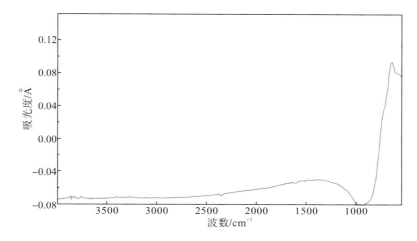

图 5-17 海塔铀矿红外光谱图

根据穆斯堡尔谱测试的 Fe^{2+} 和 Fe^{3+} 之间含量关系以及光电子能谱测定的 U^{6+} 和 U^{4+} 之间含量关系，并结合电子探针测定的结果，分别计算出了海塔铀矿中 Fe_2O_3、FeO、UO_2 和 UO_3 的含量（表 5-3）。海塔铀矿是一种由近 30 种元素组成的复杂矿物，特别是稀土元素种类较多，变价元素 Fe 以 Fe^{2+} 为主，U 以 U^{4+} 为主。

基于 O=38 计算出海塔铀矿单位化学式中分子式为：$(La_{0.40}Ce_{0.28}Pr_{0.02}Er_{0.01}Lu_{0.02}Y_{0.02}Ca_{0.14}U^{4+}_{0.11})_{\Sigma 1}(U^{4+}_{0.31}U^{6+}_{0.24}Fe_{0.19}Pb_{0.16}Mn_{0.06}Zr_{0.04})_{\Sigma 1}(Fe^{3+}_{1.85}Al_{0.15})_{\Sigma 2}(Ti_{12.26}Fe^{3+}_{0.93}Fe^{2+}_{3.72}Cr^{3+}_{0.72}V_{0.32}Mg_{0.13})_{\Sigma 18.08}O_{38}$。

分子简式为：$(La,Ce,Ca,U^{4+})(U^{4+},U^{6+},Fe^{2+},Pb)(Fe^{3+},Al)_2(Ti,Fe^{2+},Fe^{3+})_{18}O_{38}$。

理想式为：$LaU^{4+}Fe^{3+}_2(Ti_{13}Fe^{2+}_4Fe^{3+})_{\Sigma 18}O_{38}$。

5.5.3 晶体结构及晶体参数

因海塔铀矿为变生矿物，不能直接获取单晶衍射数据，需将测试样品加热后恢复晶体状态，为了保持矿物中的 U、Fe 等变价元素价态保持不变，将该矿物置于纯氩气环境中 1000℃条件下加热 1h，然后以 10℃/h 的速率缓慢降至室温。运用 Bruker D8 QUEST 单晶 X 衍射仪对海塔铀矿开展结构测试，获取到海塔铀矿的晶胞参数为 a=10.3678(5)Å，b 忽略，c=20.8390(11)Å，V=1939.9(2)Å^3，Z=3，空间群 $R\overline{3}$。用 SHELXL 软件对海塔铀矿的结构进行进一步的精修，获取精修后的晶胞参数为 a=10.3520(4)Å，c=20.7932(4)Å，V=1929.8(6)Å^3，Z=3，空间群 $R\overline{3}$，最终结构精修 R 因子为 0.047，显示晶体参数与矿物吻合度较好。运用 Bruker SHELXL 以分子式为 $LaU_{0.72}Al_{0.16}Fe_7Ti_{13.12}O_{38}$ 计算出的拟合度为 1.047。海塔铀矿结构精修晶体参数见表 5-6。

表 5-6　海塔铀矿结构精修晶体参数

参数	数值	
化学式	$LaU_{0.72}Al_{0.16}Fe_7Ti_{13.12}O_{38}$	
温度/K	293(2)	
晶系	三方晶等	
空间群	$R\overline{3}$	
晶胞参数	$a = 10.3678(5)$Å	$\alpha = 90°$
	$b = 10.3678(5)$Å	$\beta = 90°$
	$c = 20.8390(11)$Å	$\gamma = 120°$
体积 V/Å^3	1939.9(2)	
Z	3	
密度(计算值)/g/cm^3	4.987	
吸收因子/mm^{-1}	13.841	
$F(000)$值	2700	
测试角度/(°)	2.47~40.45	
指数范围	$-18 \leqslant h \leqslant 18$，$-18 \leqslant k \leqslant 18$，$-37 \leqslant l \leqslant 37$	
测量的衍射数据	23778	
独立衍射点	2755($R_{int} = 0.0849$)	
独立反射覆盖率/%	100.0	
吸收修正	多重扫描	
精修方式	全距阵最小二乘法	
最小化方程	$\Sigma w(Fo^2 - Fc^2)^2$	
数据/约束/变量	2755 / 1 / 97	
F^2拟合度	1.047	
加权方程	$w=1/[\sigma^2(Fo^2)+(0.0548P)^2+16.7759P]$ 其中，$P=(Fo^2+2Fc^2)/3$	
R.M.S.均方差	0.416eÅ^{-3}	

海塔铀矿属尖钛铁矿族，其晶体结构通式为 $^{XII}A^{VI}B^{VI}C_{18}^{IV}T_2(\Phi)_{38}$。海塔铀矿与其他尖钛铁矿族矿物的结构相同，由 9 层紧密堆积的八面体$[M(1)$ 和 $M(3{\sim}5)]$和四面体

[$M(2)$] 以及 12 配位 [$M(0)$] 组成，剩余的小阳离子占据其他 19 个八面体和 2 个空位占优的四面体。La 占据 $M0$ 位（$M0$-O_{av}=2.787Å），（U,Fe）占据 $M1$ 位（$M1$-O_{av}=2.184Å），（Ti, Fe）占据 $M3$、$M4$ 和 $M5$ 位（$M3$-O_{av}=1.998Å，$M4$-O_{av}=1.990Å，$M5$-O_{av}=1.988Å），结构精修图见图 5-18。

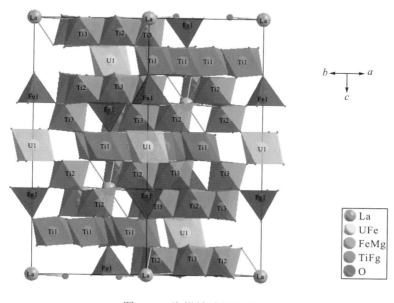

图 5-18　海塔铀矿晶体结构

5.6　成因矿物学讨论

矿物晶型和矿物粒径大小对矿物成因具有一定的指示意义，如产于伟晶岩的晶质铀矿，主要是立方体和菱形十二面体的聚形；产于高温热液矿床的晶质铀矿主要以立方体与八面体聚形为主；产于中温热液矿床的晶质铀矿以立方体为主，因此矿物粒径大小的分布则可以反映矿物形成时物理化学条件的稳定性。通过对海塔 2811 和牟定 1101 铀矿点的晶质铀矿开展的铀的赋存价态分析也发现晶质铀矿中 U 以四价形式存在（图 4-9），表明其形成于还原环境。康滇地轴发现的粗粒晶质铀矿粒径大小分布较为一致，表明其形成时物理化学条件较为稳定，可能是在高温偏酸性流体且温度缓慢下降的条件下结晶而成的，暗示其形成于温度较高及深度较大的还原地质环境。

榍石与晶质铀矿共生是典型的高温矿物组合之一，其多见于伟晶岩和高温热液成因的铀矿床中，在中低温热液型铀矿床中却很少见到。从晶质铀矿与榍石的接触关系可以发现本次研究的与晶质铀矿共生的榍石为直接从成矿熔体/流体中晶出，表明成矿环境为高温环境。铀钼混合成矿热液共沉淀模拟实验表明辉钼矿和沥青铀矿从热液中共同沉淀的物理化学条件是相似的。姚莲英和仉宝聚（2014）在热液条件下合成了晶质铀矿的同时也合成了辉钼矿，表明辉钼矿和晶质铀矿可以共存于同一个成矿阶段，并阐明了晶质铀矿-辉钼矿与沥青铀矿-硫钼矿两组矿物的共生对应关系，晶质铀矿-辉钼矿组合代表温度缓慢下降、缓慢冷却的沉淀环境，沥青铀矿-硫钼矿组合代表温度骤然下降、快速冷却的沉淀环境。在海塔 2811 铀矿点和大田 505 铀矿床辉钼矿矿物的出现以及在区域上展现出的晶质铀矿与榍石共生的矿物组合，表明晶质铀矿形成于高温且温度缓慢下降、缓慢冷却的沉淀环境。

铀的简单氧化物的晶胞参数 a_0 为 5.347～5.488Å，其中晶质铀矿一般为 5.423～5.488Å，平均为 5.456Å；沥青铀矿一般为 5.346～5.477Å，平均为 5.405Å（徐国庆等，1982）。影响晶胞参数的因素主要包括温度、化学成分以及后生氧化等。成矿流体温度增加，容易促进 U^{6+} 的完全还原反应，因此晶胞参数值和成矿温度具有正相关的关系；晶胞参数与矿物中 UO_2 以及其他杂质成分（如 Th、Pb、Y、REE）含量也表现出正相关的关系，这种正相关的实质仍旧是受温度影响，温度越高则越容易发生类质同象反应（闵茂中等，1992）；晶质铀矿形成以后，容易遭受外部氧化作用，从而使 U^{4+} 氧化成 U^{6+}，导致晶体发生晶格缺陷，致使晶胞缩小。本次晶胞参数测试结果相对较高表明粗粒晶质铀矿形成于高温环境，Th、Y 和 REE 等元素在含铀熔体/流体中与 U 发生了类质同象从而导致晶胞参数较大，而本次电子探针测试结果也证明了上述结论。

含氧系数在一定程度上可以反映铀的简单氧化物的形成条件、存在时间和形成后的变化，不同产状及不同温度条件下形成的简单氧化物具有不同的含氧系数，如深成环境的沥青铀矿的含氧系数小，浅成低温的沥青铀矿的含氧系数大；内生成因的沥青铀矿的含氧系数小；外生成因的沥青铀矿的含氧系数大；后期氧化作用也可导致含氧系数的增大。人工合成的铀的简单氧化物的含氧系数为 2.00～3.00，天然铀矿物的简单氧化物的含氧系数为 2.17～2.92（徐国庆等，1982）。本次计算的含氧系数范围为 2.0503～2.0998（图 5-19），具有相对较低的特点，表明粗粒晶质铀矿为内生作用形成，受后期氧化作用影响较小。

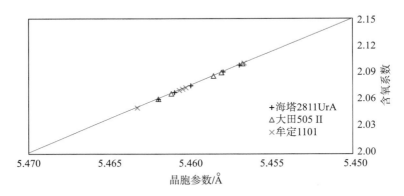

图 5-19 粗粒晶质铀矿晶胞参数与含氧系数关系图

（据王德荫和傅永全，1981 修改）

晶质铀矿是最可能受后期流体活动过程影响的矿物相之一（Clauer et al.，2015；MacMillan et al.，2016a，2016b）。晶质铀矿中 REE、Si、Ca、Fe、Al、K 是研究其形成的物理化学条件的重要矿物学特征之一，可以反映晶质铀矿的化学成分的变化过程（Alexandre and Kyser，2005；Ram et al.，2013a，2013b；Pal and Rhede，2013；Alexandre et al., 2015)。Th 元素在交代成因或侵入成因的铀矿物中含量相对较高,这是因为在铀矿形成过程中,Th^{4+}活动性弱于 U^{4+} 的活动性,两者能够稳定存在于高温环境,当温度下降时,Th^{4+}优先进入矿物晶体结构,从而富集 Th^{4+}。U/Th 比值是研究晶质铀矿形成温度的重要指标:U/Th>1000 时指示铀矿物结晶温度较低,100<U/Th<1000 时则反映铀矿物结晶温度较高,U/Th<100 时则可能在岩浆作用高温环境中形成(Cuney,2010;Frimmel et al., 2014)。Y 元素在晶质铀矿中的存在形式可能与 Th 元素类似,Y 元素含量可以作为铀矿物结晶-重结晶的参数,其含量高低和晶质铀矿的形成温度呈正相关的关系(Eglinger et al. 2013;Alexandre et al., 2015)。U-Pb 定年法是确定同位素年龄最常用的方法之一,可以利用 U-Pb 衰变关系来确定年龄(Tu et al., 2019),因此 U 和 Pb 的含量理论上应是负相关的关系。同时,Pb^{2+}与晶质铀矿的晶体结构不兼容,导致 Pb 在后期流体活动或蚀变事件中倾向于离开晶质铀矿的晶质结构,并会被其他阳离子(主要是 Si、Ca 和 Fe 的阳离子)取代(Janeczek and Ewing,1992;Alexandre and Kyser,2005;Alexandre et al.,2015),但是这些阳离子(如 Ca 和 Fe 的阳离子)并非完全由上述取代作用形成。本次研究的康滇地轴发现的粗粒晶质铀矿具有晶胞参数相对较高和含氧系数相对较低的特征,结合电子探针分析结果,主要是晶质铀矿中的 Th^{4+}、Pb^{2+}以及 REE 影响所致;各测点 U/Th 比值均<100,U、Th 出现明显的负相关关系,表明 Th^{4+}以类质同象的方式在晶质铀矿中富集;各点 Y 元素含量均相对较高,这些现象都表明粗粒晶质铀矿形成于高温环境。

综上所述,晶质铀矿形态、矿物共生组合、晶胞参数、含氧系数、铀的价态分布、化学组成等特征表明粗粒晶质铀矿形成于深度较大的高温且温度缓慢下降的还原地质环境。

第6章 粗粒晶质铀矿形成时代

近年来，随着微区原位技术的快速发展和应用，LA-ICP-MS 和 SIMS U-Pb 定年以及电子探针定年方法愈发成熟，围绕着康滇地轴铀成矿时代这一科学问题，先后采用晶质铀矿或锆石矿物开展了一系列的年代学测试工作并获得了较多的成果，但是对其铀成矿时代一直存在较大的争议。对铀矿物的封闭体系要求较高限制了晶质铀矿测年的准确性，同时与铀矿物共生的锆石矿物中 U、Th 等放射性元素含量过高导致的衰变发生变生作用也会使测年结果的精度将大大降低。与铀矿物共生的榍石、独居石等矿物由于其 U、Th 等放射性元素含量受晶体性质控制远小于锆石使其发生变生作用的概率较低，因此成为高铀背景下具有较大潜力的测年矿物。本章系统地收集了康滇地轴前人基于锆石、晶质铀矿等测年矿物开展的 SIMS、TIMS 和 LA-ICP-MS 测试的 U-Pb 定年结果，同时基于在康滇地轴的 3 个粗粒晶质铀矿点均发现了榍石和辉钼矿作为与晶质铀矿共生的共性矿物的现象，针对晶质铀矿和榍石/独居石分别采用电子探针和 LA-ICP-MS 方法开展了 U-Pb 定年工作，针对 A19 铀矿点的辉钼矿开展了 Re-Os 定年工作。

6.1 海塔铀矿点成矿时代

6.1.1 晶质铀矿的形成时代

刘凯鹏(2017)首次报道了 A19 铀矿点长英质脉中与晶质铀矿共生的辉钼矿所获得的三组 Re-Os 同位素年龄，其加权平均年龄为(761±19)Ma；2020 年，核工业北京地质研究院针对 2811 铀矿点长英质脉中粗粒晶质铀矿(UrA)及其共生的榍石，分别获得了(799.2±5.6)Ma(U-Pb 等时线)、(782.8±1.7)Ma(U-Pb 同位素)(吴玉，2020)的年龄。

本书针对晶质铀矿(UrD，图 5-5)的共生矿物榍石开展了原位 LA-ICP-MS U-Pb 定年工作，测试数据见表 6-1。榍石 BSE 图像显示出明显的差异性(图 6-1)，但是这种颜色差异并没有明显的分带性，推测可能是受形成时地质条件变化所致，14 组榍石的数据高度谐和，加权平均年龄为(778±12)Ma(MSWD=0.096)(图 6-2)，这与前人测试结果一致。

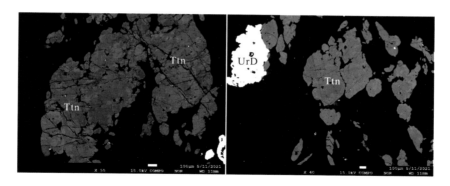

图 6-1　A19 铀矿点与晶质铀矿(UrD)共生的榍石(Ttn)形态

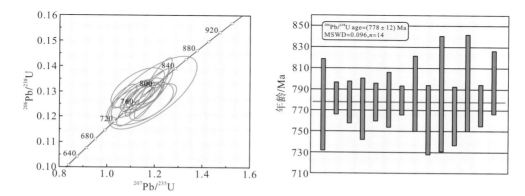

图 6-2　A19 铀矿点与晶质铀矿 UrD 共生的榍石的 U-Pb 同位素年龄

表 6-1　海塔 A19 铀矿点富铀长英质脉中榍石 U-Pb 同位素年龄数据

样品编号	Th/10⁻⁶	U/10⁻⁶	同位素比值								年龄/Ma							
			$^{207}Pb/^{206}Pb$	标准差	$^{207}Pb/^{235}U$	标准差	$^{206}Pb/^{238}U$	标准差	$^{208}Pb/^{232}Th$	标准差	$^{207}Pb/^{206}Pb$	标准差	$^{207}Pb/^{235}U$	标准差	$^{206}Pb/^{238}U$	标准差	$^{208}Pb/^{232}Th$	标准差
HTF-09	283	492	0.052	0.002	1.174	0.039	0.129	0.003	0.036	0.001	298	86	789	18	781	15	705	11
HTF-11	351	475	0.052	0.003	1.155	0.048	0.128	0.003	0.036	0.001	302	115	780	23	777	20	720	15
HTF-04	234	348	0.063	0.003	1.109	0.06	0.127	0.005	0.035	0.001	722	109	758	29	771	29	686	15
HTF-08	217	499	0.061	0.002	1.073	0.035	0.128	0.003	0.036	0.001	632	56	740	17	778	18	706	20
HTM-01	100	301	0.055	0.004	1.149	0.06	0.129	0.005	0.039	0.002	433	143	777	28	780	26	770	33
HTM-14	65.4	272	0.065	0.002	1.168	0.059	0.130	0.006	0.057	0.007	761	71	786	28	786	36	1116	137
HTM-10	67.7	287	0.066	0.004	1.139	0.092	0.125	0.006	0.049	0.006	798	138	772	44	761	33	965	120
HTM-12	103	444	0.063	0.002	1.192	0.123	0.130	0.010	0.047	0.005	709	65	797	57	786	54	931	90
HTM-03	36.6	274	0.062	0.005	1.194	0.065	0.126	0.005	0.092	0.024	665	180	798	30	764	28	1773	437
HTQ-14	107	300	0.046	0.003	1.129	0.038	0.128	0.003	0.042	0.002	—	—	767	18	774	20	824	32
HTQ-16	96.8	237	0.062	0.004	1.129	0.074	0.131	0.005	0.034	0.001	683	131	767	35	796	30	680	29

注：数据待发表。

6.1.2　晶质铀矿的改造时代

以放射性核素衰变理论为基础,从矿物学角度的观点出发晶质铀矿适合电子探针化学定年(葛祥坤等,2011,2013)。这种定年方法的前提是假定定年矿物中的普通铅可以忽略不计,后期地质事件未发生破坏作用。本次晶质铀矿定年方法采用以下公式(Bowles,1990):

$$t=7550m_{Pb}/(m_U+0.365m_{Th})$$

其中,m 代表质量分数;t 为年龄,Ma。

采用经验公式计算的 2811 铀矿点与榍石共生的晶质铀矿(UrA,图 5-2a、d)加权平均年龄为(257.2±4.9)Ma(图 6-3),测试数据见表 4-4,而与磷灰石共生的富 Th 晶质铀矿(UrB,图 5-2b、c)加权平均年龄为(248±17)Ma(图 6-4),测试数据见表 4-4,考虑到电子探针定年存在较大的误差,因此认为两类晶质铀矿具有一致的电子探针年龄。

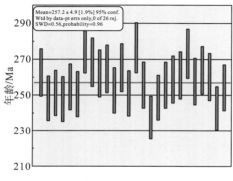

图 6-3　2811 铀矿点 UrA 电子探针年龄图

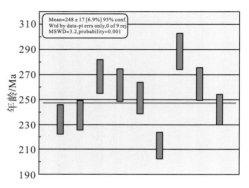

图 6-4　2811 铀矿点 UrB 电子探针年龄图

采用经验公式计算的 A19 铀矿点赋存在长英质矿物中的晶质铀矿(UrC,图 5-4)年龄为(241.1±7.5)Ma(图6-5),测试数据见表 4-5;而与暗色矿物共生的晶质铀矿(UrD,图 5-5)年龄为(231.7±7.2)Ma(图 6-6),测试数据见表 4-5。整体来看,A19 铀矿点晶质铀矿的年龄较为一致,同 2811 铀矿点电子探针年龄也较为接近。

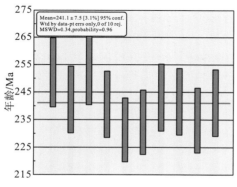

图 6-5　A19 铀矿点 UrC 电子探针年龄图

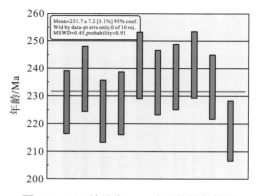

图 6-6　A19 铀矿点 UrD 电子探针年龄图

　　晶质铀矿形成后容易受到后期地质事件的影响导致 U-Pb 体系破坏或重置（Janeczek and Ewing，1992；Alexandre and Kyser，2005；Alexandre et al.，2015）。刘凯鹏（2017）采用传统 TIMS 方法测得 2811 铀矿点石英脉中晶质铀矿最老表观年龄为 687.9Ma，最年轻表观年龄为 210.5Ma，这是晚期地质事件对晶质铀矿 U-Pb 体系破坏或重置的重要证据（表 6-2）。本书基于 2811 和 A19 铀矿点石英脉和长英质脉中发现的晶质铀矿开展的电子探针测试获得的年龄为 257～231Ma，这与常丹（2016）采用电子探针定年方法获得的 2811 铀矿点石英脉中晶质铀矿形成时代 247.93Ma 较为一致，因此推测约 240Ma 发生的地质事件致使研究区新元古代（以榍石年龄为代表的 778Ma、782.8Ma）形成的晶质铀矿 U-Pb 体系破坏或重置，导致晶质铀矿电子探针年龄较新。

表 6-2　海塔地区特富铀矿床晶质铀矿同位素特征及年龄

样品号	样品名称	U/%	Pb/(μg/g)	同位素组成/%				表观年龄/Ma		
				^{208}Pb	^{207}Pb	^{206}Pb	^{204}Pb	$^{206}Pb/^{238}U$	$^{207}Pb/^{235}U$	$^{207}Pb/^{206}Pb$
HT-u1	晶质铀矿	57	47622	2.101	5.058	92.841	0	210.5	225.9	389.4
HT-u2	晶质铀矿	55.5	36055	2.091	5.77	92.137	0.001	433.6	476.5	687.9
HT-u3	晶质铀矿	60	31447	2.11	5.23	92.659	0.001	354.5	369.9	466.6

资源来源：刘凯鹏，2017。

6.2　攀枝花大田 505 铀矿床成矿时代

　　大田 505 铀矿床是我国西南地区康滇地轴最具代表性的铀矿床之一，也是目前康滇地轴勘探和研究程度最高的铀矿床（张成江等，2015；王凤岗等，2017；武勇等，2020）。关于研究区的铀成矿时代前人做了诸多研究工作。王凤岗等（2020）通过对 II 号成矿带富铀陡壁透镜状铀矿体开展 SIMS 锆石 U-Pb 同位素测试，结果表明锆石 U-Pb 上交点年龄为（821±22）Ma，认为其代表了铀矿化透镜体的年龄；Cheng 等（2021）采用 LA-ICP-MS 方法测试大田 505 铀矿床北侧 I 号成矿带钻孔中晶质铀矿原位 U-Pb 年龄约为 839Ma；此外柏勇等（2019）针对大田地区的花岗、辉绿脉岩的年代学进行了测试，发现研究区此类脉岩形成于 780～760Ma，并认为这些脉岩与铀成矿关系密切。近年来，根据上述研究结果，针对大田地区铀成矿主要提出了两种铀成矿观点：①铀成矿作用与罗迪尼亚（Rodinia）超大陆拼合与裂解事件具有一定的耦合关系（王红军等，2009；倪师军等，2014；柏勇等，2019；尹明辉等，2021）；②混合岩化作用的部分熔融的残余岩浆中富集成矿（姚建，2014；徐争启等，2017a；Cheng et al.，2021）。

6.2.1　独居石 U-Pb 定年

　　I 号成矿带矿体中晶质铀矿和独居石紧密共生发育于长英质脉中，独居石呈浑圆状和近等轴状，具有岩浆成因独居石的典型特征。本次在测试过程中选取了 BSE 图像颜色均一且未发生蚀变的位置共 28 个测点开展了样品测试(表 6-3)，经校正后获得其(Tera and Wasserburg，1972)一种图解类型，年龄为(769.8±9.7)Ma(MSWD＝0.76)，加权平均年龄为(768.7±5.7)Ma，其代表了独居石的形成时代(图 6-7)。

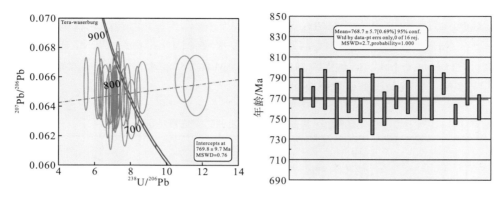

图 6-7　独居石定年结果

表 6-3　独居石年代学数据

编号	$^{207}Pb/^{206}Pb$		$^{206}Pb/^{238}U$		$^{207}Pb/^{206}Pb$		$^{206}Pb/^{238}U$	
	比率	标准差	比率	标准差	年龄/Ma	标准差	年龄/Ma	标准差
1	0.0650	0.0009	0.1574	0.0013	776	29.6275	942	7.002617
2	0.0648	0.0009	0.1460	0.0008	769	29.6275	878	4.283378
3	0.0643	0.0009	0.1418	0.0008	750	32.4050	855	4.580177
4	0.0649	0.0008	0.1600	0.0016	772	27.0050	957	9.021965
5	0.0645	0.0008	0.1460	0.0020	767	25.9225	878	11.53083
6	0.0643	0.0009	0.1396	0.0008	750	33.4850	843	4.409209
7	0.0643	0.0010	0.1400	0.0009	754	33.3300	844	4.891847
8	0.0634	0.0010	0.1299	0.0013	724	32.5600	788	7.487674
9	0.0653	0.0009	0.1623	0.0018	783	29.6250	970	9.722669
10	0.0652	0.0008	0.1156	0.0016	789	25.9225	705	9.538750
11	0.0644	0.0010	0.1416	0.0009	767	31.4800	854	5.192018
12	0.0628	0.0008	0.1451	0.0010	702	27.7750	873	5.583751
13	0.0636	0.0008	0.1487	0.0008	728	25.9250	893	4.58359
14	0.0646	0.0009	0.1517	0.0025	761	29.6250	910	14.13151
15	0.0637	0.0009	0.1241	0.0017	731	29.6275	754	9.885249
16	0.0645	0.0008	0.1315	0.0013	767	27.7750	797	7.499467
17	0.0648	0.0009	0.1406	0.0009	769	27.7750	848	4.893216
18	0.0649	0.0009	0.1279	0.0013	772	27.7750	776	7.382725
19	0.0649	0.0010	0.1390	0.0020	772	230.5525	839	11.29722
20	0.0655	0.0010	0.1324	0.0008	791	26.8500	802	4.568318
21	0.0660	0.0010	0.1372	0.0009	807	31.4775	829	5.34558

续表

编号	$^{207}Pb/^{206}Pb$		$^{206}Pb/^{238}U$		$^{207}Pb/^{206}Pb$		$^{206}Pb/^{238}U$	
	比率	标准差	比率	标准差	年龄/Ma	标准差	年龄/Ma	标准差
22	0.0655	0.0010	0.0859	0.0021	791	37.1900	531	12.51787
23	0.0652	0.0010	0.1410	0.0008	789	33.3300	850	4.640041
24	0.0654	0.0010	0.1370	0.0008	787	26.8500	828	4.756621
25	0.0643	0.0009	0.1389	0.0007	754	32.4050	839	4.186837
26	0.0655	0.0008	0.1809	0.0015	791	25.9225	1072	8.199852
27	0.0659	0.0008	0.0910	0.0018	806	25.9250	561	10.35113
28	0.0646	0.0008	0.1193	0.0009	761	23.1450	727	5.357094

6.2.2　榍石 U-Pb 定年

　　Ⅱ号成矿带富铀陡壁透镜状铀矿体中的榍石矿物较多且较为自形(图 5-8)。经过详细的镜下鉴定和 BSE 图像发现,其边缘同海塔 2811 铀矿点石英脉中榍石一致表现出钛铀矿化的现象,因此选取未蚀变的榍石矿物作为测试的重点。本次在测试过程中选取了 BSE 图像颜色均一且未发生蚀变的位置开展了 LA-ICP-MS U-Pb 同位素定年(图 6-8),测试数据见表 6-4,其谐和年龄(777±14)Ma 与加权平均年龄(779±5.4)Ma 一致,认为其可以代表晶质铀矿的形成年龄。

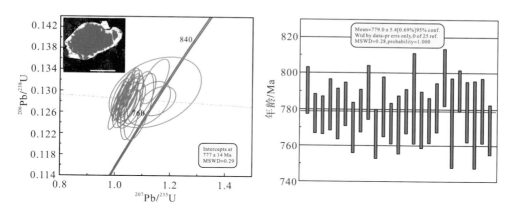

图 6-8　大田 505 铀矿床Ⅱ号成矿带富铀陡壁透镜状铀矿体中榍石的 U-Pb 同位素年龄

表 6-4　大田 505 铀矿床Ⅱ号成矿带富铀陡壁透镜状铀矿体中榍石 U-Pb 同位素年龄数据

样品编号	Th/×10⁻⁶	U/×10⁻⁶	同位素比率								年龄/Ma							
			$^{207}Pb/^{206}Pb$	标准差	$^{207}Pb/^{235}U$	标准差	$^{206}Pb/^{238}U$	标准差	$^{208}Pb/^{232}Th$	标准差	$^{207}Pb/^{206}Pb$	标准差	$^{207}Pb/^{235}U$	标准差	$^{206}Pb/^{238}U$	标准差	$^{208}Pb/^{232}Th$	标准差
DT01	155.41	1023.59	0.058	0.001	3.435	0.064	0.432	0.008	0.066	0.001	522	26	1513	15	2317	38	1300	19
DT02	55.80	516.13	0.058	0.001	1.046	0.019	0.130	0.002	0.038	0.001	539	28	727	9	790	13	756	17
DT03	136.81	1099.47	0.057	0.001	1.015	0.017	0.128	0.002	0.037	0.001	506	24	712	9	778	11	732	11
DT04	85.52	463.42	0.055	0.002	1.157	0.043	0.128	0.002	0.044	0.004	409	80	781	20	777	10	868	73

样品编号	Th/×10⁻⁶	U/×10⁻⁶	同位素比率								年龄/Ma							
			$^{207}Pb/^{206}Pb$	标准差	$^{207}Pb/^{235}U$	标准差	$^{206}Pb/^{238}U$	标准差	$^{208}Pb/^{232}Th$	标准差	$^{207}Pb/^{206}Pb$	标准差	$^{207}Pb/^{235}U$	标准差	$^{206}Pb/^{238}U$	标准差	$^{208}Pb/^{232}Th$	标准差
DT05	38.39	359.02	0.058	0.001	1.038	0.022	0.129	0.002	0.038	0.001	546	40	723	11	783	14	758	20
DT06	31.02	281.77	0.059	0.001	1.033	0.023	0.128	0.002	0.037	0.001	550	31	720	12	778	14	731	20
DT07	31.80	296.56	0.057	0.001	1.019	0.021	0.129	0.002	0.037	0.001	502	27	713	11	783	12	741	19
DT08	30.92	332.29	0.060	0.001	1.048	0.023	0.127	0.002	0.040	0.001	611	33	728	12	770	14	796	25
DT09	80.88	409.64	0.059	0.001	1.051	0.022	0.129	0.002	0.035	0.001	589	33	729	11	779	12	698	14
DT10	74.60	302.56	0.058	0.001	1.048	0.026	0.130	0.003	0.035	0.001	543	35	728	13	789	15	701	14
DT11	33.05	262.85	0.058	0.001	1.010	0.022	0.126	0.002	0.037	0.001	600	41	709	11	767	14	740	21
DT12	27.82	329.57	0.059	0.001	1.051	0.027	0.129	0.002	0.039	0.002	572	3	729	13	781	16	773	33
DT13	20.93	268.33	0.060	0.001	1.056	0.023	0.127	0.002	0.041	0.002	613	48	732	11	772	11	817	36
DT14	20.83	282.00	0.060	0.001	1.061	0.033	0.127	0.003	0.038	0.002	617	46	734	16	772	16	749	33
DT15	123.30	784.61	0.057	0.001	1.016	0.019	0.126	0.002	0.036	0.001	506	26	712	10	779	12	714	12

6.2.3 晶质铀矿定年

徐争启等(2017b)以大田 505 铀矿床Ⅱ号成矿带为重点，针对富铀滚石、围岩、构造蚀变带脉岩开展了系统的年代学测试工作，U-Pb 定年结果显示混合岩原岩形成时代大于900Ma，混合岩化作用的发生时间约为 900～840Ma，为铀成矿时代提供了时间的上限约束，采用传统 TIMS 方法测试晶质铀矿形成时代为 777.6～775Ma（表 6-5），这与欧阳鑫东(2017)采用电子探针趋势法获得的年龄(785.5～774.9Ma)一致。

表 6-5 大田 505 铀矿床晶质铀矿同位素 U-Pb 定年结果

样品号	样品名称	U/%	Pb/%	同位素组成/%				表观年龄/Ma		
				^{208}Pb	^{207}Pb	^{206}Pb	^{204}Pb	$^{206}Pb/^{238}U$	$^{207}Pb/^{235}U$	$^{207}Pb/^{206}Pb$
Kd16-1	晶质铀矿	64.0	6.889	0.844	0.083	90.071	0.002	710.1	726.8	777.6
Kd16-2	晶质铀矿	53.4	5.096	0.813	6.069	93.117	0.001	634.6	666.5	775.0

资料来源：徐争启等，2017b。

对比前人测试的海塔 2811 铀矿点(表 6-2)和牟定 1101 铀矿点年龄数据(汪刚，2016)，可以发现大田地区晶质铀矿 TIMS 数据获得的三组表观年龄时代谐和度较高且较为接近，具有较高的可信度。基于 Cheng 等(2021)电子探针数据计算的Ⅰ号成矿带钻孔中晶质铀矿年龄也指示晶质铀矿可能形成于(769±15)Ma(图 6-9)，数据见表 4-7，与徐争启等(2017a、2017b)和欧阳鑫东(2017)测试Ⅱ号成矿带的晶质铀矿电子探针年龄和 TIMS 年龄较为接近。本次测试的Ⅱ号成矿带富铀陡壁透镜状铀矿体中榍石的年龄与富铀滚石 TIMS 年龄以及Ⅰ号成矿带钻孔中晶质铀矿的电子探针年龄一致，因此认为大田 505 铀矿床晶质铀矿形成时代约为 785～770Ma。

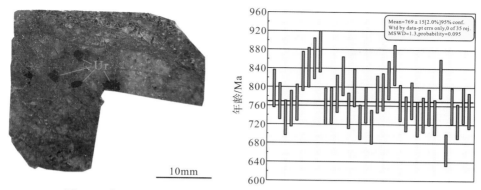

图 6-9　大田 505 铀矿床 I 号成矿带钻孔中晶质铀矿及电子探针年龄

综上所述，根据晶质铀矿、榍石、独居石定年结果，认为大田地区铀矿成矿时代为 790～770Ma，属新元古代铀成矿。需要说明的是，在本团队研究过程中，对大田地区 I 号成矿带西段硅化角砾岩中的晶质铀矿采用电子探针测年结果为 840～810Ma，可能反映了早期晶质铀矿的形成。

6.3　牟定铀矿点成矿时代

6.3.1　榍石 U-Pb 定年

在富铀钠长岩脉中，榍石矿物与晶质铀矿紧密共生，在晶质铀矿中可以见到包裹的榍石矿物，表明榍石早于或与晶质铀矿同时形成。经过详细的镜下鉴定和 BSE 照片发现，富铀钠长岩脉中的榍石较为自形，发育环带，具有明显的两期次特征(图 6-10 a、b)。

电子探针扫面发现，边部榍石(Ttn-II)相较于核部榍石(Ttn-I)具有更富 Fe、Nd 元素的特征(图 6-10c～e)；对比边部榍石(Ttn-II)与核部榍石(Ttn-I)中 U 的含量也发现 Ttn-II 中 U 含量远高于 Ttn-I。核部榍石(Ttn-I)谐和年龄为(861±21)Ma(图 6-11)，测试数据见表 6-6，可能代表了继承原岩的年龄；边部榍石(Ttn-II)谐和年龄为(788±6)Ma(图 6-12)，测试数据见表 6-7，与加权平均年龄(789±5)Ma 一致，代表了粗粒晶质铀矿的形成时代。

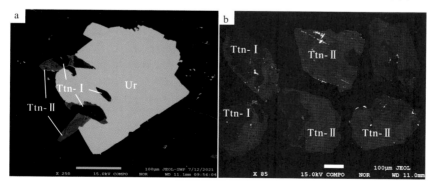

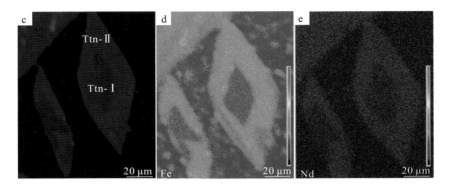

图 6-10　富铀钠长岩脉中榍石与晶质铀矿

a、b-富铀钠长岩脉中的两期次榍石；c-榍石 BSE 图像；d-榍石中 Fe 含量分布；e-榍石中 Nd 含量分布

Ur-晶质铀矿；Ttn-I-核部榍石；Ttn-Ⅱ-边部榍石

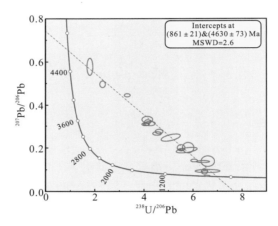

图 6-11　富铀钠长岩脉中核部榍石(Ttn-Ⅰ)的 U-Pb 同位素年龄

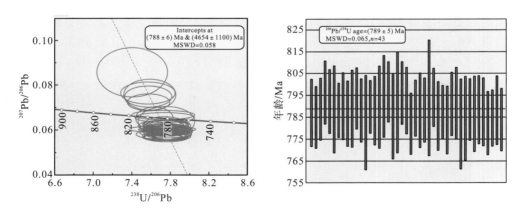

图 6-12　富铀钠长岩脉中边部榍石(Ttn-Ⅱ)的 U-Pb 同位素年龄

表 6-6　牟定 1101 铀矿点富铀钠长岩脉中核部楣石 U-Pb 同位素年龄数据

样品编号	Th/10^-6	U/10^-6	同位素比率								年龄/Ma							
			$^{207}Pb/^{206}Pb$	标准差	$^{207}Pb/^{235}U$	标准差	$^{206}Pb/^{238}U$	标准差	$^{208}Pb/^{232}Th$	标准差	$^{207}Pb/^{206}Pb$	标准差	$^{207}Pb/^{235}U$	标准差	$^{206}Pb/^{238}U$	标准差	$^{208}Pb/^{232}Th$	标准差
MD11-1-02	0.34	7.51	0.464	0.012	18.243	0.459	0.294	0.007	8.608	0.693	4129	40	3003	24	1662	33	45731	1457
MD11-1-04	8.39	60.6	0.151	0.004	3.431	0.100	0.164	0.002	0.329	0.010	2363	41	1512	23	980	13	5741	154
MD11-1-07	4.85	34	0.204	0.004	4.965	0.099	0.179	0.003	0.520	0.009	2860	36	1813	17	1062	15	8468	120
MD11-1-14	36.2	90.4	0.101	0.003	2.113	0.068	0.153	0.002	0.081	0.003	1635	61	1153	22	919	11	1573	51
MD11-1-19	3.48	20.4	0.283	0.008	8.287	0.261	0.213	0.005	0.807	0.024	3379	42	2263	29	1247	25	11960	264
MD11-1-21	35.50	72.3	0.187	0.011	4.912	0.386	0.171	0.004	0.22	0.019	2718	95	1804	66	1017	24	4015	318
MD11-1-29	4.01	19.5	0.264	0.016	6.795	0.293	0.194	0.009	0.545	0.024	3272	98	2085	38	1143	51	8795	311
MD11-1-31	2.40	10.9	0.326	0.012	10.155	0.395	0.232	0.008	0.874	0.039	3667	57	2449	36	1343	40	12699	417
MD11-1-34	0.76	3.19	0.589	0.028	41.930	2.530	0.524	0.021	3.420	0.231	4481	68	3817	60	2714	89	30036	1055
MD11-1-43	25.3	104	0.098	0.007	2.141	0.170	0.154	0.002	0.152	0.024	1592	133	1162	55	922	11	2859	424
MD11-1-46	2.47	14.6	0.321	0.008	10.374	0.226	0.240	0.005	1.062	0.031	3575	36	2469	20	1384	24	14628	303
MD11-1-49	76.9	158	0.081	0.002	1.677	0.039	0.151	0.002	0.058	0.001	1217	47	1000	15	909	10	1139	24
MD11-1-50	21.9	43.8	0.205	0.006	5.163	0.245	0.180	0.003	0.190	0.010	2868	47	1847	40	1065	18	3515	170
MD11-1-54	3.10	14	0.322	0.009	10.494	0.272	0.242	0.005	0.769	0.023	3580	44	2479	24	1397	27	11533	262
MD11-1-23	7.81	37.5	0.200	0.007	4.699	0.205	0.173	0.008	0.359	0.014	2825	56	1767	37	1026	45	6202	205
MD11-1-62	92.5	309	0.096	0.003	2.131	0.144	0.151	0.007	0.077	0.005	1547	63	1159	47	905	42	1503	88
MD11-1-17	4.48	674	0.143	0.015	3.082	0.339	0.151	0.004	1.339	0.125	2265	185	1428	84	905	23	17177	1079

表 6-7　牟定 1101 铀矿点富铀钠长岩脉中边部楣石 U-Pb 同位素年龄数据

样品编号	Th/10^-6	U/10^-6	同位素比率								年龄/Ma							
			$^{207}Pb/^{206}Pb$	标准差	$^{207}Pb/^{235}U$	标准差	$^{206}Pb/^{238}U$	标准差	$^{208}Pb/^{232}Th$	标准差	$^{207}Pb/^{206}Pb$	标准差	$^{207}Pb/^{235}U$	标准差	$^{206}Pb/^{238}U$	标准差	$^{208}Pb/^{232}Th$	标准差
MD11-1-01	90.9	293	0.06	0.001	1.064	0.03	0.129	0.003	0.035	0.001	611	54	736	15	780	14	692	18
MD11-1-03	29.9	176	0.061	0.001	1.086	0.026	0.129	0.002	0.039	0.002	650	44	747	13	780	13	769	31
MD11-1-05	42.4	158	0.061	0.002	1.099	0.04	0.129	0.002	0.035	0.001	654	64	753	20	783	13	704	25
MD11-1-06	74.9	259	0.059	0.001	1.055	0.024	0.13	0.002	0.037	0.001	565	44	731	12	787	13	730	19
MD11-1-08	147	298	0.059	0.001	1.059	0.028	0.129	0.002	0.036	0.001	583	50	733	14	784	14	719	17
MD11-1-09	62.2	148	0.06	0.003	1.137	0.083	0.129	0.003	0.04	0.003	598	107	771	40	781	18	794	62
MD11-1-10	88.1	196	0.062	0.002	1.113	0.031	0.129	0.002	0.036	0.001	683	56	760	15	784	12	723	17
MD11-1-11	160	394	0.059	0.001	1.05	0.027	0.129	0.002	0.038	0.001	572	48	729	13	782	14	745	19
MD11-1-12	98.4	205	0.062	0.002	1.113	0.046	0.129	0.002	0.038	0.001	687	80	760	22	783	14	759	26
MD11-1-13	105	228	0.062	0.002	1.105	0.039	0.129	0.003	0.036	0.001	733	57	756	19	784	16	710	15
MD11-1-15	66.9	190	0.065	0.003	1.18	0.063	0.131	0.002	0.034	0.002	783	107	792	29	793	13	668	40
MD11-1-16	76	255	0.063	0.002	1.118	0.03	0.129	0.002	0.041	0.001	702	62	762	14	785	13	817	24
MD11-1-18	124	2372	0.067	0.001	1.192	0.041	0.129	0.004	0.108	0.01	826	33	797	19	784	21	2065	174
MD11-1-20	66.9	189	0.059	0.001	1.051	0.026	0.129	0.002	0.038	0.001	569	44	729	13	781	11	747	20

续表

样品编号	Th/10⁻⁶	U/10⁻⁶	同位素比率								年龄/Ma							
			$^{207}Pb/^{206}Pb$	标准差	$^{207}Pb/^{235}U$	标准差	$^{206}Pb/^{238}U$	标准差	$^{208}Pb/^{232}Th$	标准差	$^{207}Pb/^{206}Pb$	标准差	$^{207}Pb/^{235}U$	标准差	$^{206}Pb/^{238}U$	标准差	$^{208}Pb/^{232}Th$	标准差
MD11-1-22	75.3	330	0.061	0.001	1.082	0.03	0.129	0.003	0.035	0.001	628	73	744	15	782	15	701	20
MD11-1-24	55	290	0.06	0.002	1.075	0.028	0.129	0.003	0.04	0.001	598	59	741	14	782	18	789	23
MD11-1-25	358	803	0.058	0.001	1.041	0.036	0.129	0.003	0.034	0.001	600	50	724	18	785	18	685	16
MD11-1-26	82.1	195	0.057	0.001	1.028	0.029	0.13	0.002	0.037	0.001	509	52	718	15	786	13	729	17
MD11-1-27	84.7	290	0.076	0.003	1.396	0.068	0.132	0.003	0.057	0.003	1100	75	887	29	800	19	1128	58
MD11-1-28	91.9	1152	0.061	0.001	1.081	0.036	0.13	0.004	0.068	0.005	633	38	744	18	785	22	1332	94
MD11-1-30	223	365	0.057	0.001	1.013	0.024	0.129	0.002	0.035	0.001	487	46	710	12	784	13	699	12

6.3.2　辉钼矿 Re-Os 定年

　　为了进一步研究牟定地区成矿时代，采集了与晶质铀矿伴生的辉钼矿进行测年，样品由中国地质调查局国家地质实验测试中心完成，测年结果见表 6-8 和图 6-13。结果表明，辉钼矿的谐和年龄为 782Ma 左右，加权平均值为 777.6Ma 左右，与榍石定年结果一致。

表 6-8　牟定地区辉钼矿 Re-Os 同位素数据

编号	样重/g	$w(Re)/(\mu g\cdot g^{-1})$		$w(Os)/(ng\cdot g^{-1})$		$w(^{187}Re)/(\mu g\cdot g^{-1})$		$w(^{187}Os)/(ng\cdot g^{-1})$		模式年龄/Ma	
		测定值	不确定度	测定值	不确定度	测定值	不确定度	测定值	不确定度	测定值	不确定度
221124-1	0.00200	161.9	1.1	8.381	0.011	101.8	0.7	1314	11	770.2	11.2
221124-2	0.00200	217.3	1.6	3.713	0.260	136.6	1.0	1795	10	783.6	10.7
221124-3	0.00200	140.3	1.0	3.587	0.097	88.16	0.62	1150	6	778.2	10.3
220713-2	0.05000	86.66	2.93	0.057	0.003	54.47	1.84	709.1	4.0	776.4	27.7
220713-4	0.05000	67.08	1.83	0.037	0.026	42.16	1.15	550.5	3.2	778.6	23.0

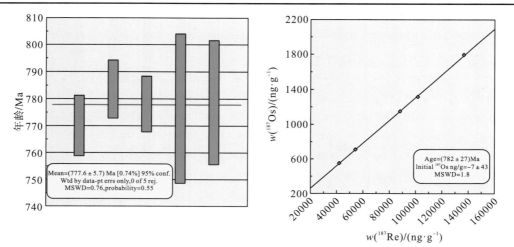

图 6-13　牟定地区辉钼矿 Re-Os 定年结果

6.3.3　晶质铀矿的形成时代

牟定 1101 铀矿点经地表工程揭露，发现特富铀矿露头 1 处(111 矿化段)，赋矿岩性为钠长岩，赋矿围岩为古元古界苴林群斜长角闪岩，原生铀矿物主要为晶质铀矿。前人针对 1101 铀矿点，从晶质铀矿本身以及富铀钠长岩脉体中锆石两个方面开展了大量的年代学及成因研究工作：倪师军等(2014)采用传统 TIMS 方法测得牟定 1101 铀矿点钠长岩脉中晶质铀矿的年龄值为 1006.9Ma；汪刚(2016)测得牟定 1101 铀矿点钠长岩脉中晶质铀矿的年龄值为 1096.4Ma，同时 TIMS 三组年龄差距较大；徐争启等(2019a)对 1101 地区钠长岩脉中晶质铀矿的形成时代进行了研究，认为研究区混合岩形成于 1056Ma 左右，铀矿形成于 845Ma 左右，为新元古代产物，铀成矿受构造、岩性控制与混合岩化作用、构造热液活动及碱交代作用关系密切，属热液成因铀矿；武勇等(2020)再次对晶质铀矿的形成时代及成因进行了研究，认为晶质铀矿形成于 950Ma，并具有岩浆成因的特征，铀成矿事件与罗迪尼亚超大陆裂解具有一定的耦合关系；王凤岗和姚建(2020)对富铀钠长岩脉中锆石开展 SIMS 年龄测试结果为 1057Ma，明确指出铀成矿是水桥寺高分异岩体演化分异过程中最远端产物；刘瑞萍等(2021)对富铀钠长岩脉中的晶质铀矿开展原位 LA-ICP-MS U-Pb 定年，认为晶质铀矿形成于 (951±36) Ma。

王凤岗和姚建(2020)在研究富铀钠长岩脉中锆石成果中关于锆石的 BSE 图像可以明显看出，锆石具有明显的三阶段特征：第一阶段锆石核部原位 U-Pb 同位素年龄测试结果为 1060Ma；第二阶段锆石为白色内圈；第三阶段锆石黑色边部环带较窄，无法开展原位 U-Pb 同位素年龄测试，但是第三阶段锆石明显是富铀的。因此推测第一阶段锆石继承未出露的隐伏花岗岩体，第二阶段锆石代表了原岩发生变质作用的时代，第一和第二阶段锆石继承自围岩，并根据第三阶段锆石富铀的特征推测该阶段的锆石早于或与晶质铀矿同期形成，因此前人测定的第一阶段锆石的年龄数据为牟定 1101 铀矿点钠长岩脉中粗粒晶质铀矿的形成时代研究提供了上限约束。

根据富铀钠长岩脉中榍石边部富铀、锆石边部富铀等现象，基于成矿过程锆石、榍石早于晶质铀矿形成的事实，研究认为榍石边部和锆石边部的年龄与晶质铀矿的形成时代一致。尽管无法获得锆石边部的年龄，然而可以根据本次测试的核部榍石(Ttn-I)谐和年龄 (861±11) Ma 推测榍石核部为继承榍石，而边部榍石(Ttn-Ⅱ)谐和年龄 (788±6) Ma 则代表了牟定 1101 铀矿点钠长岩脉中粗粒晶质铀矿形成时代。

6.4　康滇地轴粗粒晶质铀矿形成时代

近年来，随着微区原位技术的快速发展和应用，LA-ICP-MS 和 SIMS U-Pb 定年以及电子探针定年方法先后被应用于铀矿物的年龄测定(葛祥坤等，2011，2013；郭国林等，2012；徐争启等，2017a；王凤岗等，2020；黄卉等，2020；刘瑞萍等，2021；Cheng et al.，2021)。然而基体效应校准需要的标准铀矿样品成为 LA-ICP-MS 和 SIMS U-Pb 定年的阻碍（Ozha et al.，2017；Tu et al.，2019），同时对铀矿物的封闭体系要求较高也限制了电子探针定年方法的推广和应用（葛祥坤等，2011，2013），因此围绕与铀矿物共生的含铀副矿物（锆石、榍石、磷灰石）等开展 U-Pb 同位素定年确定成矿年龄仍旧是最为可靠的方法。

　　锆石富含 U 和 Th 且具有较低普通 Pb，鉴于其广泛存在于各类岩石中，因此以锆石为代表的含铀矿物成为研究地质历史演化的重要载体（吴元保和郑永飞，2004；Cherniak and Watson，2001；Seydoux-Guillaume et al.，2015；王栋等，2022）。锆石中 U、Th 等放射性元素含量过高导致衰变，如尹明辉（2018）报道了川西格聂岩体中变生锆石的 U 最高含量为 18316×10^{-6}，随着时间推移高铀锆石会逐渐丧失原有的有序的结晶状态而趋于非晶质或玻璃纸状态，即锆石的变生作用（尹作为等，2005；McGloin et al.，2016；孙钰函等，2020），这也意味着测年结果的精度将大大降低。王凤岗等（2020）测定的大田地区富铀陡壁的铀矿体中锆石年龄大于围岩中锆石年龄，推测可能是锆石发生作用引起的。榍石与锆石矿物类似，通常作为副矿物在各类岩石中广泛存在（Frost et al.，2001；Kohn，2017；赵令浩等，2020a，2020b），其 U、Th 等放射性元素含量受晶体性质控制远小于锆石，因此其发生变生作用的概率较低（Tilton and Grunenfelder，1968；Ma et al.，2019）。锆石、榍石等矿物往往早于晶质铀矿形成，表明其发生了充分的类质同象且往往是富铀的，因此榍石矿物的低变生作用概率使得测年精度要高于锆石，成为高铀背景下具有较大潜力的测年矿物。

　　值得注意的是，大田 505 铀矿床和牟定 1101 铀矿点晶质铀矿电子探针年龄与共生榍石的年龄一致，而海塔 2811 和 A19 铀矿点富铀脉体中晶质铀矿（UrA、UrB、UrC、UrD）的电子探针年龄约为 240Ma，这与晶质铀矿共生的榍石矿物年龄（778Ma 和 782.8Ma）具有较大的差距。结合刘凯鹏（2017）的测试结果表明海塔地区的粗粒晶质铀矿形成后发生了 U-Pb 体系破坏或重置的事件，对应区域上的重大地质事件以及海塔地区东侧大范围分布的二叠系玄武岩，推测海塔铀矿点晶质铀矿的 U-Pb 体系破坏或重置的事件受到了峨眉山地幔柱爆发的约束（Zhou et al.，2002；Lo et al.，2002；Boven et al.，2002；Guo et al.，2004；Fan et al.，2004）。

　　大田 505 铀矿床 II 号成矿带富铀陡壁透镜状铀矿体中榍石的 LA-ICP-MS U-Pb 同位素年龄为 777Ma，与前人测试的晶质铀矿 TIMS 和本次整理的电子探针年龄一致；牟定 1101 铀矿点富铀钠长岩脉中榍石具有明显的核边结构，结合粗粒晶质铀矿与榍石紧密共生的现象，认为榍石边部 U-Pb 同位素年龄为 788Ma，代表了晶质铀矿的形成时代；米易海塔 2811 和 A19 铀矿点富铀脉体中与晶质铀矿共生的榍石矿物采用 LA-ICP-MS 测试的 U-Pb 年龄分别为 778Ma 和 782.8Ma，因此结合前人研究数据认为康滇地轴混合岩中粗粒晶质铀矿主要形成时代为 790~770Ma，表明以粗粒晶质铀矿为代表的康滇地轴的铀成矿时代为新元古代，确认了康滇地轴新元古代铀成矿事件的存在，也使得康滇地轴成为中国乃至全球研究新元古代铀成矿作用的重要窗口。

第7章 粗粒晶质铀矿形成条件

厘定晶质铀矿形成条件是研究晶质铀矿成因机制的前提和基础,有助于为在康滇地轴混合岩中开展特富铀矿的勘查与找矿、进一步选取有利找矿靶区提供有力参考和支持。前人研究表明不同温度和成因形成的铀矿物的稀土元素配分模式和指示性元素含量具有较大差异,通过将康滇地轴粗粒晶质铀矿与全球典型铀矿床中铀矿物进行综合对比,结合与铀矿物共生的独居石矿物的地球化学特征,认为康滇地轴粗粒晶质铀矿的成因与高温低压变质环境下的部分熔融作用有关,初步判断了粗粒晶质矿的成因类型。与铀矿物共生的副矿物是研究晶质铀矿成矿温度压力、成矿流体性质、成矿物质来源等形成条件的重要参考物,通过经验公式可以利用榍石矿物中的 Al、Zr 含量确定成矿温度和压力,利用磷灰石矿物中的微量元素含量和 F、Cl 含量确定成矿流体的氧逸度情况,通过利用晶质铀矿和榍石的微区原位 Nd 同位素来示踪成矿物质来源以及岩浆源区。本章通过对晶质铀矿及其共生矿物的元素及同位素地球化学参数,开展对比分析工作,对粗粒晶质铀矿的成因类型、形成物理化学条件、成矿流体性质、成矿物质来源进行了简要叙述。

7.1 成 因 类 型

7.1.1 晶质铀矿成因类型

前人针对不同温度和成因形成的铀矿物的稀土元素配分模式进行了详细的研究(Cuney,2010;Mercadier et al.,2011):在中低温条件下(<350℃),受矿物结构的晶体学控制,类质同象现象减弱从而稀土元素总含量较低,稀土元素之间发生了分馏,Tb-Er 元素与 U^{4+} 优先发生类质同象,形成"钟形"稀土配分模式(图 7-1 b~d);在高温条件下(>350℃),大量稀土元素受铀氧化物膨胀性质的约束在不进行分馏的情况下可以发生类质同象,从而形成一个较平坦的海鸥形稀土元素配分模式,而稀土配分模式中强烈的 Eu 负异常,可能反映了硅酸盐熔体中斜长石的早期分馏(图 7-1a)。因此稀土元素的分馏与总含量是区分温度和成因的重要标准。Mercadier 等(2011)系统地总结了世界上典型的岩浆型、同变质型、不整合相关型、脉型、层间氧化带型和火山相关的铀矿床中铀矿物的稀土配分模式(图 7-1 a~d)。

本次选取海塔 2811/A19 铀矿点和牟定 1101 铀矿点富铀脉体中粗粒晶质铀矿在武汉上谱分析科技有限责任公司用原位 LA-MC-ICP-MS 方法测试了晶质铀矿的微量元素,测试结果见表 7-1。所测晶质铀矿均具有较高的稀土总量且较平坦的海鸥形稀土配分模式,晶质铀矿形成过程中稀土元素的分馏作用不明显，表明其形成于高温环境（图 7-1e）；将粗粒晶质铀矿与世界上典型铀矿床中铀矿物的稀土配分模式相比，发现与岩浆岩型（伟晶岩型）铀矿床中铀矿物稀土配分模式一致（图 7-1a）。富铀脉体中与晶质铀矿共生的长石矿物，可以用来解释稀土配分模式中的 Eu 负异常（图 7-1e）。在 REE 与 LREE/HREE 图解中可以看出粗粒晶质铀矿与岩浆型（伟晶岩型）铀矿床铀矿物投图范围基本一致（图 7-1f）。

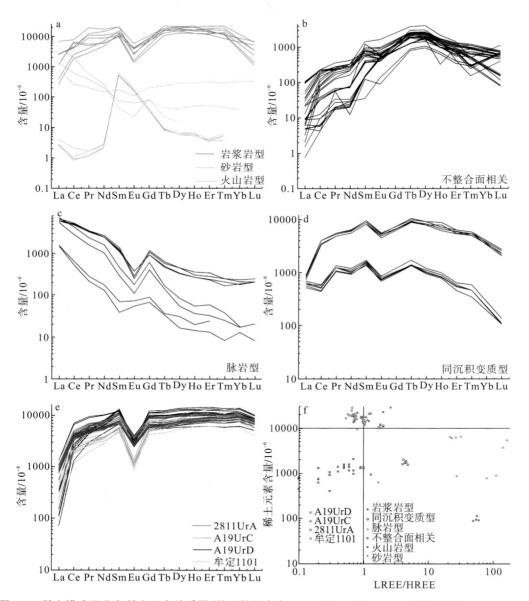

图 7-1　稀土模式配分和稀土元素关系图（基础数据来自 Mercadier et al.，2011；球粒陨石：Anders and Grevesse，1989）

a～d-全球典型铀矿床中铀矿物的稀土配分模式；e-海塔和牟定铀矿点富铀脉体中粗粒晶质铀矿稀土配分模式；f-晶质铀矿 LREE/HREE 与 REE 关系图解

表 7-1　康滇地轴粗粒晶质铀矿微量元素特征（10^(-6)）

样品编号	V	Y	Zr	La	Ce	Pr	Nd	Sm	Eu	Gd	Tb	Dy	Ho	Er	Tm	Yb	Lu
2811UrA1	1.54	7706.36	141.83	174.92	2016.67	411.08	2406.91	1013.54	133.53	1136.31	207.01	1537.51	383.49	1161.50	170.34	1217.54	143.90
2811UrA2	0.47	8471.67	115.06	210.35	2164.55	432.97	2483.67	1080.87	140.75	1228.42	223.12	1674.94	426.69	1299.89	191.19	1360.06	163.98
2811UrA3	1.89	8948.43	114.58	193.72	2202.64	448.04	2626.37	1110.83	145.92	1267.47	232.85	1736.58	442.23	1334.32	196.45	1391.19	169.38
2811UrA4	0.34	8742.42	175.81	191.47	2188.19	445.13	2574.38	1099.36	143.38	1261.68	228.98	1718.85	436.62	1333.54	195.69	1396.17	168.93
2811UrA5	0.78	8587.08	110.09	210.68	2394.16	464.08	2641.75	1083.51	137.43	1230.43	220.66	1662.78	419.98	1302.81	191.55	1385.97	166.14
2811UrA6	0.47	8347.09	101.05	209.24	2261.53	440.70	2477.16	1028.83	133.01	1189.24	218.17	1604.92	411.60	1261.34	187.82	1361.88	167.02
2811UrA7	0.79	9278.59	141.05	255.57	2420.54	476.92	2729.45	1153.95	149.84	1333.76	245.77	1803.37	462.93	1431.22	209.96	1490.12	183.35
2811UrA8	0.45	9266.14	213.52	205.00	2303.11	466.39	2698.70	1152.92	144.48	1305.24	236.98	1795.78	458.58	1434.80	211.44	1543.30	186.75
2811UrA9	2.38	7884.69	163.64	179.95	2079.02	425.71	2388.00	1035.53	137.54	1162.74	210.41	1558.65	400.04	1222.28	176.10	1265.46	150.88
2811UrA10	5.57	9634.39	194.74	241.43	2499.32	487.35	2745.06	1143.07	153.87	1331.84	246.47	1853.03	474.07	1477.31	213.45	1546.54	189.30
2811UrA11	0.15	9114.62	186.27	220.14	2356.95	477.90	2712.03	1136.25	140.57	1311.25	239.59	1778.94	458.05	1411.81	208.65	1499.53	182.50
2811UrA12	0.83	10141.08	156.43	254.57	2621.67	511.55	2875.30	1227.34	169.02	1437.10	258.98	1952.98	485.20	1517.44	218.37	1563.90	185.90
2811UrA13	0.67	8446.43	123.17	208.92	2328.10	459.82	2564.20	1079.40	134.62	1249.46	224.93	1686.31	424.54	1296.42	189.51	1364.84	162.39
A19UrC1	0.11	11043.63	104.01	218.24	2510.62	551.69	3389.77	1538.18	165.82	1805.19	333.18	2440.02	572.39	1695.01	243.00	1660.22	189.75
A19UrC2	0.05	10707.16	98.91	186.84	2490.20	544.70	3246.34	1484.17	214.83	1736.41	325.25	2396.59	565.28	1672.90	237.94	1636.68	190.85
A19UrC3	0.10	11348.09	147.70	259.27	2903.89	598.11	3463.29	1571.05	200.65	1832.11	339.11	2455.77	593.48	1718.50	246.80	1688.02	194.60
A19UrC4	0.04	11275.54	152.07	256.06	2887.86	609.73	3528.70	1590.68	211.82	1818.41	332.57	2484.59	578.35	1715.22	244.23	1686.15	197.06
A19UrC5	0.02	11098.00	151.00	256.66	2869.11	590.55	3487.95	1552.83	199.32	1761.91	330.95	2448.63	572.09	1670.86	243.02	1641.45	196.16
A19UrC6	0.51	9677.55	138.54	169.79	2331.16	506.77	3010.07	1362.88	197.42	1532.27	281.97	2072.87	494.05	1423.35	207.68	1474.83	172.37
A19UrC7	0.37	10448.28	166.89	316.64	3063.05	626.92	3462.49	1510.98	203.16	1691.28	314.37	2302.84	538.10	1582.47	229.24	1573.23	184.33
A19UrC8	0.20	11149.91	132.13	248.35	2694.28	569.86	3314.47	1534.65	216.13	1748.59	328.83	2431.49	575.31	1686.16	245.04	1685.18	197.76
A19UrC9	0.25	9027.06	121.18	238.15	2747.04	542.16	3057.23	1318.82	186.48	1438.90	268.07	1903.85	457.34	1356.20	196.54	1339.53	162.94

续表

样品编号	V	Y	Zr	La	Ce	Pr	Nd	Sm	Eu	Gd	Tb	Dy	Ho	Er	Tm	Yb	Lu
A19UrC10	0.34	10494.09	126.37	201.13	2536.71	535.48	3160.21	1484.23	192.73	1675.22	311.15	2328.38	534.05	1592.50	231.82	1585.89	181.08
A19UrD1	3.78	13361.93	122.12	81.36	1925.00	528.19	3599.89	1934.33	179.20	2193.33	402.89	2987.46	694.52	1996.01	295.10	1963.88	218.99
A19UrD2	2.53	10847.38	95.59	25.63	1220.05	400.80	2922.62	1566.42	154.02	1797.94	323.29	2336.55	560.95	1607.01	230.82	1572.98	179.02
A19UrD3	2.60	6751.92	91.55	16.89	789.21	262.58	2048.07	1012.02	139.45	1133.26	199.62	1430.58	335.83	983.84	143.71	1007.52	123.36
A19UrD4	2.81	11089.65	89.55	27.15	1207.74	386.20	2866.49	1552.08	173.87	1840.48	331.87	2383.82	557.59	1635.11	245.47	1602.79	186.62
A19UrD5	3.20	14364.34	85.57	35.02	1516.55	473.73	3454.72	1838.54	177.63	2206.75	427.65	3150.71	721.65	2143.83	310.74	2125.68	238.39
A19UrD6	3.91	12002.10	163.70	309.63	4238.08	844.89	4595.41	1773.90	185.18	1898.67	353.99	2502.39	593.11	1722.55	252.00	1757.59	197.49
A19UrD7	5.06	12322.04	158.78	313.81	4007.86	796.15	4512.94	1745.23	186.17	1985.75	363.67	2543.86	608.03	1771.57	252.68	1784.60	199.93
A19UrD8	4.03	15164.90	94.15	26.69	1394.84	435.16	3316.43	1942.52	164.84	2376.74	446.57	3331.00	778.19	2287.38	329.25	2234.14	244.75
A19UrD9	5.29	12593.88	78.17	73.52	1672.30	464.30	3161.90	1610.78	223.97	1899.41	356.77	2622.23	629.77	1829.92	264.46	1894.10	215.16
A19UrD10	4.74	12379.11	96.66	127.28	2365.67	554.79	3631.23	1656.62	182.74	1876.94	353.86	2551.39	610.82	1767.58	263.67	1780.48	209.41
1101-01	0.45	16003.75	646.68	205.87	2546.37	519.64	3233.21	1596.72	133.29	1984.95	395.34	3204.98	794.80	2446.02	360.50	2421.30	258.63
1101-02	0.81	15546.40	961.60	210.54	2672.98	528.44	3124.82	1507.84	119.30	1876.89	377.04	3047.24	765.30	2379.42	360.04	2381.85	264.46
1101-03	0.12	16535.58	1158.33	241.56	2960.90	562.31	3317.96	1555.48	128.14	1910.82	389.20	3173.98	800.26	2475.32	374.94	2581.14	292.36
1101-04	0.34	20696.06	1235.08	290.28	3217.77	635.23	3737.72	1785.22	150.07	2308.38	466.59	3793.03	984.01	3138.59	473.85	3388.89	387.55
1101-05	0.55	24767.77	1614.04	362.13	3834.85	744.75	4326.75	1965.79	153.27	2565.05	536.38	4352.97	1134.40	3548.21	552.09	3913.39	456.21
1101-06	1.18	12221.34	483.33	158.50	2214.72	460.74	2755.87	1288.19	118.21	1575.82	307.50	2447.17	605.66	1806.00	263.31	1745.11	186.33
1101-07	0.68	15589.40	630.52	129.28	2379.87	489.57	3130.00	1472.16	126.61	1857.91	375.35	3030.20	761.59	2345.44	343.51	2365.67	254.30
1101-08	10.00	16649.90	967.40	202.87	2618.18	531.81	3247.05	1579.50	137.61	2001.67	404.95	3205.18	799.25	2468.85	373.48	2587.88	276.47
1101-09	1.09	17422.27	646.26	112.91	2113.06	469.38	3032.33	1574.83	112.35	2028.33	405.82	3452.52	850.85	2704.69	395.87	2821.63	310.21
1101-10	38.58	14777.16	200.18	57.63	1430.01	349.55	2452.70	1386.96	100.67	1790.71	364.69	2949.64	725.53	2222.43	325.66	2168.45	230.95

Frimmel 等(2014)在 Mercadier 等(2011)的研究成果基础之上,重新定义了 U/Th 比值、REE 总量以及配分模式作为区分成矿温度和成因类型的标准,并发现一些微量元素含量(如 Zr、Y 等)可以用来示踪晶质铀矿成因。晶质铀矿 U/Th 比值变化往往取决于结晶温度:所有低温热液铀矿实例都基本上不含 Th(U/Th>1000),而在较高温度[即高于(450±50)℃]下形成的通常具有较高的 ThO_2 含量(U/Th<100)(图 7-2);由于 Y 与 REE 具有相同的地球化学性质,因此二者含量通常呈正相关的关系,同时温度越高,类质同象越强烈,因此高温条件下 REE 和 Y 含量会大幅增加(图 7-3);在低温热液铀矿实例中 Zr 含量都非常低,通常小于 $10×10^{-6}$(图 7-4)。本次测试结果表明,在 Th 与 U 含量图解中可以看到所有晶质铀矿样品的 U/Th 比值均小于 100(图 7-2);在 REE 与 Y 含量图解中,所有晶质铀矿样品具有较为均一的 REE 与 Y 含量,并且呈明显的正相关关系,其投图范围与岩浆型的 Ekomedion 矿床较为一致(图 7-3);在 Zr 与 V 含量图解中,所有晶质铀矿样品的 Zr 含量较高且变化较为稳定,在投图范围上与岩浆成因型的 Ekomedion 矿床(伟晶岩型)较为一致(图 7-4)。

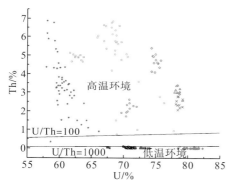

图 7-2　粗粒晶质铀矿 U、Th 含量关系图解

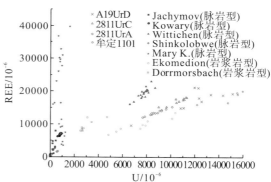

图 7-3　粗粒晶质铀矿 Y、REE 含量关系图解

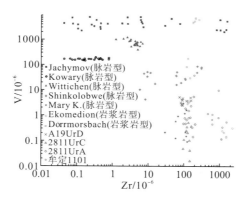

图 7-4　粗粒晶质铀矿 V 和 Zr 含量关系图解

7.1.2　共生矿物成因类型

　　独居石具有岩浆、变质、热液和碳酸盐岩多种成因类型，确认独居石成因类型是探究矿床时代的前提。热液独居石中 Th 含量一般小于 1%（Zhu et al.，1997；Schandl and Gorton，2004；Rasmussen et al.，2007；Zi et al.，2015，2019），岩浆独居石一般富 Th（Zhu et al.，1997；Rasmussen et al.，2007；Aleinikoff et al.，2012；Zi et al.，2015），且 Eu 负异常明显，Th/U 比值较高。以大田 505 铀矿点的独居石为例，与粗粒晶质铀矿共生的独居石具有强烈的 Eu 负异常 [δ(Eu) 为 0.02～0.03] 和高的 Th/U 比（2.96～7.27），且其 Th 质量分数均远大于 1%（6.18%～9.58%）（表 7-2 和图 7-5）。此外，Wu 等（2019）根据大量岩浆、热液、变质和碳酸盐岩独居石的成分统计，提出独居石成因的地球化学判别方案，将团队研究的独居石数据与之类比，发现与粗粒晶质铀矿共生的独居石样品全部落在岩浆和变质区域（图 7-5）。然而，岩相学研究显示独居石并未经历变质作用改造和明显的热液蚀变影响，因此上述地球化学特征表明与粗粒晶质铀矿共生的独居石应该为岩浆成因。

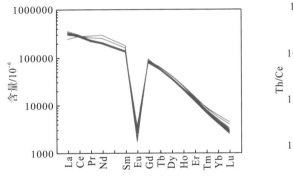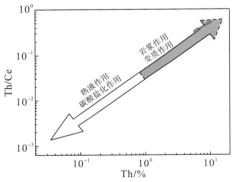

图 7-5　独居石微量元素蛛网图及独居石成矿物质来源分区图（Wu et al.，2019）

　　综上所述，基于粗粒晶质铀矿及其共生矿物认为研究区粗粒晶质铀矿在成因上应属于岩浆型（伟晶岩型），我们建议参照 IAEA 分类将这种铀成矿作用归入岩浆成因大类的亚类白岗-伟晶岩型（IAEA，2016），其成因与高温低压变质环境下的部分熔融作用有关。

7.2　成矿温度压力氧逸度条件

7.2.1　成矿压力

　　在岩浆结晶体系中，角闪石中 Al 含量随压力增大而增加，因此一直以来作为硅质深

表 7-2 独居石微量元素

编号	元素含量/%																				REE	LREE/HREE	$\delta(Eu)$
	Pb	Th	U	Y	Nb	La	Ce	Pr	Nd	Sm	Eu	Gd	Tb	Dy	Ho	Er	Tm	Yb	Lu	Hf			
1	5025	84036	13417	28748	3.61	77401	173578	22230	96153	20856	170	16706	2117	9025	1221	2080	186	754	68.9	0.60	422546	12.14	0.028
2	5224	94008	13103	30263	0.48	76794	170859	21432	93099	21199	157	16987	2212	9445	1264	2214	192	759	68.3	0.64	416681	11.57	0.025
3	5032	89969	12748	30259	0.019	77818	172919	21333	94157	21051	154	17241	2199	9534	1274	2164	190	780	68.4	0.47	420883	11.58	0.025
4	5176	90391	12559	29889	0.40	77335	170991	21853	95995	21711	163	17283	2220	9484	1262	2143	189	769	67.8	0.39	421465	11.61	0.026
5	5002	90818	14011	29408	1.81	77424	171662	21276	94236	20731	158	17023	2138	9339	1245	2148	190	767	72.6	0.32	418410	11.71	0.026
6	5283	82513	16990	29330	0.0000	75509	175538	22327	96937	20771	201	16544	2118	9192	1228	2167	192	799	70.7	0.68	423592	12.11	0.033
7	5234	78047	17819	29753	0.019	77809	177206	22420	94548	20388	206	16493	2156	9430	1256	2195	193	810	71.8	0.24	425183	12.04	0.034
8	5405	82611	19867	30383	0.29	73710	174337	22423	96319	21065	218	16757	2199	9579	1296	2290	210	891	79.7	0.56	421375	11.65	0.036
9	4955	85778	11948	29453	0.32	77907	171825	21486	95497	21032	150	16879	2145	9222	1229	2101	182	725	64.3	0.59	420445	11.92	0.024
10	5062	94297	17321	29224	1.63	76327	169127	21087	93405	20467	161	16545	2107	9041	1227	2157	195	818	77.0	0.77	412741	11.83	0.027
11	5011	89696	12488	29734	0.0000	78288	172802	21653	96258	21465	156	17284	2195	9413	1254	2132	188	739	65.3	0.52	423891	11.74	0.025
12	4188	73316	10823	28416	0.30	85070	184806	22565	96822	20981	157	16248	2081	8811	1190	2031	178	722	65.9	0.40	441729	13.10	0.026
13	4882	84288	12540	31016	0.12	79622	174680	21718	95411	21273	155	17394	2228	9665	1284	2201	195	792	71.9	0.43	426689	11.61	0.025
14	5318	91566	15472	29949	5.43	78909	172338	21061	91464	20310	164	16318	2111	9153	1239	2188	204	882	85.5	0.31	416425	11.94	0.028
15	4768	86972	14045	29489	0.15	77562	174099	21978	96060	21429	159	17274	2188	9144	1230	2110	183	743	65.5	0.31	424223	11.88	0.025
16	5101	91467	14050	30537	0.43	78177	171540	21452	94582	21226	155	17304	2206	9408	1281	2211	199	787	72.6	0.31	420601	11.57	0.025
17	3446	61826	8502	32969	0.056	58679	172099	27268	137787	27879	105	19751	2219	9360	1304	2308	204	835	71.4	0.39	459869	11.76	0.014
18	3635	66766	10188	29445	0.57	70518	176312	25081	119132	24876	123	17905	2130	8835	1215	2159	198	823	73.0	0.56	449380	12.48	0.018
19	4596	86477	11889	29686	0.43	79314	176648	22254	99179	21874	159	17194	2182	9408	1257	2163	192	798	70.7	0.41	432692	12.01	0.025
20	4783	81663	13979	30584	1.03	74414	173366	22541	98787	21669	179	17561	2229	9579	1285	2208	198	811	74.8	0.41	424901	11.52	0.028
21	5251	76501	18285	30469	0.057	75629	177326	22322	95823	20545	211	16534	2156	9455	1272	2219	203	850	77.4	0.35	424622	11.96	0.035
22	4452	73659	24863	36267	3.51	77328	175270	22080	96333	21036	125	18600	2426	10599	1461	2543	226	1002	103	0.47	429133	10.61	0.019
23	4577	67672	15436	35614	0.13	77038	182650	22680	97727	20947	103	17791	2361	10440	1452	2441	208	823	73.3	0.60	436734	11.27	0.016
24	4473	69007	15255	35446	1.33	79854	181465	22426	95576	20944	101	18379	2395	10606	1428	2397	202	807	73.4	0.45	436654	11.03	0.016
25	5021	73320	17595	31080	0.69	77741	178265	22733	96263	20712	197	16970	2214	9581	1288	2189	197	813	72.0	0.50	429235	11.88	0.032
26	5292	87156	12822	29487	6.52	78273	176416	22092	96470	21393	162	17260	2191	9420	1255	2135	188	755	68.2	0.37	428077	11.87	0.026
27	4911	95784	21991	30846	6.70	74960	167182	21072	92091	20436	173	16763	2127	9436	1296	2376	235	1083	115	0.53	409344	11.24	0.029
28	4968	92529	14959	29292	0.68	77934	171333	21276	93448	20610	154	16411	2104	9048	1219	2120	190	808	74.2	0.32	416729	12.03	0.026

成岩系统最常用的矿物压力计（Hammarstrom and Zen，1986；Hollister et al.，1987；Johnson and Rutherford，1989；Holland and Blundy，1994；Anderson and Smith，1995；Erdmann et al.，2014；Mutch et al.，2016；Putirka，2016；Schmidt，1992）。Erdmann 等（2019）研究发现，岩浆成因榍石的 Al 含量类似于角闪石也会随压力升高而升高，并提出了一个计算压力的初步经验公式：$P=101.66×w(Al_2O_3)+59.013(R^2=0.83)$，其中 P 单位为 MPa，$w(Al_2O_3)$ 为榍石中 Al_2O_3 含量。

本次在南京大学内生金属矿床成矿机制研究国家重点实验室电子探针室针对与粗粒晶质铀矿共生的榍石矿物开展了主量元素测试，结果见表 7-3～表 7-6。依据经验公式参照海塔 2811 铀矿点、海塔 A19 铀矿点、大田 505 铀矿床 II 号成矿带富铀陡壁铀矿体、牟定 1101 铀矿点四个矿点富铀脉体中与粗粒晶质铀矿共生榍石的 Al_2O_3 含量分别为 1.29%～2.38%（平均为 1.78%）、1.12%～2.66%（平均为 1.97%）、1.30%～2.13%（平均为 1.48%）和 2.22%～2.90%（平均为 2.45%），计算出的榍石结晶压力分别为 0.19～0.30GPa（平均为 0.24GPa）、0.17～0.33GPa（平均为 0.26GPa）、0.19～0.28GPa（平均为 0.21GPa）和 0.29～0.35GPa（平均为 0.31GPa）（图 7-6）。

表 7-3　海塔 2811 铀矿点榍石电子探针数据

样品编号	Nb$_2$O$_5$/%	SiO$_2$/%	TiO$_2$/%	SnO$_2$/%	Al$_2$O$_3$/%	Fe$_2$O$_3$/%	Y$_2$O$_3$/%	MnO/%	CaO/%	F/%	总量/%	压力/MPa
1	0.19	30.05	37.76	0.03	1.72	1.52	0.47	—	28.12	0.08	99.94	234
2	0.26	29.75	37.66	0.04	1.66	1.41	0.5	—	28.12	0.04	99.48	228
3	0.12	30.16	38.64	—	1.43	1.23	0.38	—	28.55	0.07	100.58	204
4	0.21	29.62	37.99	0.03	1.59	1.22	0.42	0.03	27.87	0.07	99.05	221
5	0.17	29.32	37.01	0.02	1.53	1.76	0.96	0.02	27.01	—	97.80	215
6	0.28	29.85	36.79	—	1.39	1.55	0.75	0.02	27.59	—	98.22	200
7	0.13	29.57	37.56	0.02	1.38	1.36	0.62	—	27.66	0.02	98.32	199
8	0.17	29.09	37.53	0.02	1.48	1.75	1.21	0.05	26.57	—	97.87	209
9	0.08	29.88	38.01	—	1.29	1.39	0.56	—	27.57	0.02	98.80	190
10	0.16	29.28	37.67	—	1.56	1.71	1.2	—	26.6	—	98.18	218
11	0.13	29.90	37.96	—	1.35	1.53	0.58	—	28.07	0.06	99.58	196
12	0.10	29.60	37.42	—	1.48	1.22	0.58	—	27.98	0.04	98.42	209
13	0.13	30.14	38.23	—	1.98	0.93	0.36	—	28.32	0.19	100.28	260
14	0.11	29.88	37.95	—	1.84	0.83	0.43	—	28.07	0.10	99.21	246
15	0.27	29.70	37.86	—	1.83	0.85	0.66	—	28	0.01	99.18	245
16	0.14	30.09	38.16	—	1.77	0.54	0.35	—	28.51	0.07	99.63	239
17	0.22	29.79	37.89	—	1.84	0.91	0.62	—	27.95	0.11	99.33	246
18	0.13	29.94	38.37	—	1.91	0.45	0.38	—	28.55	0.14	99.87	253
19	0.14	29.96	37.64	—	2.19	0.9	0.47	—	28.52	0.09	99.91	282
20	0.26	29.58	37.60	—	1.89	0.93	0.86	0.05	27.76	—	98.93	251
21	0.14	30.13	37.81	—	2.20	0.90	0.39	0.02	28.77	0.13	100.49	283

续表

样品编号	Nb₂O₅/%	SiO₂/%	TiO₂/%	SnO₂/%	Al₂O₃/%	Fe₂O₃/%	Y₂O₃/%	MnO/%	CaO/%	F/%	总量/%	压力/MPa
22	0.32	29.68	37.61	—	1.79	0.91	0.91	—	27.95	—	99.17	241
23	0.11	29.78	38.54	—	2.00	0.50	0.30	—	28.95	0.12	100.30	262
24	0.24	29.98	37.03	—	2.26	0.94	0.59	0.02	28.36	0.11	99.53	289
25	0.11	30.37	38.57	—	1.87	0.54	0.26	—	28.63	0.11	100.46	249
26	0.25	30.03	38.07	—	2.04	0.72	0.53	—	27.75	—	99.39	266
27	0.14	30.29	38.43	—	1.82	0.87	0.44	0.02	28.59	0.12	100.72	244
28	0.08	30.21	38.92	—	1.86	0.51	0.26	—	28.29	0.08	100.21	248
29	0.14	29.89	37.98	—	1.89	0.86	0.45	0.02	27.72	0.15	99.10	251
30	0.17	29.80	37.15	—	2.38	0.71	0.70	—	27.54	—	98.45	301
31	0.15	29.84	37.76	—	1.97	0.76	0.62	—	27.63	—	98.73	259

表 7-4 海塔 A19 铀矿点榍石电子探针数据

样品编号	Nb₂O₅/%	SiO₂/%	TiO₂/%	SnO₂/%	Al₂O₃/%	Fe₂O₃/%	Y₂O₃/%	MnO/%	CaO/%	F/%	总量/%	压力/MPa
32	0.16	29.85	36.65	—	2.66	0.71	0.61	—	27.66	0.08	98.38	329
33	0.13	29.74	37.41	—	2.06	0.7	0.6	—	27.96	—	98.60	268
34	0.15	29.89	37.72	—	2.33	0.69	0.61	—	27.49	—	98.88	296
35	0.06	29.84	38.75	—	1.29	0.75	0.39	—	27.99	—	99.07	190
36	0.1	29.58	38.83	—	1.67	0.74	0.46	0.03	27.45	—	98.86	229
37	0.08	30.02	39.51	—	1.12	0.81	0.34	—	28.15	—	100.03	173
38	0.11	29.97	36.42	—	2.52	0.67	0.55	—	27.34	—	97.58	315
39	0.13	29.88	37.14	—	2.49	0.72	0.65	—	27.63	—	98.64	312
40	0.10	30.06	39.15	—	1.54	0.78	0.43	0.02	28.16	—	100.24	216
41	0.16	30.54	37.98	—	2.24	0.58	0.35	—	27.92	0.11	99.88	287
42	0.12	30.15	37.81	—	2.08	0.75	0.41	—	28.04	0.10	99.46	270
43	0.14	29.98	37.13	—	2.13	0.95	0.41	—	28.22	0.21	99.17	276
44	0.44	30.42	37.60	—	2.00	0.85	0.33	—	28.33	0.15	100.12	262
45	0.38	30.28	37.33	0.06	2.05	0.86	0.33	—	27.9	0.10	99.29	267
46	0.77	30.11	37.00	0.04	1.82	0.88	0.43	—	27.69	—	98.74	244
47	0.44	30.2	37.68	—	2.08	0.63	0.38	0.02	27.78	0.02	99.23	270
48	0.58	30.10	36.31	0.07	2.35	0.90	0.38	—	28.22	0.15	99.06	298
49	0.18	29.88	36.87	—	2.02	0.93	0.66	—	27.86	0.09	98.49	264
50	0.10	29.89	37.82	—	1.83	0.80	0.61	—	27.95	0.06	99.06	245
51	0.08	29.75	37.41	—	2.07	1.07	0.70	0.02	27.90	0.14	99.14	269
52	0.13	29.72	37.81	—	1.70	0.93	0.60	—	28.11	0.04	99.04	232
53	0.04	30.04	37.23	—	2.37	0.92	0.55	0.02	28.1	0.30	99.57	300
54	0.09	30.09	38.38	—	1.75	0.91	0.59	—	27.88	0.05	99.74	237
55	0.06	30.10	38.57	—	1.74	0.92	0.57	—	28.02	0.04	100.02	236
56	0.12	30.11	38.35	—	1.79	0.84	0.58	—	28.30	—	100.09	241

续表

样品编号	Nb₂O₅/%	SiO₂/%	TiO₂/%	SnO₂/%	Al₂O₃/%	Fe₂O₃/%	Y₂O₃/%	MnO/%	CaO/%	F/%	总量/%	压力/MPa
57	0.09	30.10	38.30	—	1.79	0.88	0.60	—	28.30	0.02	100.08	241
58	0.09	30.31	38.24	—	1.71	0.89	0.52	—	28.15	0.06	99.97	233
59	0.07	30.15	38.21	—	1.80	0.84	0.63	—	28.35	—	100.05	242
60	0.11	30.10	38.26	—	1.65	0.79	0.68	—	27.54	0.02	99.15	227
61	0.18	29.62	36.45	—	2.08	1.15	0.74	0.02	27.74	0.12	98.10	270
62	0.11	29.82	38.01	0.03	2.29	0.72	1.30	—	27.62	0.06	99.96	292

表 7-5　大田 505 铀矿床 II 号成矿带富铀陡壁透镜状铀矿体中榍石电子探针数据

样品编号	Nb₂O₅/%	SiO₂/%	TiO₂/%	SnO₂/%	Al₂O₃/%	Fe₂O₃/%	Y₂O₃/%	MnO/%	CaO/%	F/%	总量/%	压力/MPa
1	0.24	30.08	38.70	—	1.35	0.72	0.26	—	27.65	—	99.00	196
2	0.43	29.83	38.81	—	2.13	0.83	0.45	—	26.98	—	99.46	276
3	0.30	29.95	38.44	—	1.59	0.68	0.34	—	27.92	—	99.22	221
4	0.24	30.16	38.57	—	1.46	0.74	0.27	—	27.65	—	99.09	207
5	0.29	30.08	38.31	—	1.33	0.77	0.25	—	28.18	—	99.21	194
6	0.43	30.03	38.59	0.03	1.43	0.87	0.30	0.02	27.57	—	99.27	204
7	0.24	30.19	38.48	—	1.36	0.74	0.24	0.00	28.15	—	99.40	197
8	0.29	30.06	38.78	—	1.34	0.78	0.27	0.01	27.60	—	99.13	195
9	0.47	29.98	37.46	—	2.11	0.81	0.45	0.01	27.36	—	98.65	274
10	0.26	30.20	38.73	0.02	1.38	0.90	0.30	0.02	27.69	0.02	99.52	199
11	0.25	30.11	38.76	—	1.33	0.84	0.18	0.03	27.60	—	99.10	194
12	0.22	30.23	39.02	—	1.34	0.73	0.24	—	27.67	—	99.45	195
13	0.80	29.69	37.50	0.05	1.34	1.05	0.23	—	27.66	—	98.32	195
14	0.28	30.38	39.26	—	1.30	0.78	0.20	—	27.95	—	100.15	191
15	0.28	30.08	38.75	—	1.39	0.70	0.20	—	27.68	—	99.08	200

表 7-6　牟定 1101 铀矿点钠长岩脉中榍石(Ttn-II)电子探针数据(wt%)

样品编号	Nb₂O₅/%	SiO₂/%	TiO₂/%	SnO₂/%	Al₂O₃/%	Fe₂O₃/%	Y₂O₃/%	MnO/%	CaO/%	F/%	总量/%	压力/MPa
1	1.58	30.06	32.48	0.03	2.22	2.35	—	—	27.97	0.60	97.29	285
2	1.04	30.15	33.66	—	2.24	2.22	—	—	27.73	0.53	97.57	287
3	1.41	30.05	32.80	—	2.45	2.37	0.96	0.03	27.92	0.64	98.63	308
4	0.87	30.18	33.47	—	2.49	2.05	0.80	0.04	28.26	0.71	98.87	312
5	0.79	30.18	33.21	0.09	2.32	2.52	0.87	0.04	28.29	0.64	98.95	295
6	1.05	30.05	33.19	0.04	2.49	2.11	0.93	0.00	28.05	0.61	98.52	312
7	1.60	29.74	33.01	—	2.39	1.75	0.96	0.06	28.26	0.44	98.21	302
8	0.96	29.92	33.22	0.03	2.56	1.95	0.98	0.03	28.29	0.62	98.56	319
9	1.39	30.26	33.05	0.07	2.90	2.08	0.89	—	28.45	0.71	99.80	354
10	1.07	29.85	33.33	0.06	2.43	2.35	0.93	—	28.15	0.68	98.85	306
11	1.58	29.98	32.41	0.10	2.49	2.34	1.03	0.03	27.71	0.60	98.27	312

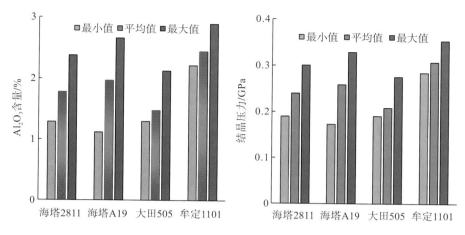

图 7-6　榍石中 Al_2O_3 的含量及结晶压力柱状图解

本次各铀矿点基于榍石矿物计算的结晶压力大致相同但稍有差异：海塔 A19 和 2811 铀矿点富铀脉体中榍石结晶压力较为接近，表明二者具有相同的形成环境；牟定 1101 铀矿点榍石结晶压力最高，而大田 505 铀矿床的富铀脉体中榍石结晶压力最低(图 7-6)。值得注意的是，榍石 Al 压力计计算本身误差范围较大，因此计算得到的压力值可能需要后期开展更多的研究去验证。

7.2.2　成矿温度

地质温度是地质过程中最重要的参数之一，其对于约束地质过程的演化具有重要意义(高晓英和郑永飞，2011；张丽娟和张立飞，2016)。前人研究表明，金红石或榍石中 Zr 含量与其形成温度具有良好的正相关关系，因此金红石和榍石 Zr 含量地质温度计是近年来广为应用的单矿物微量元素温度计(Zack et al.，2004；Hayden et al.，2008；赵振华，2010)。同时，由于金红石和榍石矿物具有压力效应，因此选取适用的压力条件成为温度计应用的前提。Hayden 等(2008)通过实验定义了 Zr 含量、压力(GPa)和温度之间的关系，并推导出经验公式：$\lg(Zr\text{含量})=10.52-7708/T-960P/T$，$P$ 单位为 GPa，T 为热力学温度(K)。

本次在南京聚谱检测科技有限公司实验室采用原位 LA-MC-ICP-MS 法针对与粗粒晶质铀矿共生的榍石矿物开展了微量元素测试，结果见表 7-7～表 7-10。海塔 2811 铀矿点、海塔 A19 铀矿点、大田 505 铀矿床Ⅱ号成矿带富铀陡壁、牟定 1101 铀矿点四个矿点富铀脉体中与晶质铀矿共生的榍石的 Zr 含量分别为 $(202\sim1238)\times10^{-6}$(平均为 413×10^{-6})、$(197\sim579)\times10^{-6}$(平均为 274×10^{-6})、$(498\sim1412)\times10^{-6}$(平均为 819×10^{-6})和 $(110\sim800)\times10^{-6}$(平均为 265×10^{-6})，计算得到的结晶温度(基于各铀矿点榍石计算出的平均压力，见图 7-7)分别为 693～796℃(平均为 730℃)、694～753℃(平均为 710℃)、738～800℃(平均为 764℃)和 671～778℃(平均为 709℃)(图 7-7)，与前人用金红石计算得到的温度范围相近(王凤岗和姚建，2020)。

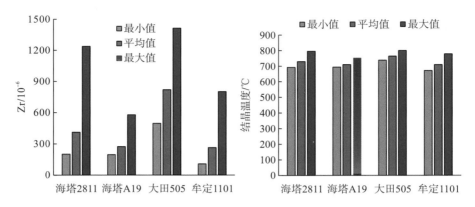

图 7-7   榍石 Zr 含量及结晶温度柱状图解

结合康滇地轴富粗粒晶质铀矿的矿物共生组合可以发现，晶质铀矿与榍石共生的现象较为普遍，在接触关系上表现为互为包裹和密切共生，整体来看榍石早于或同期与晶质铀矿形成，因此基于榍石矿物的主量、微量元素等参数计算成矿时的温度压力条件可以用来约束铀成矿过程的演化。整体来看，不同铀矿点富铀脉体中榍石矿物所代表的结晶压力较为接近且表现为低压，不同铀矿点富铀脉体中榍石矿物所代表的结晶温度较为接近且表现为高温，特别是海塔 2811 和 A19 铀矿点富铀脉体中榍石形成温度和结晶压力接近一致。

综上所述，榍石结晶的条件：T 为 671～800℃，P 为 0.17～0.35MPa，同时这也代表了晶质铀矿的结晶温度和压力，与此同时这与前文中晶质铀矿地球化学参数反映的成因类型中的高温低压环境一致。

表 7-7   海塔 2811 铀矿点榍石微量元素

| 编号 | 元素含量/10^{-6} | | | | | | | | | | | | | | | | | | | | | | | $T/℃$ |
	Y	Zr	Nb	La	Ce	Pr	Nd	Sm	Eu	Gd	Tb	Dy	Ho	Er	Tm	Yb	Lu	Hf	Ta	Th	U	REE	
1	6848	220	2546	421	1845	369	2144	763	166	896	165	1114	248	733	114	799	105	24	543	103	1267	9884	698
2	7057	372	2236	529	2192	392	2139	710	114	839	158	1098	250	750	119	850	115	33	397	266	376	10255	726
3	3682	1238	2106	495	1895	308	1534	448	90	503	88	588	131	392	62	450	62	50	240	111	397	7049	796
4	8650	295	2142	427	2071	390	2145	720	121	919	184	1349	316	956	148	1011	135	29	355	221	436	10892	713
5	5494	562	6193	541	1985	330	1730	559	62	678	127	880	200	593	93	656	89	55	3344	369	481	8522	749
6	8072	691	3117	791	3227	574	3059	972	124	1121	200	1357	298	870	132	901	116	57	778	311	564	13744	761
7	5510	548	5375	519	1911	324	1717	554	64	689	128	893	202	597	92	659	88	52	2814	381	507	8438	747
8	6568	253	1545	386	1805	334	1836	601	127	738	138	984	227	695	113	824	114	26	193	215	465	8923	705
9	8498	629	2992	755	3237	590	3232	1037	139	1182	214	1432	315	900	137	912	117	53	779	284	494	14200	755
10	5878	1095	1386	346	1545	291	1640	560	85	697	127	882	207	640	104	764	110	49	51	162	333	7997	788
11	11400	742	3407	1145	4567	798	4304	1398	145	1604	291	1948	422	1226	185	1228	157	63	1023	356	482	19419	765
12	11050	651	3189	1261	4828	813	4266	1356	146	1542	277	1849	407	1176	180	1216	156	62	916	328	416	19473	757
13	9832	493	2507	1196	4272	701	3591	1183	162	1367	248	1657	358	1028	158	1086	140	47	554	252	1264	17148	741
14	6568	399	2929	481	1876	338	1874	684	114	847	157	1057	236	691	110	765	102	33	639	230	563	9331	729

续表

编号	元素含量/10⁻⁶																						T/℃
	Y	Zr	Nb	La	Ce	Pr	Nd	Sm	Eu	Gd	Tb	Dy	Ho	Er	Tm	Yb	Lu	Hf	Ta	Th	U	REE	
15	6730	710	2773	426	1815	339	1879	672	115	820	153	1052	236	710	114	831	113	69	436	202	399	9274	762
16	3287	245	1939	435	1919	337	1707	496	77	520	91	578	122	347	54	375	52	21	110	99	298	7111	703
17	5793	327	4834	756	3293	551	2689	810	89	860	153	985	203	579	91	635	84	25	1455	81	391	11779	719
18	3170	234	1605	279	1241	230	1220	401	76	453	81	534	115	334	53	378	53	17	155	33	256	5448	701
19	6314	202	3942	210	1884	434	2547	854	100	937	165	1055	214	614	98	699	93	17	778	74	356	9902	693
20	5458	449	3873	887	3394	560	2757	815	74	855	150	961	200	566	87	594	78	30	349	71	359	11976	736
21	6277	276	4280	496	2458	476	2582	857	88	947	169	1077	222	628	98	673	88	23	556	48	245	10860	710
22	4060	202	2581	353	1663	315	1706	559	86	617	110	715	149	419	64	457	63	15	237	63	298	7277	693
23	5979	258	3496	622	2811	504	2613	821	72	885	159	1032	215	594	96	673	88	22	312	66	285	11207	706
24	3538	235	1964	299	1325	244	1291	426	73	475	86	583	124	373	61	451	64	16	185	41	296	5874	701
25	4534	232	2925	408	1905	358	1931	635	94	694	123	799	165	472	73	522	71	16	221	70	301	8250	700

表 7-8　海塔 A19 铀矿点榍石微量元素

编号	元素含量/10⁻⁶																						T/℃
	Y	Zr	Nb	La	Ce	Pr	Nd	Sm	Eu	Gd	Tb	Dy	Ho	Er	Tm	Yb	Lu	Hf	Ta	Th	U	REE	
26	3089	202	2442	403	1815	325	1639	484	49	495	85	536	110	313	49	349	48	13	139	79	223	6700	696
27	4911	289	3893	512	2164	392	2074	675	100	746	133	869	182	521	80	565	76	23	601	131	477	9090	714
28	5215	470	4506	607	2437	421	2163	680	110	756	135	885	187	548	86	609	84	27	493	98	581	9708	741
29	4154	208	2987	367	1714	327	1767	583	86	635	113	736	152	430	67	466	63	16	334	65	274	7507	697
30	5681	262	4263	534	2481	442	2278	732	91	803	145	944	195	562	89	631	83	20	1291	66	346	10010	709
31	4935	197	1869	375	1733	324	1774	589	77	683	119	802	173	508	79	553	74	23	299	103	300	7862	694
32	5432	201	1905	357	1679	321	1782	606	79	707	129	860	189	560	88	619	82	23	257	110	238	8058	695
33	5789	209	1910	349	1645	318	1790	622	81	746	136	911	201	594	92	642	83	23	232	102	224	8211	697
34	5909	235	2392	358	1677	317	1771	622	84	747	138	925	200	597	93	641	82	25	267	119	359	8252	703
35	5669	306	2048	368	1692	324	1807	620	91	739	134	902	199	588	93	649	87	27	221	135	375	8292	717
36	5766	284	2268	359	1657	318	1780	619	96	739	135	923	202	592	95	666	88	26	271	139	326	8270	713
37	6086	248	1953	388	1822	356	2000	686	87	817	145	974	214	634	98	684	88	28	244	118	271	8993	706
38	5808	230	1856	366	1722	335	1886	649	83	772	137	924	205	604	94	651	84	25	216	108	254	8511	702
39	5943	231	1891	353	1704	332	1884	659	86	786	141	954	208	618	96	667	85	26	256	100	736	8573	702
40	5658	250	2153	424	1952	367	2034	677	82	768	136	915	201	593	92	644	86	26	235	133	274	8970	707
41	6014	283	1909	382	1791	345	1933	665	87	780	140	946	209	614	97	678	88	23	190	127	302	8754	713
42	5370	206	1950	363	1691	328	1832	613	78	716	128	855	190	555	87	608	80	23	267	113	223	8124	697
43	5460	226	1896	360	1665	322	1816	627	82	736	131	876	192	567	88	607	79	25	238	101	252	8148	701
44	5751	219	2282	303	1432	285	1622	594	100	740	135	921	200	591	92	643	85	21	231	108	246	7744	700
45	5987	579	2463	438	1784	330	1834	645	105	771	142	964	213	629	100	696	92	47	258	226	2131	8744	753
46	5952	357	1980	390	1734	330	1846	633	97	756	137	922	205	604	95	670	89	30	208	139	340	8507	726
47	6463	297	2334	469	2128	398	2230	739	97	870	153	1030	226	670	105	723	93	33	438	166	1235	9931	716
48	6382	320	2630	426	1975	376	2109	696	88	818	148	1005	224	666	105	745	98	34	143	136	781	9481	720
49	6284	311	2351	437	1992	380	2115	711	93	843	148	988	219	652	102	712	92	34	374	159	353	9484	718
50	5979	234	2335	367	1696	329	1855	636	84	775	139	940	207	611	94	660	86	25	237	124	234	8479	703

表 7-9　大田 505 铀矿床 II 号成矿带富铀陡壁透镜状铀矿体中榍石微量元素

编号	元素含量/10⁻⁶																						T/℃
	Y	Zr	Nb	La	Ce	Pr	Nd	Sm	Eu	Gd	Tb	Dy	Ho	Er	Tm	Yb	Lu	Hf	Ta	Th	U	REE	
1	5745	895	2979	901	3663	557	2698	758	57	808	150	995	212	610	92	606	70	60	407	141	1257	12179	772
2	5802	901	2881	889	3642	557	2675	759	59	804	149	1004	215	614	94	618	71	60	392	133	1225	12149	772
3	5213	1212	2845	1141	4701	671	3170	824	81	844	150	975	202	562	80	499	56	92	396	194	1158	13956	790
4	5608	1034	2681	1047	4268	627	2957	801	72	840	152	999	211	599	88	553	62	74	370	145	1183	13275	781
5	5314	756	2936	715	2908	466	2324	686	43	750	140	929	195	552	82	524	59	55	398	105	767	10375	762
6	5317	737	2965	717	2878	461	2307	687	44	754	140	921	195	549	81	515	58	54	398	104	795	10307	760
7	5630	1412	2854	1315	5417	759	3500	893	77	902	160	1040	217	597	86	532	59	94	425	178	1312	15553	800
8	5816	1266	2699	1088	4658	692	3269	866	80	891	161	1056	224	627	91	574	64	92	410	168	1216	14339	793
9	6133	1094	2314	1107	4298	633	2925	788	69	819	154	1037	223	647	99	646	74	93	332	167	4766	13519	784
10	4367	706	2584	929	3490	522	2420	617	62	631	113	751	157	448	68	440	50	59	367	68	644	10698	758
11	3988	539	2241	1048	4011	603	2739	664	70	651	113	731	150	416	60	381	43	40	354	63	1315	11681	742
12	4580	960	2490	1139	4261	623	2811	685	69	678	122	806	169	480	70	457	52	63	621	57	661	12421	776
13	3149	502	1127	1010	3835	575	2573	589	59	541	92	567	116	322	47	304	34	35	191	28	321	10664	738
14	3973	571	1624	1008	3865	579	2620	637	64	627	110	709	148	414	61	398	45	38	259	41	552	11283	746
15	4258	624	1798	1027	3996	600	2738	664	60	663	116	760	157	442	65	423	49	38	268	54	678	11772	751
16	4340	571	1784	988	3857	576	2629	652	68	653	117	752	159	447	66	431	49	36	249	55	676	11444	746
17	3317	498	1291	993	3871	580	2620	607	65	574	96	608	123	341	54	324	36	32	226	48	1871	10886	738
18	5824	982	3113	988	3832	574	2731	755	54	806	149	992	212	614	94	619	72	68	423	126	1096	12491	778
19	4497	588	1591	984	3878	578	2645	655	66	647	117	772	163	471	71	456	51	38	259	48	686	11555	747
20	3906	530	1668	902	3622	541	2461	604	60	595	106	690	143	408	60	391	44	36	259	42	3526	10627	741

表 7-10　牟定 1101 铀矿点钠长岩脉中边部榍石（Ttn-II）微量元素

编号	元素含量/10⁻⁶																						T/℃
	Y	Zr	Nb	La	Ce	Pr	Nd	Sm	Eu	Gd	Tb	Dy	Ho	Er	Tm	Yb	Lu	Hf	Ta	Th	U	REE	
1	4686	155	4101	191	904	186	1104	432	55	546	108	757	163	467	72	467	56	14	159	34	159	5508	688
2	2766	599	1103	768	3356	546	2612	555	72	469	72	450	95	277	44	314	43	27	28	272	298	9675	761
3	3657	658	1022	522	2382	412	2091	538	58	519	87	559	121	352	56	391	51	21	19	168	233	8139	766
4	8616	210	8941	475	2163	408	2305	855	143	1013	202	1399	301	848	130	852	98	15	265	147	298	11192	703
5	8550	226	8176	356	1692	333	1954	774	117	972	195	1361	296	848	132	858	99	14	173	91	293	9987	707
6	5660	171	4935	321	1562	307	1752	633	59	702	135	911	191	539	82	523	59	15	142	30	176	7777	693
7	7110	240	6480	358	1677	321	1859	695	94	843	169	1152	248	712	109	692	80	25	231	42	158	9008	710
8	8730	391	7117	340	1656	328	1951	771	124	968	197	1375	301	874	136	892	105	33	219	75	259	10018	737
9	5063	133	4749	287	1329	250	1412	521	87	599	119	828	175	499	77	500	58	8	68	62	148	6741	680
10	6523	144	5256	306	1473	288	1672	644	107	759	154	1053	231	655	99	652	76	10	78	88	196	8167	684
11	10223	355	8270	397	1860	361	2111	834	80	1076	217	1566	349	1029	163	1098	133	18	149	160	394	11275	731
12	3947	246	984	316	1466	265	1453	432	74	483	83	549	125	382	61	449	65	20	34	98	205	6202	711
13	8936	800	9386	356	1677	325	1930	786	113	988	202	1426	315	908	141	918	108	43	304	105	228	10193	778
14	7403	166	6116	311	1529	305	1836	718	99	892	175	1220	263	730	109	714	82	12	267	67	190	8980	691

续表

编号	元素含量/10⁻⁶																					T/℃
	Y	Zr	Nb	La	Ce	Pr	Nd	Sm	Eu	Gd	Tb	Dy	Ho	Er	Tm	Yb	Lu	Hf	Ta	Th	U	REE	
15	8178	232	6068	346	1671	326	1914	741	134	911	177	1262	278	812	126	834	101	13	82	76	255	9635	709
16	8425	199	7660	424	1977	381	2198	829	138	1012	199	1371	293	826	126	818	94	13	340	124	2372	10685	700
17	7333	159	5485	346	1689	327	1906	740	73	900	179	1239	264	743	113	724	82	13	285	67	189	9323	689
18	8547	551	3301	219	1019	203	1225	527	52	742	158	1198	292	925	152	1084	147	25	57	75	330	7942	756
20	5742	694	4537	571	2441	435	2256	695	129	736	132	879	193	571	91	659	83	21	86	358	803	9870	687
21	6582	152	5810	324	1511	294	1681	645	108	783	155	1073	233	659	99	650	74	10	93	82	195	8289	713
22	8576	254	6019	333	1594	323	1894	752	134	956	191	1341	298	872	134	898	107	17	114	85	290	9825	698
23	8316	189	8340	405	1879	365	2099	800	134	983	194	1353	295	837	129	833	96	13	245	92	1152	10403	724
24	8818	309	10662	557	2462	458	2506	905	144	1049	206	1421	306	869	133	882	104	20	168	223	365	12003	695
25	6331	178	5379	333	1601	316	1805	664	97	781	149	1024	224	636	98	653	76	13	157	82	211	8458	686
26	4900	149	3541	394	1809	335	1763	559	75	617	114	790	167	485	75	504	62	11	47	124	172	7749	699
27	8417	191	8262	385	1805	351	2006	772	127	976	199	1393	293	855	130	854	97	14	335	109	246	10243	731
28	4035	353	1288	309	1450	272	1468	471	75	520	111	623	138	405	64	430	53	18	43	104	183	6373	681
29	6428	136	4050	333	1557	298	1691	638	108	751	148	1021	218	631	95	632	72	9	47	76	183	8193	698
30	7792	189	6507	301	1405	280	1653	689	117	896	185	1281	274	783	117	756	85	16	478	79	215	8821	707
31	6539	224	5033	338	1645	331	1943	707	67	817	158	1071	226	639	97	631	73	24	151	31	198	8743	700
32	7433	196	4695	275	1328	264	1580	634	51	814	163	1164	255	744	115	767	92	14	88	42	224	8246	714
33	5892	259	3701	247	1184	231	1340	516	49	637	126	892	198	583	90	597	72	11	30	52	158	6764	710
34	9251	237	5756	289	1425	287	1766	727	110	957	198	1415	315	926	143	963	114	13	68	70	305	9637	713
35	10735	255	6856	386	1811	353	2127	861	108	1121	232	1639	366	1090	173	1148	138	10	21	121	259	11553	719
36	8086	281	7659	423	1948	367	2121	768	131	952	187	1306	279	811	123	803	92	25	223	118	245	10310	671
38	11080	110	4495	519	2250	384	2141	821	63	1088	220	1600	373	1146	179	1212	149	9	78	78	123	12147	688
39	7686	169	6978	361	1695	325	1874	720	121	895	180	1260	269	773	118	764	87	12	224	108	240	9442	724
40	5982	156	3287	266	1266	250	1453	553	58	678	133	934	203	593	92	620	75	8	47	53	179	7174	707
41	8362	312	10248	471	2087	388	2209	803	117	967	193	1323	287	825	128	837	98	31	376	88	171	10733	698
42	8966	228	10344	472	2129	397	2242	842	141	1037	208	1425	308	889	134	864	99	17	553	169	332	11188	692
43	7812	189	6717	359	1763	355	2101	822	115	973	190	1307	276	775	117	759	87	12	214	74	201	10001	693
45	6626	168	6114	293	1425	284	1686	654	54	788	155	1063	232	658	101	650	76	16	288	24	213	8118	761
46	6599	170	6078	367	1705	326	1870	680	126	817	158	1100	234	672	103	675	81	13	81	101	213	8913	766

7.3　成矿流体条件

磷灰石作为一种磷酸盐矿物广泛分布于地壳中，在很多矿床中非常发育(Watson，1980；Belousova et al.，2002；Pan and Fleet，2002；Zhao et al.，2015；Zeng et al.，2016)。磷灰石与晶质铀矿是各类热液铀矿床最常见的矿物组合(Luo et al.，2015；Ozha et al.，2017；Baidya and Pal，2020；Zheng et al.，2020；Zhang et al.，2021)。磷灰石可在多样的地质环境与过程中保持稳定，且不易受变质作用、热液蚀变和表生作用的影响，其在形成后能够

较好地记录和保存原始成矿信息，磷灰石的微量元素如 Mn、Eu 和 Ce 可以被用来指示流
体组成和氧化状态，因此磷灰石是一种指示成矿流体演化的理想矿物（Sha and Chappell，
1999；Belousova et al.，2001，2002；Piccoli and Candela，2002；Cao et al.，2012）。以海
塔地区富晶质铀矿石英脉中与晶质铀矿共生的集合体状磷灰石和自形单颗粒状磷灰石为
研究对象，采用电子探针、LA-ICP-MS 方法，对其地球化学特征在铀成矿过程中的指示
与约束开展研究（图 7-8）。

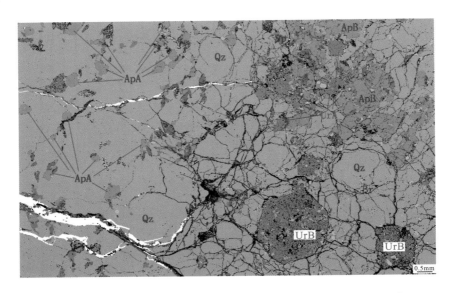

图 7-8　2811 铀矿点中晶质铀矿与磷灰石共生组合（Yin et al.，2021）

Qz-石英；Sp-榍石；Br-钛铀矿；ApA-单颗粒磷灰石；ApB-集合体状磷灰石；UrA-晶质铀矿 A；UrB-晶质铀矿 B

7.3.1　磷灰石与晶质铀矿共生关系

海塔 2811 铀矿点富晶质铀矿石英脉中主要有晶质铀矿、钛铀矿、钛铁矿、榍石、锆
石、磷灰石、长石等矿物出现（图 7-8）。磷灰石分布较多，但是较为特殊，可以分为两类。
一类呈单颗粒（ApA）分布于石英脉中（图 7-9 a、b），以自形-半自形六边形为主，多呈短轴
状，粒径分布范围为 100~800μm。镜下及 BSE 显示磷灰石表面无孔洞，不发育裂隙及环
带。通过矿物之间的接触关系，发现这类磷灰石与晶质铀矿联系不紧密，主要分布在晶质
铀矿远端外围。通过这类磷灰石与榍石的接触关系，认为这类磷灰石与榍石矿物系同期形
成。另一类呈集合体状（ApB）分布（图 7-9 c、d），晶型为自形-半自形且以半自形为主，粒
径分布范围为 50~500μm。镜下及 BSE 显示磷灰石表面无孔洞，不发育裂隙及环带。这
类磷灰石与晶质铀矿紧密共生，表明这类磷灰石与晶质铀矿系同期形成。这两种磷灰石的
边缘均可以见到晚期含铀流体活动留下的环带，表明两种磷灰石形成后铀成矿作用仍在持
续进行。

通过详细的岩矿鉴定、榍石与 ApA 的接触关系，认为榍石与 ApA 同期形成；部分不
含包裹体的粗粒晶质铀矿与 ApB 紧密共生的现象，表明 UrA 与 ApB 同期形成；UrB 中均

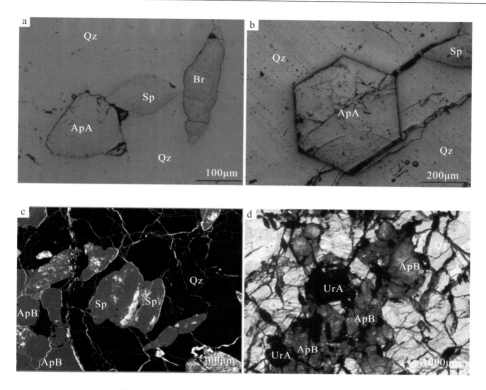

图 7-9　不同形态的磷灰石矿物(Yin et al.，2021)

Qz-石英；Sp-榍石；Br-钛铀矿；ApA-单颗粒磷灰石；ApB-集合体状磷灰石；UrA-晶质铀矿 A；UrB-晶质铀矿 B

可以见到由榍石矿物发生完全交代形成的钛铀矿，表明 UrB 与钛铀矿同期形成；石英矿物的形成贯穿于整个成矿过程。在 ApB 附近的榍石矿物交代现象较弱，可能是受集合体状磷灰石包裹导致的，表明 UrA 早于 UrB 形成；同时根据 ApB 与附近的榍石矿物接触关系，表明榍石矿物早于 ApB 形成。根据石英脉中矿物共生组合特征及其接触和交代关系，其可划分为 4 个阶段，矿物生成大致归纳如表 7-11 所示。

表 7-11　矿物形成顺序

主要矿物	成矿前	成矿 I	成矿 II	成矿后
	榍石-磷灰石	磷灰石-晶质铀矿 A	晶质铀矿 B-钛铀矿	石英
石英				
榍石				
单颗粒磷灰石(ApA)				
集合体状磷灰石(ApB)				
晶质铀矿 A				
钛铁矿				
钛铀矿				
晶质铀矿 B				

7.3.2　磷灰石地球化学特征及其意义

磷灰石主微量元素(化合物)含量见表 7-12 和表 7-13,卤族元素(化合物)含量见表 7-14。ApA 和 ApB 的 P_2O_5、CaO、F、Cl 含量分布范围较为一致,差异性较小。P_2O_5、CaO 是磷灰石最主要的成分,其中 ApA 的 CaO 含量为 56.07%~57.16%(平均为 56.71%),P_2O_5 含量为 42.02%~43.07%(平均为 42.57%);ApB 的 CaO 含量为 54.44%~57.82%(平均为 56.22%),P_2O_5 含量为 41.31%~43.23%(平均为 42.04%)。卤族元素中 F 的含量远大于 Cl 的含量,ApA 的 F 含量为 2.80%~4.24%(平均为 3.41%),Cl 的含量为 0.018%~0.047%(平均为 0.026%);ApB 的 F 含量为 2.92%~3.61%(平均为 3.31%),Cl 的含量为 0.014%~0.043%(平均为 0.025%),按照磷灰石 F 和 Cl 含量,可以确定 ApA 和 ApB 均为氟型磷灰石(表 7-14)。ApA 和 ApB 的 SO_3 含量均较低或低于检出线。

表 7-12　磷灰石 ApA 主微量元素(化合物)含量

成分	ApA1	ApA2	ApA3	ApA4	ApA5	ApA6	ApA7	ApA8	平均值	
SiO_2	0.21	0.24	0.20	0.21	0.22	0.23	0.21	0.25	0.22	
P_2O_5	42.09	43.07	43.00	42.75	42.68	42.35	42.59	42.02	42.57	%
CaO	57.16	56.07	56.40	56.59	56.60	56.93	56.79	57.13	56.71	
Li	0.18	0.19	0.45	0.13	0.24	0.07	0.61	0.34	0.28	
Be	—	—	0.05	—	—	—	0.05	—	0.05	
B	3.60	3.38	4.09	3.20	1.67	2.57	3.50	4.11	3.27	
Na	180.49	205.48	106.72	139.21	141.05	123.44	99.25	180.77	147.05	
K	1.77	1.00	0.10	3.76	4.32	—	—	2.70	2.27	
Sc	0.08	0.13	0.25	0.21	0.05	0.09	0.14	0.18	0.14	
Ti	—	0.37	0.45	6.96	0.18	0.09	—	—	1.61	
V	3.51	5.05	9.19	5.87	9.43	12.64	6.83	3.45	7.00	
Cr	0.24	1.31	0.41	7.60	1.14	0.63	—	0.59	1.70	
Mn	453.00	462.16	339.25	390.97	387.63	375.19	324.02	438.10	396.29	
Fe	293.18	307.88	163.92	226.52	190.21	190.00	143.29	288.88	225.49	
Co	0.000	0.025	0.037	0.018	0.024	0.048	0.012	0.018	0.023	10^{-6}
Ni	0.07	0.00	0.32	—	0.08	0.16	—	—	0.12	
Cu	0.26	0.19	0.17	0.25	0.16	0.05	0.04	—	0.16	
Zn	0.11	0.05	1.20	0.00	0.08	0.21	—	0.00	0.23	
Ga	7.53	10.87	6.17	6.71	7.95	7.41	6.39	10.42	7.93	
Rb	0.08	0.13	0.08	0.11	0.13	0.10	0.06	0.09	0.10	
Sr	101.37	100.72	111.06	109.36	101.83	106.91	116.49	102.75	106.31	
Y	1026.41	982.86	801.07	772.48	953.12	975.39	839.68	948.78	912.47	
Nb	0.04	0.01	0.02	0.13	0.02	0.03	0.04	0.02	0.04	
Mo	—	0.07	0.10	0.90	0.07	0.10	0.03	0.04	0.19	
Ag	—	—	—	—	0.01	—	0.00	0.00	0.01	
Cd	—	—	0.30	0.90	—	—	0.30	0.61	0.53	

成分	ApA1	ApA2	ApA3	ApA4	ApA5	ApA6	ApA7	ApA8	平均值	
Sn	1.39	1.26	1.29	1.55	1.05	1.36	1.37	1.27	1.32	
Sb	—	0.01	0.14	0.12	—	—	—	0.01	0.07	
Cs	0.01	0.00	—	0.00	0.01	0.00	0.00	—	0.00	
Ba	0.12	0.16	0.14	0.77	0.04	0.11	0.10	0.14	0.20	
La	203.63	362.30	155.47	191.67	239.28	220.47	168.50	431.62	246.62	
Ce	714.87	1064.42	543.29	595.45	748.53	688.53	574.35	1044.04	746.69	
Pr	110.95	145.12	83.43	87.15	108.50	101.34	87.40	132.79	107.08	
Nd	517.09	614.08	389.16	387.74	484.15	463.73	402.34	546.88	475.65	
Sm	119.54	125.89	89.94	85.96	109.73	108.50	94.14	111.81	105.69	
Eu	12.60	14.29	12.09	11.98	14.35	14.56	12.15	14.72	13.34	
Gd	145.14	144.05	108.56	107.19	129.42	131.75	111.91	131.62	126.20	
Tb	19.29	19.08	14.65	14.24	17.52	17.74	14.58	17.12	16.78	
Dy	133.37	126.93	100.40	94.82	117.62	119.34	103.04	115.79	113.91	10^{-6}
Ho	29.10	28.12	22.23	21.97	26.67	27.74	23.08	26.43	25.67	
Er	93.27	87.77	70.89	68.97	85.76	87.36	75.10	86.01	81.89	
Tm	13.43	12.91	10.63	10.32	12.74	13.20	11.17	12.59	12.12	
Yb	90.81	86.76	72.60	70.41	90.99	93.79	78.16	91.70	84.40	
Lu	14.30	14.48	12.57	12.18	15.48	15.71	13.60	15.13	14.18	
Hf	—	0.016	0.005	—	0.010	—	—	—	0.010	
Ta	0.004	0.002	0.004	0.006	0.002	0.004	0.006	0.002	0.004	
W	0.50	0.47	0.82	2.79	0.86	0.56	2.28	0.56	1.11	
Tl	0.005	—	—	—	0.005	0.000	0.005	0.005	0.004	
Bi	0.03	0.03	0.02	0.02	0.03	0.04	0.02	0.04	0.03	
Pb	8.73	11.50	3.42	5.17	3.94	3.89	2.01	7.95	5.83	
U	27.32	89.61	32.93	96.65	31.99	31.61	24.77	37.67	46.57	

表 7-13 磷灰石 ApB 主微量元素(化合物)含量

成分	ApB1	ApB2	ApB3	ApB4	ApB5	ApB6	ApB7	ApB8	平均值	
SiO_2	0.36	0.23	0.44	0.25	0.23	0.44	0.29	0.24	0.31	
P_2O_5	41.69	42.29	43.23	42.39	41.98	41.60	41.85	41.31	42.04	%
CaO	55.58	56.83	54.44	55.92	56.43	55.86	56.84	57.82	56.22	
Li	0.46	0.48	1.05	0.70	0.19	0.55	0.33	0.06	0.48	
Be	0.14	0.05	0.20	0.05	0.11	0.58	0.11	0.06	0.16	
B	1.53	3.51	4.65	3.74	3.13	3.94	4.30	4.88	3.71	
Na	124.61	99.87	125.28	137.75	138.21	142.12	108.40	108.79	123.13	
K	560.67	61.16	358.64	256.94	266.85	381.28	146.09	47.91	259.94	10^{-6}
Sc	0.35	0.13	1.05	0.32	0.17	0.39	0.28	0.17	0.36	
Ti	237.96	0.37	27.71	5.16	19.08	31.49	21.28	1.01	43.01	
V	15.68	6.22	9.61	8.05	5.87	9.92	6.80	6.90	8.63	
Cr	13.75	—	2.58	1.78	1.65	8.78	1.26	1.90	4.53	

SiO_2

P_2O_5

续表

成分	ApB1	ApB2	ApB3	ApB4	ApB5	ApB6	ApB7	ApB8	平均值	
Mn	304.71	298.00	275.12	300.77	297.73	280.81	281.77	309.55	293.56	
Fe	625.85	153.35	1817.38	336.32	405.99	1436.43	534.58	224.29	691.77	
Co	0.024	0.006	0.116	0.038	—	0.000	0.027	0.000	0.030	
Ni	0.13	0.00	0.45	0.44	—	0.14	0.21	0.17	0.22	
Cu	6.08	1.74	32.33	8.60	11.82	20.85	18.15	9.13	13.59	
Zn	0.26	0.03	0.40	0.14	0.11	0.23	0.35	0.13	0.21	
Ga	8.75	6.78	8.39	7.90	5.82	7.88	6.02	5.83	7.17	
Rb	1.48	0.21	1.53	0.63	0.46	1.34	0.54	0.36	0.82	
Sr	134.17	125.63	135.78	133.99	141.62	146.20	143.16	132.76	136.66	
Y	918.59	1010.42	838.60	918.66	726.72	829.02	804.71	876.09	865.35	
Nb	1.02	0.02	0.15	0.05	0.06	0.25	0.08	0.06	0.21	
Mo	33.70	0.11	7.01	9.24	7.56	9.28	1.96	0.18	8.63	
Ag	0.00	—	—	0.01	0.01	0.00	—	—	0.01	
Cd	0.30	0.01	0.62	—	1.32	—	—	0.39	0.53	
Sn	1.38	1.21	1.48	1.40	1.36	1.35	1.34	1.57	1.39	
Sb	0.09	0.06	—	0.03	—	—	0.09	—	0.07	
Cs	0.12	—	0.19	0.02	0.00	0.06	0.00	0.05	0.06	
Ba	87.84	18.32	154.47	99.18	99.95	161.65	43.33	14.53	84.91	10^{-6}
La	249.11	178.94	207.94	233.70	190.31	227.54	145.00	156.20	198.59	
Ce	725.98	608.06	670.83	747.81	559.59	676.71	485.97	495.34	621.29	
Pr	118.58	98.21	99.51	113.28	84.52	100.62	78.93	79.60	96.66	
Nd	546.04	463.47	453.41	509.14	382.84	449.49	387.33	389.04	447.59	
Sm	131.05	110.75	106.08	116.59	91.13	108.26	94.47	94.65	106.62	
Eu	17.12	14.85	14.38	15.99	12.75	14.02	12.68	12.60	14.30	
Gd	142.63	138.95	118.56	133.80	104.88	119.48	112.77	118.68	123.72	
Tb	18.69	17.80	16.45	18.09	14.60	16.47	15.07	15.96	16.64	
Dy	119.13	120.54	107.17	117.29	98.39	109.49	102.33	105.60	109.99	
Ho	26.72	27.45	23.95	26.38	21.36	24.54	22.23	24.25	24.61	
Er	84.26	88.22	77.04	83.58	67.71	76.02	72.55	78.94	78.54	
Tm	12.09	13.10	11.25	12.07	10.13	11.12	10.54	10.88	11.40	
Yb	85.25	91.60	80.05	86.33	70.29	79.89	72.36	77.48	80.41	
Lu	14.00	16.04	13.00	14.58	11.83	13.07	12.15	13.16	13.48	
Hf	0.010	0.005	0.005	0.005	0.006	0.011	0.017	0.013	0.009	
Ta	0.015	0.004	—	—	0.002	0.006	—	—	0.007	
W	1.25	0.45	1.09	0.40	1.05	1.41	1.18	1.60	1.05	
Tl	0.018	0.007	0.014	—	0.003	0.005	0.003	0.006	0.008	
Bi	0.15	0.30	0.11	0.14	0.12	0.10	0.20	0.17	0.16	
Pb	14.76	3.75	14.91	9.76	22.71	33.01	10.68	3.52	14.14	
U	13876.52	1576.58	9032.63	7828.25	7425.84	11311.26	4576.24	1725.69	7169.12	

表 7-14　磷灰石卤族元素(化合物)含量(%)

	成分	TA1	TA2	TA3	TA4	TA5	TA6	TA7	TA8	TA9	TA10	TA11
	F	3.32	3.28	3.49	4.24	2.95	2.80	3.28	3.58	3.51	3.64	3.40
ApA	SO₃	—	—	—	—	—	—	—	—	—	—	—
	Cl	0.028	0.027	0.021	0.023	0.022	0.024	0.026	0.030	0.018	0.021	0.047
	Cl/F	0.008	0.008	0.006	0.005	0.007	0.009	0.008	0.008	0.005	0.006	0.014

	成分	TB1	TB2	TB3	TB4	TB5	TB6	TB7		
	F	3.14	3.57	2.92	3.61	3.29	3.31	3.37		
ApB	SO₃	—	0.01	—	—	—	—	0.01	ApA：Cl/F=0.0077	
	Cl	0.015	0.026	0.043	0.014	0.027	0.018	0.030	ApB：Cl/F=0.0076	
	Cl/F	0.005	0.007	0.015	0.004	0.008	0.005	0.009		

　　本次共测试 48 种主微量元素(含 K、Mn、Fe、Na)，ApA 和 ApB 微量元素组成见表 7-12 和表 7-13。由测试结果可知，ApA 中 Sr 含量($100.72\times10^{-6}\sim116.49\times10^{-6}$)略低于 ApB($125.63 \times10^{-6}\sim146.20\times10^{-6}$)；相反在 ApA 中 Mn、Na 和 Y 元素的含量($324.02\times 10^{-6}\sim462.16\times 10^{-6}$、$99.25\times10^{-6}\sim205.48\times10^{-6}$ 和 $772.48\times10^{-6}\sim1026.41\times10^{-6}$)略高于 ApB($275.12\times 10^{-6}\sim309.55\times10^{-6}$、$99.87\times10^{-6}\sim142.12\times10^{-6}$ 和 $726.72\times10^{-6}\sim1010.42\times10^{-6}$)。ApA 中 U 含量($24.77\times10^{-6}\sim96.65\times10^{-6}$)远低于 ApB($1576.58\times10^{-6}\sim13876.52\times10^{-6}$)，其均值比达到154；ApA 中 Mo 和 Cu 含量($0.03\times10^{-6}\sim0.90\times10^{-6}$、$0.04\sim0.26\times10^{-6}$)远低于 ApB($0.11 \times10^{-6}\sim33.70\times10^{-6}$、$1.74\times10^{-6}\sim32.33\times10^{-6}$)，其均值比达到 45 和 85 倍。ApA 和 ApB 微量元素含量大体相同，但是在 Ti、Fe、Cu、Mo 及不相容元素(K、Nb、Rb、Cs、Ba、U)的含量上，ApB 远高于 ApA(图 7-10)。ApA 和 ApB 的稀土元素分布模式相同且具有一致性(图 7-10)，总体均呈现"右倾"的分布模式，$\delta(Eu)$ 平均值分别为 0.38 和 0.36，$\delta(Ce)$ 平均值分别为 1.10 和 1.14，具有 Eu 明显负异常和 $\delta(Ce)$ 微弱正异常的特点。ApA 和 ApB 均表现出轻稀土元素相对富集、重稀土元素相对亏损的特点。

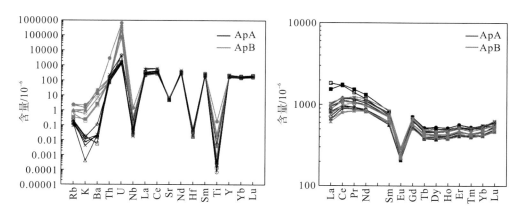

图 7-10　磷灰石微量元素和稀土元素蛛网图(Sun and McDonough，1989)

ApA 和 ApB 的主量元素含量大体相同，并且具有相同的稀土元素配分模式，表明 ApA 和 ApB 具有相同的形成环境。ApA 和 ApB 在 Ti、Fe、Cu、Mo 与不相容元素（K、Nb、Rb、Cs、Ba、U）的含量差异验证了两种磷灰石并非同阶段形成的结论（图 7-11），如 ApB 富集 Cu、Mo、Ba、U 元素是 ApA 的 85、45、425、154 倍。以 U 元素为例，成矿前阶段的 ApA 代表了原始成矿流体的信息，即原始的成矿流体可能是贫 U 或低 U 的；成矿 I 阶段的 ApB 中 U 的富集表明成矿流体演化为富 U 流体,表明成矿流体在演化过程中 U 元素得到了富集。

U 不同于 Th、Sr 等元素，其进入磷灰石晶格不但受流体中 U 含量的控制，也受到流体氧逸度的控制。因为 U^{4+} 的离子半径（1.01Å）与 REE^{3+} 的离子半径（0.86～1.18Å）相近，而 U^{6+} 的离子半径太小，导致 U 更倾向于以 U^{4+} 的形式替代磷灰石晶格中的 REE^{3+} 位置。磷灰石作为富集稀土元素的典型矿物，其 ΣREE 最高可达 1%以上，而 ApA 和 ApB 中的 ΣREE 较低，反映了成矿流体中 ΣREE 应处于更低的水平。两种磷灰石在稀土元素含量上具有细小的差异，成矿前阶段磷灰石稀土总量略高于成矿 I 阶段（平均为 $2170×10^{-6}$ 和 $1944×10^{-6}$），可能是由于成矿 I 阶段磷灰石中 U^{4+} 与 REE^{3+} 发生类质同象挤占了部分 REE 晶格。ApB 中 U 元素的富集使 ApB 成为富铀磷灰石（U 含量 $1576.58×10^{-6}$～$13876.52×10^{-6}$，平均为 $7169.12×10^{-6}$），远超传统富铀磷灰石概念，这种超强 U 富集行为表明成矿流体已经演化为高 U 丰度流体，这种高 U 丰度流体为粗粒晶质铀矿的形成奠定了物质基础。

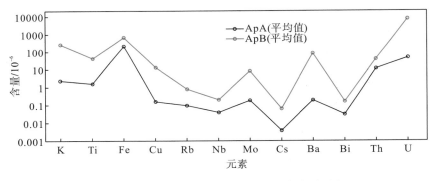

图 7-11　磷灰石 ApA 和 ApB 不同元素含量对比

7.3.3　Cl/F 元素对成矿流体的指示

F 和 Cl 化学性质非常活泼，易与金属元素形成可溶性化合物，是重要的矿化剂，在热液矿床成矿过程中对金属元素的活化迁移起着至关重要的作用。含 F、Cl 的流体通常被认为具有非常强的运移 U 的能力，当成矿流体具有高卤素含量时将会大大提高铀矿化的产量和丰度（Peiffert and Cuney，1996；Richard et al.，2012；Migdisov et al.，2018；Dargent et al.，2018；Timofeev et al.，2018）。

磷灰石因其特殊的晶体结构，可以容纳熔体或流体中大量的 F 和 Cl，也因此成为探究成矿热液流体中卤素含量的一个重要媒介（Piccoli and Candela，1994；O'Reilly and Griffin，2000；Douce and Roden，2006；Kusebauch et al.，2015；Tang et al.，2012；Yuan et al.，2019）。电子探针结果显示本次测试的磷灰石具有卤族元素含量较高且富 F 贫 Cl

的特点(平均值为 3.37%和 0.026%)，因此磷灰石中 F、Cl 含量能够代表成矿流体中的挥发分特征。前人对 IOCG、造山带型以及火山岩型铀矿床的研究揭示了 F 和 U 在铀成矿过程中高度的相关性(Hu et al.，2008；McGloin et al.，2016；Qiu et al.，2018)，表明 U 和 F 具有化学行为的一致性，成矿流体富 F 贫 Cl 与特富铀矿的形成密切相关。

F^-、Cl^- 和 OH^- 作为流体离子赋存于磷灰石多面体晶格之中，分别与 Ca^{2+} 配位，与 REE^{3+} 形成电价互补。在磷灰石的 X 位上，这三种附加阴离子进入晶格配位的顺序依次为 F>OH>Cl(Hughes and Rakovan，2002；Tacker，2004；Boyce and Hervig，2009)。因此，磷灰石中 Cl^- 通过替代 F^- 或 OH^- 而存在(Pan and Fleet，2002)。关于岩浆成因磷灰石 Cl/F 值的意义研究相对较多，Cl 主要富集在地幔流体相中，高的 Cl/F 值说明岩浆熔体来自地幔源区；F 的亲石性使其更易于进入熔体相，因此地幔中含量较少，低的 Cl/F 值可以反映岩浆熔体没有幔源组分的加入(Candela，1986；Boudreau and Kruger，1990；Mathez and Webster，2005；张红等，2018)。以世界著名的相山铀矿为例，Yuan 等(2019)对与铀成矿密切相关热液成因的磷灰石测试发现其 Cl/F 值较高(0.106~0.984，平均为 0.364)，这与成矿流体有幔源组分加入的结论一致(Hu et al.，2009)，因此磷灰石适合于在热液成矿环境中追踪流体的起源、化学和演化(Andersson et al.，2019)。本次研究的石英脉中 ApA 和 ApB 的 Cl/F 值差别微小(Cl/F 为 0.0076~0.0077)，表明 ApB 所代表的成矿流体相比 ApA 更加富 F 贫 Cl，表明成矿流体向富 F 贫 Cl 的演化与粗粒晶质铀矿的形成密切相关；石英脉中 ApA 和 ApB 具有极其接近的 Cl/F 值，这种极低的 Cl/F 值表明两种磷灰石是同源的，也暗示了其代表的成矿流体来源于地壳且没有幔源组分加入。

7.3.4　成矿流体的氧逸度变化

氧逸度是描述体系氧化还原状态的强度变量，成矿过程中流体的氧逸度变化可以指示成矿流体性质(Sun and McDonough，1989；Wang et al.，2020)。部分学者认为磷灰石中单一元素含量的变化并不能用来说明熔体或流体氧化还原状态的变化，因为这种变化可能是由其他因素所引起的(Bromiley，2021)。例如，岩浆中的 Mn 含量在结晶过程中会发生变化(Belousova et al.，2002；Chu et al.，2009)，而岩浆中的 Eu 和 Sr 含量由于长石的分离，也会降低(Ballard et al.，2002；Bi et al.，2002；Buick et al.，2007)。氧化程度升高会使熔体或流体中的 Mn^{2+}、Eu^{2+}、Ce^{3+} 氧化为 Mn^{4+}、Eu^{3+}、Ce^{4+}。而 Mn^{2+}、Eu^{3+}、Ce^{3+} 更倾向于进入磷灰石，因为它们可以直接或间接替代磷灰石中的 Ca^{2+}(Sha and Chappell，1999；Belousova et al.，2002)。因此磷灰石的 Mn、Eu、Ce 等元素用来判别熔体或流体的氧化状态(Drake，1975；Sha and Chappell，1999；Streck and Dilles，1998；Miles et al.，2014；Azadbakht et al.，2018，Xie et al.，2018；Jia et al.，2020；Zafar et al.，2020)。

前人研究认为磷灰石中的 Mn 可以用来计算熔体或流体的氧逸度(Miles et al.，2014)，即 $\lg f(O_2)=-0.0022(\pm0.0003)Mn(10^{-6})-9.75(\pm0.46)$，计算出 ApA(−10.767~−10.463，平均为−10.622)相比 ApB(−10.431~−10.356，平均为−10.396)氧逸度略低(图 7-12a)，即相对较低的 Mn 含量代表了相对较高的 $f(O_2)$。Eu 和 Ce 这两种差异较大的元素，在磷灰石氧逸度变化过程中具有相反的分配特征，所以对于判别流体氧逸度变化具有重要的意义(Ballard et al., 2002)。本次研究的石英脉中残留的长石矿物较少且并非原生矿物，因此两种磷灰石中 Eu、Ce 元素含量变化可以用来证明氧逸度的变化。两种磷灰石中 Eu 和 Ce 含量的细小差别，可以证明两种磷灰石记录了氧逸度细小变化。与 ApB 相比，ApA 中 δ(Ce) 相对较高(平均为 1.14 和 1.10)、δ(Eu) 相对较低(平均为 0.36 和 0.38)(图 7-12b)，这说明 ApA 代表的成矿前阶段流体氧逸度更低一些，表明成矿过程中流体氧逸度是处于缓慢上升的趋势。此外，成矿 I、II 阶段形成的晶质铀矿 A 中 Ce 的含量相比 UrB 略高(平均为 1829×10^{-6} 和 1463×10^{-6})，也证明了成矿流体演化过程中氧逸度缓慢上升的结论。因此，研究认为两种磷灰石在 Mn、Eu、Ce 元素含量上的细小差别，可以证明氧逸度的上升是极其缓慢的。

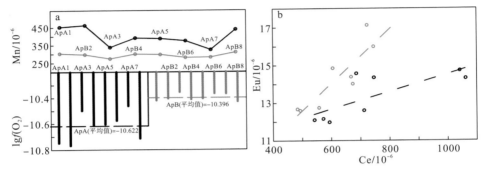

图 7-12　磷灰石氧逸度变化和 Eu/Ce 含量图解

7.4　成矿物质来源

伴随着测试技术的进步，借助于扫描电镜等手段可以准确区分蚀变矿物与非蚀变矿物，因此独居石、榍石等单矿物 LA-MC-ICP-MS 原位 Nd 同位素分析被广泛应用于示踪花岗岩岩浆源区及稀土、夕卡岩型 Cu-Pb-Zn、IOCG 等矿床的金属来源(Xie et al., 2010；Liu et al., 2012；Xu et al., 2018；Storey and Smith, 2017)。前人研究表明，榍石中 Nd 具有较高的高闭合温度(850～950℃)，因此晚期的高温热事件不会破坏原始 Nd 同位素组成(Cherniak, 1995)。将榍石的 U-Pb 定年与 Sm-Nd 同位素数据结合，可以为熔体/流体的起源和演化提供有价值的约束(Amelin 2009；Gregory et al., 2009；Cao et al., 2015；Ma et al., 2019)。核工业北京地质研究院采用溶液法分析晶质铀矿 Nd 同位素示踪成矿物源在纳米比亚罗辛铀矿床也取得了较好的应用(陈金勇等，2016)，使得具有高稀土含量特别是高 Nd 元素含量的铀矿物开展原位 Nd 同位素分析成为可能。

铀成矿是一个复杂的物理化学过程，传统成矿理论通常认为 U、Th 是壳源的，对铀成矿物质来源研究基本局限于地壳范围内，也有部分学者认为岩石圈之下存在一个 U、Th 富集圈，富集圈中的 U 在有利条件下可直接参与成矿(姜耀辉等，2004)。前人推测铀来自富铀脉体周围的混合岩或混合岩化的变质岩(刘凯鹏，2017；欧阳鑫东，2017；徐争启等，2017b；Cheng et al., 2021)、岩浆结晶分异(王凤岗和姚建，2020)或是直接来自深部幔源物质(王凤岗等，2020)。但由于缺乏有效的同位素示踪手段，对于成矿物质来源一直以来不是十分清楚。尽管王凤岗和姚建(2020)分析的牟定 1101 铀矿点富铀钠长岩脉全岩 Rb-Sr 同位素组成显示壳源的同位素特征，但考虑到：①钠长石存在净化边，边部钠长石的形成很可能晚于晶质铀矿；②钠长岩蚀变强烈，晚期电气石化、黑云母化广泛发育，次生沥青铀矿脉充填造岩矿物裂隙，表明受到了后期流体的改造，Rb-Sr 体系很可能已经遭受了后期的扰动(Xiang et al.，2020)，因此全岩 Rb-Sr 同位素可能无法准确反映原始源区的信息。基于本次测试的各铀矿点富铀脉体中晶质铀矿及橱石中 Nd 元素含量可以发现，其含量均高于 1000×10^{-6}，使得开展微区原位 Nd 同位素分析成为可能，也使得高 Nd 元素含量的橱石和晶质铀矿成为研究康滇地轴铀成矿物质来源的重要对象。

　　本次在南京聚谱检测科技有限公司选取不同铀矿点富铀脉体中的橱石与晶质铀矿开展微区 LA-MC-ICP-MS Sm-Nd 同位素测试工作，测试数据见表 7-15。海塔 2811 铀矿点石英脉中晶质铀矿和 A19 铀矿点长英质脉中橱石的 $\varepsilon Nd(t)$ 值分别为 $-16.9 \sim -14.1$ 和 $-15.5 \sim -14.0$，大田 505 铀矿床富铀滚石中晶质铀矿的 $\varepsilon Nd(t)$ 值为 $-13.4 \sim -10.8$，牟定 1101 铀矿点钠长岩脉中的晶质铀矿和橱石的 $\varepsilon Nd(t)$ 值分别为 $-6.7 \sim -5.2$ 和 $-6.2 \sim -5.2$。尽管各铀矿点获得的 $\varepsilon Nd(t)$ 值稍有差异，但是对比橱石和晶质铀矿的 Nd 同位素组成可以发现海塔 2811 铀矿点石英脉中晶质铀矿和 A19 铀矿点长英质脉中橱石矿物的 Nd 同位素组成均一且具有一致的、负的 $\varepsilon Nd(t)$ 值(图 7-13)，牟定 1101 铀矿点钠长岩脉中橱石和晶质铀矿的 Nd 同位素也表现出了这种均一性和一致性特征(图 7-14)，表明橱石和晶质铀矿为同期形成，也表明在结晶过程中寄主岩浆的 Nd 同位素组成没有发生明显变化，因此橱石和晶质铀矿的 Nd 同位素组成[$\varepsilon Nd(t)$ 值]可以用来示踪成矿物质来源以及岩浆源区。

表 7-15　康滇地轴各铀矿点橱石与晶质铀矿 Nd 同位素

测试矿物	样品编号	$^{145}Nd/^{144}Nd$	SE (1 倍误差)	$^{147}Sm/^{144}Nd$	SE (1 倍误差)	$^{143}Nd/^{144}Nd$	SE (1 倍误差)	$\varepsilon Nd(t)$	SE (1 倍误差)	T_{2DM} /Ma
	DT01	0.34833	0.00003	0.16583	0.00004	0.511928	0.000016	−10.8	0.3	2330
	DT02	0.34833	0.00003	0.16286	0.00003	0.511778	0.000017	−13.4	0.3	2542
	DT03	0.34826	0.00003	0.15958	0.00003	0.511809	0.000015	−12.5	0.3	2467
	DT04	0.34836	0.00004	0.15133	0.00004	0.511774	0.000014	−12.3	0.3	2455
	DT05	0.34831	0.00003	0.17151	0.00005	0.511919	0.000014	−11.5	0.3	2390
505 晶质铀矿	DT06	0.34829	0.00003	0.16840	0.00004	0.511860	0.000016	−12.4	0.3	2457
	DT07	0.34831	0.00003	0.16765	0.00005	0.511893	0.000015	−11.7	0.3	2400
	DT08	0.34831	0.00004	0.16248	0.00004	0.511847	0.000017	−12.0	0.3	2430
	DT09	0.34828	0.00004	0.15422	0.00005	0.511825	0.000017	−11.6	0.3	2398
	DT10	0.34827	0.00004	0.16918	0.00004	0.511920	0.000016	−11.3	0.3	2369
	DT11	0.34829	0.00003	0.16156	0.00003	0.511859	0.000014	−11.7	0.3	2403
	HT-01	0.34832	0.00002	0.20471	0.00002	0.511869	0.000019	−15.8	0.4	2733
	HT-02	0.34832	0.00002	0.20432	0.00002	0.511866	0.000020	−15.8	0.4	2735
	HT-03	0.34831	0.00002	0.20484	0.00004	0.511918	0.000020	−14.9	0.4	2657
A19 橱石	HT-04	0.34833	0.00002	0.20198	0.00002	0.511870	0.000021	−15.5	0.4	2711
	HT-05	0.34834	0.00002	0.20089	0.00002	0.511838	0.000019	−16.1	0.4	2752
	HT-06	0.34834	0.00002	0.19931	0.00011	0.511878	0.000017	−15.1	0.3	2675
	HT-07	0.34834	0.00002	0.19935	0.00003	0.511839	0.000018	−15.9	0.3	2738

测试矿物	样品编号	¹⁴⁵Nd/¹⁴⁴Nd	SE (1倍误差)	¹⁴⁷Sm/¹⁴⁴Nd	SE (1倍误差)	¹⁴³Nd/¹⁴⁴Nd	SE (1倍误差)	$\varepsilon Nd(t)$	SE (1倍误差)	T_{2DM} /Ma
	HT-08	0.34833	0.00002	0.20229	0.00003	0.511869	0.000021	−15.6	0.4	2714
	HT-09	0.34831	0.00002	0.21036	0.00013	0.511945	0.000022	−14.9	0.4	2659
	HT-10	0.34833	0.00002	0.20126	0.00003	0.511879	0.000019	−15.3	0.4	2690
	HT-11	0.34829	0.00003	0.23774	0.00005	0.512098	0.000020	−14.6	0.4	2638
	HT-12	0.34827	0.00003	0.23470	0.00008	0.512081	0.000018	−14.7	0.4	2641
	HT-13	0.34831	0.00003	0.25095	0.00006	0.512172	0.000022	−14.5	0.4	2628
2811 晶质铀矿	HT-14	0.34829	0.00004	0.26162	0.00007	0.512177	0.000023	−15.5	0.4	2705
	HT-15	0.34827	0.00004	0.28473	0.00006	0.512370	0.000020	−14.0	0.4	2587
	HT-16	0.34828	0.00003	0.24837	0.00007	0.512121	0.000020	−15.3	0.4	2687
	HT-17	0.34827	0.00003	0.25619	0.00005	0.512156	0.000020	−15.3	0.4	2694
	MD01	0.34830	0.00002	0.23480	0.00027	0.512558	0.000018	−5.4	0.4	1901
	MD02	0.34830	0.00002	0.22665	0.00003	0.512503	0.000019	−5.7	0.4	1922
	MD03	0.34836	0.00002	0.22443	0.00011	0.512466	0.000020	−6.2	0.4	1963
	MD04	0.34831	0.00002	0.22353	0.00005	0.512513	0.000024	−5.2	0.5	1881
1101 榍石	MD05	0.34829	0.00002	0.22201	0.00018	0.512455	0.000022	−6.1	0.4	1961
	MD06	0.34830	0.00002	0.22955	0.00028	0.512530	0.000021	−5.4	0.4	1903
	MD07	0.34831	0.00002	0.22672	0.00009	0.512507	0.000018	−5.6	0.4	1917
	MD08	0.34830	0.00002	0.23136	0.00006	0.512522	0.000023	−5.8	0.4	1931
	MD09	0.34834	0.00002	0.23480	0.00008	0.512519	0.000021	−6.2	0.4	1963
	MD10	0.34831	0.00002	0.22390	0.00006	0.512503	0.000022	−5.4	0.4	1900
	MD11	0.34831	0.00004	0.27663	0.00008	0.512711	0.000015	−6.7	0.3	2002
	MD12	0.34835	0.00004	0.26178	0.00008	0.512677	0.000013	−5.8	0.2	1934
1101 晶质铀矿	MD13	0.34833	0.00003	0.26979	0.00007	0.512747	0.000015	−5.3	0.3	1889
	MD14	0.34834	0.00003	0.28043	0.00011	0.512804	0.000015	−5.2	0.3	1886
	MD15	0.34833	0.00003	0.27521	0.00011	0.512751	0.000016	−5.7	0.3	1926

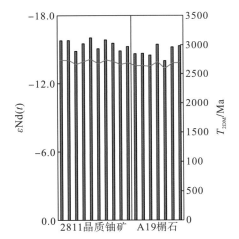

图7-13　海塔2811铀矿点晶质铀矿
与A19铀矿点榍石Nd同位素组成

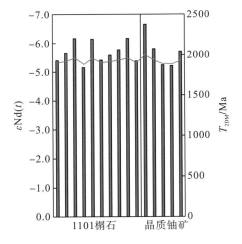

图7-14　牟定1101铀矿点晶质铀矿
与榍石Nd同位素组成

海塔 2811 铀矿点石英脉中晶质铀矿和 A19 铀矿点长英质脉中榍石的 T_{2DM}（二阶段 Nd 模式年龄）分别为 2752～2657Ma 和 2705～2587Ma（图 7-13），大田 505 铀矿床富铀滚石中晶质铀矿的 T_{2DM} 为 2542～2330Ma，牟定 1101 铀矿点钠长岩中晶质铀矿和榍石的 T_{2DM} 分别为 2006～1886Ma 和 1963～1881Ma（图 7-14）。综上所述，榍石与晶质铀矿具有一致的 Nd 同位素 $[\varepsilon Nd(t)]$ 组成，是二者同期形成的同位素证据，表明通过研究榍石来解释晶质铀矿的形成条件是可行的；尽管各铀矿点获得的 $\varepsilon Nd(t)$ 值稍有差异，但是二阶段 Nd 模式年龄均指向更老的年龄（2752～1881Ma），指示铀很可能来源于古老的下地壳（图 7-15 和图 7-16）。

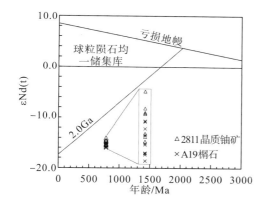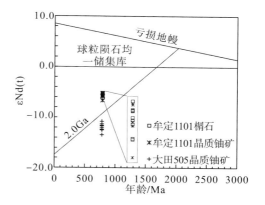

图 7-15　海塔 2811 铀矿点晶质铀矿与　　　　　　　图 7-16　牟定 1101 铀矿点晶质铀矿/榍石与

A19 铀矿点榍石 Nd 同位素图解　　　　　　　　　大田 505 铀矿床晶质铀矿 Nd 同位素图解

（底图据 Chen et al.，2013 修改）　　　　　　　　　　（底图据 Chen et al.，2013 修改）

值得注意的是三个矿点的榍石和晶质铀矿有着明显不同的 Nd 同位素差异 $[\varepsilon Nd(t)$ 和 $T_{2DM}]$，这可能有两方面的原因：①源区物质可能有着不一致的 Nd 同位素组成，三个地区富铀脉体的岩性和矿物组合存在差异性，表明基底成分可能存在差异；②不同比例的混入新生壳源组分也可能导致 Nd 同位素的差异，熔体上升过程中同化混染了新生的壳源物质，如牟定 1101 铀矿点富铀钠长岩脉中核部榍石（Ttn-I）很可能捕获自围岩。

第8章 混合岩化与晶质铀矿成因

康滇地轴富粗粒晶质铀矿脉体的围岩均为混合岩或混合岩化的变质岩，前人研究认为铀成矿与混合岩化期后热液和后期叠加热液作用有关，因此将铀成矿研究的重点主要聚焦在混合岩化作用方面。迄今为止，康滇地轴混合岩中粗粒晶质铀矿与混合岩化的关系仍存在较大的争议，厘定混合岩化与铀成矿之间的内在联系成为解决这一问题的关键。通过对混合岩化作用的发生时代、地球化学特征、成岩成矿压力三个方面进行了系统研究，揭示了混合岩化与铀成矿之间的关系。在讨论混合岩化作用的基础上针对混合岩基体、脉体中U 含量开展的一系列研究工作则表明混合岩化过程中发生了铀的富集，表明混合岩可能为粗粒晶质铀矿的形成提供了部分铀源。康滇地轴的新元古代成矿动力学背景研究表明康滇地轴的新元古代的混合岩化作用和铀成矿作用可能分别是对罗迪尼亚超大陆的拼合和裂解事件的响应。本章是在讨论混合岩化与铀成矿作用的基础上对粗粒晶质铀矿的铀源、成矿动力学背景进行了简要介绍并总结了粗粒晶质铀矿的成因机制。

8.1 混合岩化作用与铀成矿

8.1.1 混合岩化作用的发生时代

海塔、大田、牟定地区在混合岩或混合岩化的变质岩中的定年矿物可以代表混合岩化作用的发生时代，又可以为地层形成时代提供参考，同样可以为粗粒晶质铀矿形成时代研究提供上限约束。本书整理了欧和琼(2021)测试的海塔地区混合岩化长英质片麻岩中锆石的U-Pb 同位素数据，整理和测定了大田地区混合岩及富石墨石英片岩中锆石的 U-Pb 同位素年龄，测定了牟定 1101 地区富铀钠长岩脉围岩斜长角闪片麻岩中榍石的 U-Pb 同位素年龄。

1. 海塔地区

欧和琼(2021)针对海塔 2811 铀矿点围岩混合岩化片麻岩样品开展测试共获得了 54 组有效的 LA-ICP-MS U-Pb 锆石同位素年龄数据，锆石阴极发光(CL)图像显示大部分锆石发育明显的核-边结构。核部锆石韵律环带发育，推测为继承锆石，并获得(1733±15)Ma 的年龄(图 8-1)，这些早期继承岩浆锆石的年龄值为研究该地区地层的形成年龄提供了上限约束，表明海塔地区康定群五马箐组的地层时代可能属于古元古代。边部锆石的Th/U 比值均小于 0.1，表明为变质成因锆石，其年龄可以代表混合岩化作用的发生时代，对 12 组边部锆石的年龄数据进行处理后投图获得上交点年龄(832±20)Ma 和下交点年龄

（276±28）Ma（图 8-1）。边部锆石获得下交点年龄（276±28）Ma 与海塔 2811/A19 铀矿点富铀脉体中晶质铀矿电子探针年龄、磷灰石 U-Pb 同位素年龄较为接近，推测下交点年龄是在约 240Ma 晚期铀成矿事件对锆石的扰动导致的；而上交点年龄（832±20）Ma 代表了边部锆石的形成时代，也代表了海塔地区混合岩化作用的发生时代。

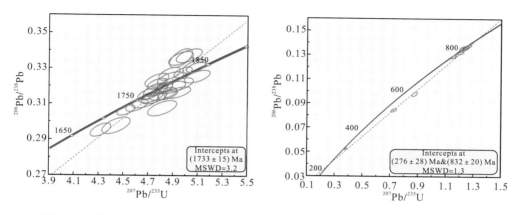

图 8-1　海塔地区混合岩化片麻岩中继承锆石和新生锆石谐和年龄图（欧和琼，2021）

2. 大田地区

采集了大田 505 铀矿床 II 号成矿带附近的富石墨石英片岩样品（DT04）开展 LA-ICP-MS U-Pb 锆石同位素年龄测试工作。通过锆石阴极发光图像可以看出，少数锆石具有继承性的核部，与边部增生的锆石有明显的界线（图 8-2），可以将锆石分为两类，测试数据见表 8-1。第一类点位有较明显的核部与后期增生的现象，测试点位在核部，年龄跨度较大（1653.7～1021.9Ma），时代为中元古代，核部具有典型的岩浆振荡环带，发光亮度均一，核部边缘呈浑圆状，推测为中元古界地层中的继承锆石。第二类与第一类相比无明显核部与增生边，为受后期热液改造的锆石，其年龄值分布为 861.8～482.1Ma。受热液改造的锆石边部年龄，往往集中于一个十分狭小的范围内，说明这种流体的作用可使 U-Pb 体系完全重置，因此其年龄可以用来统计后期的流体或热液活动年龄。第二类锆石年龄可以分为明显的多组峰段，反映

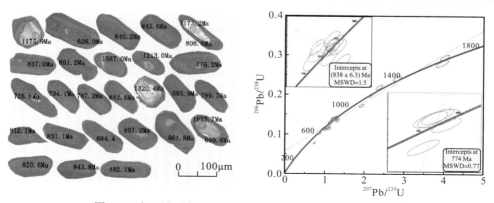

图 8-2　大田地区富石墨石英片岩中锆石形态和谐和年龄图

表 8-1　大田 505 铀矿床Ⅱ号成矿带附近的富石墨石英片岩中锆石 U-Pb 同位素年龄数据

样品编号	谐和度/%	Th/10⁻⁶	U/10⁻⁶	年龄/Ma			
				$^{207}Pb/^{235}U$	标准差	$^{206}Pb/^{238}U$	标准差
DT04-01	99	158.66	217.55	1171.76	13.83	1166.17	16.65
DT04-02	97	327.37	2102.53	641.78	14.50	626.00	10.72
DT04-03	99	87.03	1285.62	843.66	9.82	840.21	10.53
DT04-04	99	63.95	833.88	838.16	10.47	845.63	11.66
DT04-05	97	70.87	147.66	1237.82	17.46	1273.91	21.16
DT04-06	93	71.62	684.44	863.34	13.24	808.60	13.16
DT04-07	99	80.31	1997.78	834.96	9.60	836.98	10.69
DT04-08	98	76.96	1113.88	840.83	10.23	851.19	9.59
DT04-09	98	1019.75	524.62	1640.48	15.60	1667.61	22.43
DT04-10	93	87.84	916.98	1095.00	14.80	1021.89	13.97
DT04-11	98	80.17	1314.43	784.83	9.96	775.24	10.16
DT04-12	95	47.87	2051.61	761.27	10.87	726.75	11.44
DT04-13	97	71.64	1074.10	775.77	10.83	794.13	11.35
DT04-14	97	93.71	1121.41	768.60	11.69	787.19	11.69
DT04-15	95	66.59	968.13	805.65	11.61	842.65	11.75
DT04-16	97	145.58	156.16	1365.30	18.71	1393.16	23.47
DT04-17	93	1301.85	1416.07	740.49	12.83	693.89	11.90
DT04-18	98	77.38	1499.64	777.03	14.18	789.74	13.09
DT04-19	97	54.24	1042.15	795.81	15.53	812.10	14.66
DT04-20	97	84.14	1212.76	806.86	14.87	831.09	14.60
DT04-21	95	55.44	1966.97	716.02	14.61	684.45	14.07
DT04-22	99	220.39	1050.97	849.42	13.23	852.24	12.88
DT04-23	97	66.49	1087.16	840.88	12.09	861.77	11.80

存在多期次热事件，其中与铀成矿有关的年龄如图 8-2 所示，得出两组谐和年龄［(838±6.3)Ma 和 774Ma］。结合前文的研究成果，(838±6.3)Ma 可能对应混合岩化作用的热事件，代表了大田地区混合岩化作用的发生时代，774Ma 则与晶质铀矿的形成时代一致。

　　通过对徐争启等(2017b)测试的大田地区混合岩样品(黑云斜长片麻状混合岩和片麻状花岗混合岩)中锆石同位素年龄进行梳理：黑云斜长片麻状混合岩样品共测定了 23 组锆石 U-Pb 同位素数据点，数据见表 8-2，获得的 26 组数据点构成的不一致线与谐和线上交点年龄为 (860±9.8)Ma(图 8-3)，其中 9 个点位于谐和线上方，可能受后期热事件影响存在一定的 U 丢失现象，因此以 (860±9.8)Ma 作为灰黑色黑云斜长片麻状混合岩的年龄；片麻状花岗混合岩样品共测定了 26 组锆石 U-Pb 同位素数据点，数据见表 8-3，获得的 26 组数据点构成的不一致线与谐和线上交点年龄为 (842±15)Ma(图 8-4)，其中有个别点位位于谐和线上方或下方，可能受后期热事件影响存在一定的 U 或 Pb 丢失现象，因此以 (842±15)Ma 作为浅灰色片麻状花岗混合岩的年龄。

表 8-2　大田 505 铀矿床 II 号成矿带附近的黑云斜长片麻状混合岩中锆石 U-Pb 同位素年龄数据

样品编号	谐和度/%	Th/10^{-6}	U/10^{-6}	年龄/Ma			
				$^{207}Pb/^{235}U$	标准差	$^{206}Pb/^{238}U$	标准差
D505-3-01	98	219.37	1795.42	842.73	10.97	856.68	7.36
D505-3-02	98	290.91	1888.87	847.80	11.22	860.32	8.63
D505-3-03	99	305.34	1247.12	848.80	10.54	853.88	7.01
D505-3-04	99	331.12	1486.40	853.55	10.65	851.36	7.61
D505-3-05	99	180.52	1286.50	880.08	11.66	879.79	7.47
D505-3-06	99	247.08	2057.60	855.44	11.82	848.81	8.49
D505-3-07	99	234.37	1790.06	826.84	12.19	827.91	8.20
D505-3-08	98	265.72	1973.13	840.88	13.43	824.73	7.61
D505-3-09	97	253.41	2108.17	897.62	13.03	874.44	8.22
D505-3-10	97	167.40	1177.43	844.12	11.78	820.28	6.52
D505-3-11	97	339.67	1302.35	840.07	10.91	816.56	6.55
D505-3-12	99	268.19	1748.23	876.14	12.00	873.34	8.72
D505-3-13	99	367.71	1436.65	884.59	11.76	879.71	7.38
D505-3-14	99	247.47	1589.34	879.38	13.45	883.04	9.19
D505-3-15	99	276.29	1841.80	877.69	12.59	877.03	9.33
D505-3-16	98	214.35	1131.39	884.60	14.02	872.37	9.61
D505-3-17	98	214.41	1612.04	900.36	14.49	918.48	8.93
D505-3-18	95	282.44	1326.99	901.04	14.94	941.62	11.15
D505-3-19	95	239.57	1901.05	914.63	13.93	957.83	15.01
D505-3-20	96	315.71	1431.20	912.92	14.60	943.97	12.99
D505-3-21	95	98.82	549.78	854.08	15.30	891.59	9.55
D505-3-22	95	233.48	1105.76	930.37	15.20	969.16	13.54
D505-3-23	94	331.47	2387.67	902.17	17.92	955.76	21.16

资料来源：徐争启等，2017b。

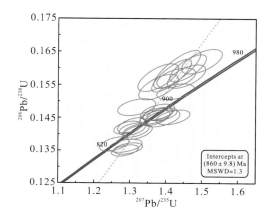

图 8-3　片麻状混合岩中锆石谐和年龄图

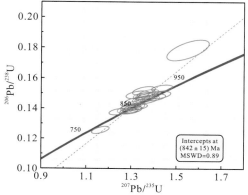

图 8-4　片麻状花岗混合岩中锆石谐和年龄图

表 8-3　大田 505 铀矿床 II 号成矿带附近的片麻状花岗混合岩中锆石 U-Pb 同位素年龄数据

样品编号	谐和度/%	Th/10^{-6}	U/10^{-6}	年龄/Ma			
				$^{207}Pb/^{235}U$	标准差	$^{206}Pb/^{238}U$	标准差
D505-4-01	97	1773.00	2474.47	783.55	12.19	764.73	9.38
D505-4-02	99	1804.98	2137.93	852.36	12.93	851.23	8.85
D505-4-03	98	411.34	1315.23	904.25	12.89	921.75	7.89
D505-4-04	98	2342.26	2264.57	848.56	13.79	857.55	11.23
D505-4-05	98	446.99	1218.23	870.81	11.91	880.20	8.14
D505-4-06	99	412.95	1017.23	874.91	12.15	875.93	7.32
D505-4-07	97	744.55	1467.20	878.47	13.34	902.64	9.82
D505-4-08	97	346.01	1019.19	873.00	15.00	893.55	8.72
D505-4-09	99	2167.08	2495.91	838.19	12.97	844.28	10.02
D505-4-10	99	645.48	1290.06	858.57	12.31	852.40	7.27
D505-4-11	99	411.36	1027.48	841.16	11.77	835.28	7.11
D505-4-12	98	300.12	1480.21	844.07	11.57	854.58	7.36
D505-4-13	99	231.25	947.31	891.00	13.16	887.91	8.50
D505-4-14	99	549.71	1049.66	900.98	12.97	896.53	8.89
D505-4-15	98	239.48	850.43	821.17	12.91	834.14	8.01
D505-4-16	98	365.13	977.00	877.67	14.41	889.54	10.88
D505-4-17	99	127.78	431.08	874.05	17.00	880.34	10.56
D505-4-18	97	555.17	2096.77	874.80	13.67	893.35	9.68
D505-4-19	98	900.67	2309.28	873.71	12.85	888.97	9.25
D505-4-20	99	1494.38	1952.30	845.17	13.21	842.75	9.72
D505-4-21	99	66.96	637.65	844.33	13.16	849.80	8.35
D505-4-22	97	379.06	1318.31	850.58	12.07	872.81	9.29
D505-4-23	99	131.40	901.45	847.99	12.78	840.51	9.43
D505-4-24	95	151.28	599.23	858.35	14.75	897.13	9.64
D505-4-25	89	161.69	1106.66	950.70	24.67	1059.47	24.67
D505-4-26	95	413.12	945.73	870.44	14.41	912.16	10.51

资料来源：徐争启等，2017b。

3. 牟定地区

采集了牟定 1101 铀矿点 111 矿段赋矿围岩混合岩化斜长角闪片麻岩样品开展了原位 LA-ICP-MS U-Pb 榍石同位素年龄测试工作。经过详细的镜下观察和岩矿鉴定，在混合岩化的斜长角闪片麻岩中发现了榍石矿物，榍石形态完整，长轴方向与片麻理方向一致（图 8-5），表明榍石与片麻理同期形成，因此片麻岩中榍石系原岩发生混合岩化作用或变质作用的产物。本次测试共获得 11 组有效的榍石同位素年龄数据，测试数据见表 8-4，谐和线的下交点年龄为（859±35）Ma（图 8-6），其年龄可以代表混合岩化作用的发生时代。值得注意的是该年龄与富铀钠长岩中核部榍石（Ttn-I）的年龄[（861±11）Ma]一致，表明富铀钠长岩中核部榍石系继承自围岩斜长角闪片麻岩，为牟定 1101 铀矿点钠长岩脉中晶质铀矿的形成时代提供了精确的上限约束。

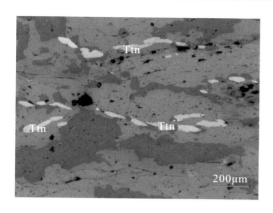

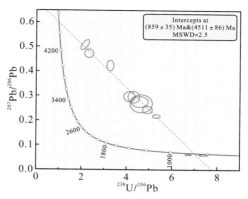

图 8-5　斜长角闪片麻岩中榍石分布形态　　　　图 8-6　斜长角闪片麻岩中榍石的谐和年龄图

表 8-4　牟定 1101 铀矿点富铀钠长岩脉围岩片麻岩中榍石 U-Pb 同位素年龄数据

样品编号	Th/ 10^{-6}	U/ 10^{-6}	同位素比值								年龄/Ma							
			$^{207}Pb/$ ^{206}Pb	标准差	$^{207}Pb/$ ^{235}U	标准差	$^{206}Pb/$ ^{238}U	标准差	$^{208}Pb/$ ^{232}Th	标准差	$^{207}Pb/$ ^{206}Pb	标准差	$^{207}Pb/$ ^{235}U	标准差	$^{206}Pb/$ ^{238}U	标准差	$^{208}Pb/$ ^{232}Th	标准差
MD-01	1.57	11.2	0.29	0.021	8.502	0.627	0.219	0.012	0.858	0.049	3419	114	2286	67	1278	62	12526	536
MD-03	3.05	16	0.252	0.011	7	0.34	0.204	0.006	0.55	0.022	3198	68	2111	43	1196	32	8862	281
MD-04	0.44	2.61	0.511	0.024	28.422	1.761	0.433	0.025	3.558	0.317	4274	68	3434	61	2319	112	30658	1407
MD-05	0.65	4.99	0.442	0.023	18.147	0.832	0.308	0.01	2.736	0.329	4057	77	2998	44	1730	48	26641	1778
MD-07	2.15	20	0.228	0.007	5.818	0.173	0.189	0.004	0.888	0.049	3043	50	1949	26	1115	22	12845	526
MD-08	34.5	159	0.069	0.001	1.413	0.028	0.149	0.002	0.056	0.001	907	43	894	12	894	11	1100	24
MD-09	0.41	2.75	0.575	0.041	33.183	1.505	0.471	0.027	4.999	0.428	4447	119	3586	45	2488	119	36213	1441
MD-10	0.77	9.26	0.308	0.02	9.622	0.629	0.232	0.009	1.94	0.139	3510	103	2399	60	1347	48	21795	958
MD-11	236	262	0.068	0.002	1.268	0.044	0.135	0.002	0.039	0.001	866	136	831	12	816	14	765	16
MD-14	0.36	13.2	0.248	0.025	8.179	0.914	0.216	0.015	4.369	0.753	3176	160	2251	101	1261	80	33968	2835
MD-15	0.81	11.3	0.314	0.019	10.139	0.61	0.244	0.01	2.751	0.357	3539	93	2448	56	1406	52	26721	1925

8.1.2　地球化学特征对比

前人针对康滇地轴富铀脉体、围岩的地球化学特征开展了诸多研究工作(李莎莎，2011；常丹，2016；欧阳鑫东，2017；郭彦宏，2021)，本次针对性地收集了海塔 2811 和牟定 1101 铀矿点围岩以及富铀脉体的稀土元素地球化学特征，并将其与本次测试的富铀脉体中晶质铀矿、榍石的稀土元素地球化学特征进行对比，以期区分混合岩化作用与铀成矿作用。通过对比发现：①榍石与晶质铀矿具有相似且平坦的稀土配分曲线以及较高的 REE 含量和 Eu 的负异常，表明它们具有较高的形成温度，也表明它们形成环境类似，二者近于同期形成在高温环境中；②榍石与晶质铀矿的稀土配分曲线与富铀脉体的稀土配分曲线相似，都具有明显的 Eu 的负异常；③晶质铀矿、榍石及富铀脉体的稀土配分曲线具有一致性，而富铀脉体与围岩的稀土配分曲线差异明显(图 8-7)，暗示了铀成矿作用与混合岩化作用无关。

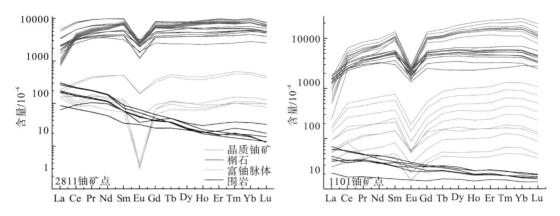

图 8-7　晶质铀矿、榍石及富铀脉体、围岩的稀土配分关系图解

球粒陨石：Anders and Grevesse，1989；部分数据来自常丹(2016)和郭彦宏(2021)

　　以牟定地区为例，本次详细地对比了牟定地区富铀钠长岩脉中边部榍石(Ttn-Ⅱ)、核部榍石(Ttn-Ⅰ)以及围岩斜长角闪片岩中榍石(Ttn-Gneiss)的 U 含量和稀土元素地球化学特征：Ttn-Gneiss 和 Ttn-Ⅰ 中 U 含量较为接近，其平均值分别为 20.18×10^{-6} 和 30.60×10^{-6}，而 Ttn-Ⅱ 中 U 含量平均值为 314.11×10^{-6}(图 8-8)，表明 Ttn-Ⅱ 与晶质铀矿同期形成，其晶格可以容纳更多的 U，因此其铀含量较高；对比牟定地区三种不同榍石的稀土元素地球化学特征可以发现，Ttn-Ⅱ 具有平坦的稀土配分曲线以及较高的 REE 含量和 Eu 的负异常，Ttn-Ⅰ 和 Ttn-Gneiss 具有类似的稀土配分曲线同时与 Ttn-Ⅱ 具有明显差别(图 8-9)，而 Ttn-Gneiss 中榍石矿物沿片麻理分布(图 8-5)，表明其形成于挤压的变质环境中，代表了混合岩化作用的发生，而 Ttn-Ⅱ 平坦的稀土配分曲线则代表了一种高温环境。因此，基于榍石的 U 含量的变化和稀土元素地球化学特征对榍石进行分类，表明 Ttn-Ⅰ 和 Ttn-Gneiss 可能是在混合岩化作用期间形成的，而 Ttn-Ⅱ 则是与粗粒晶质铀矿同期形成。

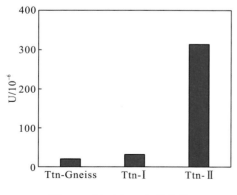

图 8-8　榍石中 U 含量变化

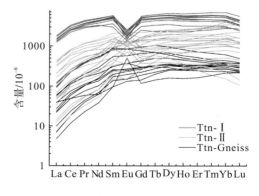

图 8-9　榍石的稀土配分曲线

8.1.3　成岩成矿压力对比

康滇地轴广泛存在的深变质岩系以海塔、大田、牟定地区的混合岩或混合岩化的变质岩为代表（徐争启等，2017b；Li et al.，2021；尹明辉等，2021），指示了广泛的偏应力挤压环境，代表了混合岩化作用的发生时代。邓尚贤等（2001）估算的牟定地区附近的苴林群变基性岩（斜长角闪岩）峰期变质温度最高约为 670℃、变质压力约为 0.80GPa；欧和琼（2021）研究认为海塔地区地层五马箐组黑云斜长角闪片岩及蚀变斜长角闪岩峰期变质温度为 599～608℃、变质压力为 0.22～0.40GPa，大田地区地层咱里组的黑云斜长角闪片岩的峰期变质温度为 695～732℃、变质压力为 0.51～0.67GPa。

本书基于与粗粒晶质铀矿共生的楣石矿物计算出的压力为 0.17～0.35GPa，远低于前文所述的峰期变质压力（表 8-5），压力的降低可能暗示了从挤压环境向拉张环境的转变。粗粒晶质铀矿的形成需要稳定的物理化学条件（Yin et al.，2022），表明粗粒晶质铀矿形成于持续的减压环境。

表 8-5　成岩成矿变质温度、变质压力对比

地点	地层/脉体	岩石/矿物	变质温度/℃	变质压力/GPa	资料来源
海塔地区	五马箐组	黑云斜长角闪片岩	599～608	0.22～0.40	欧和琼，2021
海塔铀矿点	富铀脉体	楣石	693～796	0.17～0.33	本书
大田地区	咱里组	黑云斜长角闪片岩	695～732	0.51～0.67	欧和琼，2021
大田 505 铀矿床	富铀脉体	楣石	738～800	0.19～0.28	本书
云南元谋	苴林群	石榴斜长角闪岩	590～670	0.80	邓尚贤等，2001
			590～620	0.80	
		黑云斜长角闪岩	519～599	0.78	
牟定 1101 铀矿点	富铀脉体	楣石	671～778	0.29～0.35	本书

8.2　粗粒晶质铀矿成因机制

8.2.1　混合岩与铀成矿

对比富铀脉体以及楣石、晶质铀矿的稀土元素地球化学特征可以发现它们与围岩的稀土配分曲线具有较大差异，同时混合岩化作用形成的楣石矿物与晶质铀矿共生的楣石矿物相比具有明显的低铀含量特征和稀土配分曲线差异（图 8-8 和图 8-9）；本次获得二阶段 Nd 模式年龄（2752～1881）Ma 相比地表的变质基性岩及花岗岩明显较老（表 8-6），如海塔片麻岩中继承锆石的谐和年龄为（1733±15）Ma（图 8-1）（欧和琼，2021），远小于本次测试的海塔铀矿点富铀脉体中晶质铀矿的二阶段模式年龄，牟定苴林群中变基性围岩原岩形成年龄约为 1050Ma（Chen et al.，2014），也远小于本次测试的牟定 1101 铀矿点钠长岩脉中晶

质铀矿的二阶段模式年龄,指示康滇地轴富铀脉体可能是由深部老的地壳物质重熔形成。因此,通过从混合岩与铀成矿的地球化学特征差异、成岩成矿压力差异、榍石与晶质铀矿的二阶段 Nd 模式年龄等方面开展的研究工作,表明混合岩化作用与铀成矿作用并无直接的联系。

表 8-6　Nd 同位素二阶段模式年龄与围岩原岩年龄对比

铀矿点	榍石与晶质铀矿 T_{2DM}/Ma	围岩原岩年龄/Ma	来源
海塔	2587～2752	1773	欧和琼,2021
大田	2330～2542	—	—
牟定	1881～2006	1050	Chen et al.,2014

富粗粒晶质铀矿的铀矿点的赋矿围岩均为混合岩或混合岩化的变质岩,与康滇地轴其他铀矿点的赋矿围岩形成了鲜明对比(Song et al.,2020;李涛等,2021),因此混合岩可能在铀成矿过程中提供了部分铀源(刘凯鹏,2017;欧阳鑫东,2017;徐争启等,2017b;Cheng et al.,2021)。与主要的造岩矿物相比,锆石、榍石、磷灰石、独居石等副矿物在岩石中所占比例较低,但是它们通过类质同象等方式赋存了全岩含量 90%以上的 U、Th以及 REE 等,因此这些副矿物中铀元素含量可以在一定程度上代表熔体或流体的 U 含量(Watson and Harrison,1984;赵令浩等,2020a,2020b),如锆石中的铀含量可以作为判断铀源体的指标之一(赵志丹等,2018;伍皓等,2020)。尹明辉等(2021)在研究大田地区混合岩及与晶质铀矿同期形成的脉体中锆石 U 含量发现继承性岩浆锆石表现为年龄偏大且 U 含量较低,其他锆石尤其以混合岩化作用期间形成的锆石中 U 含量最高,混合岩锆石中高 U 含量可能表明混合岩化作用使铀发生富集,因此混合岩可能为粗粒晶质铀矿的形成提供了部分铀源;欧阳鑫东(2017)研究发现大田地区混合岩基体和脉体的 U 含量分别为 $6.01×10^{-6}$ 和 $26.10×10^{-6}$,表明混合岩化过程中脉体发生了明显的铀富集;常丹(2016)研究发现海塔地区混合岩化的石英片岩、片麻岩为一套由沉积岩变质形成的副变质岩,其原始 U 含量为 $5.64×10^{-6}～12.90×10^{-6}$,经过混合岩化作用后形成的混合岩脉体中 U 含量为 $12.90×10^{-6}～30.00×10^{-6}$,反映在混合岩化作用过程中完成了铀的富集行为,可以为后期的铀成矿事件提供铀源(表 8-7)。

表 8-7　康滇地轴混合岩中 Th、U 平均值数据

采样范围	岩性	类别	$Th/10^{-6}$	$U/10^{-6}$	Th/U	资料来源
大田	混合岩	基体平均值	8.08	6.01	2.38	欧阳鑫东,2017
	混合岩	长英质脉体平均值	3.03	26.10	0.12	
海塔	混合岩	基体平均值	26.40	8.89	2.97	常丹,2016
	混合岩	长英质脉体平均值	59.13	21	3.2	

混合岩化作为一种高级变质作用在区域上是广泛发育的,而铀矿化仅在某一特定的点位上形成,在尺度上高度不符;若强调地表部分熔融规模,即在局部迁移并形成规模较小的长英质脉/钠长岩脉的现象,无法为铀矿化形成充足的铀源,也代表无法形成粗粒晶质铀矿,因此从混合岩和晶质铀矿的成岩与成矿时代、地球化学特征、成岩与成矿压力等方面的研究表明混合岩化作用与铀成矿作用并无直接的联系。然而基于混合岩基体、脉体 U 含量开展的一系列研究工作则表明混合岩化过程中发生了铀的富集,特别是这类铀矿点的赋矿围岩均为混合岩或混合岩化的变质岩,暗示了混合岩可能为粗粒晶质铀矿的形成提供了部分铀源。

8.2.2 成矿动力学背景

倪师军等(2014)研究认为新元古代期间由于罗迪尼亚超大陆拼合与裂解,在康滇地轴发生了第一次铀成矿事件;康滇地轴新元古代最重要的地质事件是晋宁-澄江运动,时代大体与罗迪尼亚超大陆拼合与裂解时期相当,这个时期正是研究区大型铜矿和铁矿、锡钨矿、铅锌矿的成矿时期,也是研究区最主要的铀成矿时期(王红军等,2009;倪师军等,2014;Song et al.,2020;尹明辉等,2021);胥德恩(1992)研究认为康滇地区的铀成矿期应该处于一种地壳拉伸的环境,同时指出这与世界上一些大型、超大型铀矿形成时地壳演化特点和地壳运动形式基本一致。因此将康滇地轴新元古代铀成矿作用放在罗迪尼亚超大陆拼合与裂解的全球背景下进行分析和研究,从罗迪尼亚超大陆演化的角度重新审视康滇地区新元古代铀成矿作用,具有重要的指导意义。

以大田地区为例,从黑云斜长片麻状混合岩到片麻状花岗混合岩,表明混合岩化程度不断加深;其形成年龄分别为 860Ma、840Ma,表明 860Ma 之前可能是处于区域变质作用向混合岩化作用转变的阶段,在约 840Ma 混合岩化作用到达顶峰。富石墨石英片岩中继承锆石年龄范围为 1667.6~1021.9Ma,推测混合岩原岩的形成时代为中元古代,部分变质锆石年龄集中在 840Ma 左右,其谐和年龄为(838±6.3)Ma,这与混合岩化作用发生的时间大致相当。在约 860Ma 由区域变质作用向混合岩化作用逐渐过渡,最终在约 840Ma 前后完成混合岩化作用。基于本次获得海塔 2811 铀矿点混合岩化长英质片麻岩、大田地区混合岩及富石墨石英片岩、牟定 1101 铀矿点赋矿围岩斜长角闪片麻岩中定年矿物的年代学数据,认为康滇地轴混合岩化作用的发生时代约为 860~830Ma,这与罗迪尼亚超大陆的拼合时代一致。陆-陆碰撞后去山根过程中往往会伴随着部分熔融,而这又往往广泛发育混合岩化作用,其带来的热量也会对周围岩体产生后续影响,使其发生不同程度的热变质,因此认为康滇地轴的混合岩化作用可能是对罗迪尼亚超大陆拼合事件的响应[图 8-10(a)]。

罗迪尼亚超大陆拼合事件完成后,造山运动和区域变质作用随之消失,开始了由陆内俯冲作用转向超大陆裂解的拉伸环境的演化,以康滇地轴各铀矿点附近发现的钙碱性和 A 型花岗岩为代表(姚建,2014;屈李鹏,2019;郭锐,2020)。早期形成的断裂在拉张作用下进一步扩大和发展,从而形成了形状各异、大小不等的多个断裂块体,这对康滇地区后期的地壳演化具有重要作用。地壳的拉张导致强烈的断裂活动,由于各种断裂的位置以及

(a)830 Ma前俯冲挤压背景示意力图

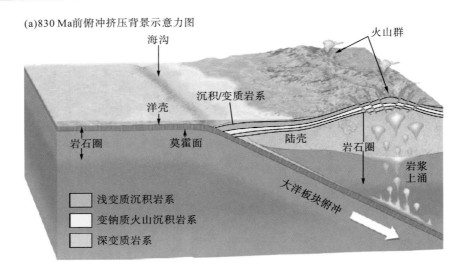

(b)830~700 Ma拉张背景下的铀成矿作用示意力图

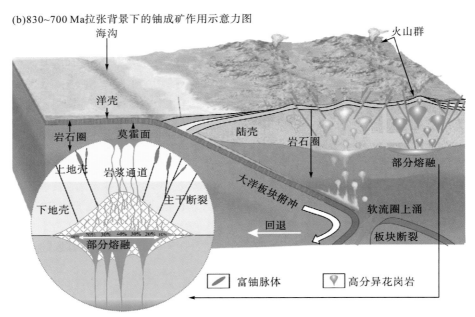

(c)低程度部分熔融铀成矿作用示意力图

图 8-10　粗粒晶质铀矿成矿动力学背景及成因机制图解

(据张辉等，2019；Hu et al.，2020；蒋少涌等，2021 修改)

活动方式的不同，从而形成诸多不同的、有利于铀成矿的地质构造环境和储矿空间。断裂
构造是控制铀矿化的重要因素之一，铀矿化均与一定规模的断裂破碎或层间破碎有关，从
区域上看铀矿化往往发育在区域大断裂或次级大断裂的附近，这种断裂往往是由于伸展或
拉张作用引起的。姚莲英和仉宝聚(2014)通过实验证明温度的缓慢下降是形成晶质铀矿的
关键因素，正如晶质铀矿矿物学特征反映的一样，粗粒晶质铀矿需要在温度缓慢下降、缓
慢冷却的高温环境中形成。米易海塔 A19 铀矿点富铀长英质脉中榍石 U-Pb 同位素年龄为

(778±12)Ma，与前人在海塔 2811 铀矿点富铀石英脉中获得的榍石 U-Pb 同位素年龄为 (782.8±1.7)Ma 一致；大田 505 铀矿床Ⅱ号成矿带富铀陡壁透镜状铀矿体中的榍石 U-Pb 同位素年龄为(777±14)Ma，与前人测试的晶质铀矿 TIMS 和电子探针年龄一致；牟定 1101 铀矿点富铀钠长岩脉榍石具有明显的核边结构，榍石边部 U-Pb 同位素年龄为(788± 6)Ma；结合粗粒晶质铀矿与榍石紧密共生的现象，认为榍石与晶质铀矿同时形成，因此康滇地轴混合岩中粗粒晶质铀矿主要形成时代为 790～770Ma，这与罗迪尼亚超大陆的裂解时代一致。

康滇地轴混合岩或变质岩峰期变质压力远高于粗粒晶质铀矿的成矿压力(表 8-5)，结合二者的形成时代表明这种压力的转换机制可能受到了从挤压环境向拉张环境的约束；正如晶质铀矿地球化学参数反映的高温低压环境一样，超大陆裂解引发的伸展减压极大地有利于粗粒晶质铀矿的形成，因此认为康滇地轴新元古代的混合岩化作用和铀成矿作用可能分别是对罗迪尼亚超大陆的拼合和裂解事件的响应[图 8-10(b)]。

8.2.3 成因机制讨论

康滇地轴富粗粒晶质铀矿的脉体中铀矿物主要为晶质铀矿，这与热液型铀矿形成的铀矿物主要为沥青铀矿截然不同；从矿物组合形式看，晶质铀矿主要与榍石、锆石、辉钼矿等组合，更具有岩浆岩"副矿物"组合特征，因此不具有热液铀矿床矿物组合特征。相比我国华南典型热液铀矿床，在铀赋存状态、近矿围岩蚀变特征、铀矿物共生组合关系、成矿流体性质及成分特征等方面均存在较大差异。姚建(2014)、屈李鹏(2019)和郭锐(2020)分别将大田、海塔、牟定地区的黑幺、顶针、水桥寺等与铀成矿同时代岩体归类于过铝质高钾钙碱性-钾玄岩系列的高分异 A_2 型花岗岩。屈李鹏(2019)研究海塔地区顶针岩体锆石 Lu-Hf 同位素特征发现，海塔地区顶针杂岩物源与古老地壳基底物质熔融有关。郭锐(2020)研究牟定地区水桥寺黑云母花岗岩成岩年龄为(782±8)Ma，其物质来源主要可能是古老的地壳物质部分熔融。张玉顺等(2020)通过研究大田地区黑幺岩体的地球化学特征认为岩浆可能来源于地壳物质的部分熔融。本次测试的不同铀矿点富铀脉体中的晶质铀矿和榍石主微量元素及反演的形成条件、Nd 同位素等特征表明晶质铀矿成因具有岩浆成因属性，富铀脉体是深部老的地壳物质发生低程度部分熔融形成的。前人研究表明锆石中 Hf 元素含量与岩浆演化具有正相关的关系，即高分异的花岗岩中锆石是富 Hf 的(Wang et al.，1996)。Xu 等(2021)研究发现 2811 铀矿点石英脉中与晶质铀矿共生的锆石 Hf 元素含量较低，2811 铀矿点石英脉中锆石 Hf 含量为 8019.56×10^{-6}～15215.86×10^{-6}(平均为 11139.80×10^{-6})，而 A19 铀矿点长英质脉体中锆石 Hf 含量为 7546.19×10^{-6}～13563.58×10^{-6} (平均为 10067.95×10^{-6})，脉体中锆石 Hf 含量略有差异但均较低且明显低于附近时代岩体中锆石 Hf 含量；牟定地区同样也发现了这一现象，富铀钠长岩脉中锆石核部和边部 Hf 含量均较低，表明富铀脉体与附近同时代岩体不存在演化分异关系。富铀脉体中锆石 Hf 含量较低表明富铀岩浆的演化程度较低，从而否认了富铀脉体与附近岩体之间的关系，表明晶质铀矿并非岩浆分异演化的产物。

前人对康滇地区各铀矿点富铀脉体中铀的来源并未做具体的研究工作，然而不可忽视的是康滇地区古元古代变钠质火山岩-沉积岩系地层浅变质形成结晶基底中富含较高的铀：地层铀的背景值为 $3.6×10^{-6}$～$4.1×10^{-6}$，局部可达 $16×10^{-6}$，这代表了康滇地轴发生了铀的第一次预富集作用（倪师军等，2014）。硅酸盐岩浆中 U 元素的离子半径较大且价态较高，因而不易进入主要造岩矿物的结构中，由此导致在部分熔融和结晶分异过程中，U 元素优先存在于硅酸盐熔体中（Cuney，2009；Potter，2017）。从理论上讲，有两种方法可以生产富含铀的硅酸盐岩体：一种是高度分异的硅酸盐岩浆的极端分异作用，这种极端分异形成的岩体往往作为富铀花岗岩存在（Chen et al.，2019），其铀矿物以副矿物形式存在且颗粒较小，而关于大颗粒晶质铀矿的形成鲜有报道；另一种使硅酸盐熔体富含铀的方式是母岩的低程度部分熔融（Robb，2004；Mercadier et al.，2013）。Robb（2004）证明，在部分熔融的程度非常低（即小于 5%）的条件下，硅酸盐熔体中 U 的浓度可以达到 $300×10^{-6}$。Kukkonen 和 Lauri（2009）使用模型计算证明，低程度的部分熔融条件下铀可以浓缩到母岩的数十倍。因此，即使母岩中 U 含量正常，部分熔融也会导致熔体中的 U 含量增高。Th 与 U 具有相似的地球化学性质，因此在低程度的部分熔融条件下也会发生富集。此外，常丹（2016）研究认为康滇地轴在混合岩化过程中钍和铀得到了初始富集，在铀成矿过程中混合岩也可能提供了部分铀源，这一观点最直观的表现是富粗粒晶质铀矿脉体的围岩无一例外均为混合岩或混合岩化的变质岩。

综上所述，对海塔 2811/A19 铀矿点、大田 505 铀矿床、牟定 1101 铀矿点富铀脉体中的粗粒晶质铀矿开展的微区原位微量元素测试结果与世界典型铀矿床中的铀矿物参数进行对比后，发现研究区晶质铀矿具有岩浆成因，与岩浆成因型铀矿床中铀矿物稀土配分曲线较为一致；基于与晶质铀矿共生的楣石矿物地球化学参数计算的成矿温度和压力（P=0.17～0.35GPa，T=670～891℃）也与晶质铀矿地球化学参数反映的特征一致，表明其成因与高温、低压变质条件的部分熔融作用密切相关，楣石和晶质铀矿的 Nd 同位素［εNd(t)］组成指示铀来源于古老的下地壳。康滇地轴富铀脉体受次级断裂或片理、围岩、成因类型、成矿物质来源和形成条件的约束，而脉体与周边花岗岩体存在成岩、成矿的时代和物质来源上的解耦，然而脉体与岩体中锆石 Hf 元素含量具有不对等关系（Xu et al.，2021），认为研究区的成矿模式更加符合深熔模型：在温度上表现为接近花岗岩低共熔的高温，在物源上表现为富稀有金属的浅变质沉积岩，发生低程度部分熔融形成的富稀有金属的长英质岩浆，经聚集和迁移后侵入浅部的次级断裂或者岩石节理、层理或裂隙，最后形成富矿脉体（Zhang et al.，2016；张辉等，2019；Lv et al.，2021）。

在成岩和成矿时代方面，混合岩（860～830Ma）与粗粒晶质铀矿（790～770Ma）的形成时代表明混合岩化作用和铀成矿作用可能分别是对罗迪尼亚超大陆拼合和裂解事件的响应，超大陆裂解事件为铀成矿提供了热源和储矿空间；在空间位置上，铀矿点的分布严格受到断裂和岩石层理、裂隙的控制，表明构造活动是控制铀成矿的重要因素之一；在晶质铀矿矿物学特征方面，粗粒晶质铀矿的形态、矿物共生组合、含氧系数、晶胞参数、铀的价态形式、化学组成等特征表明其形成于深度较大的高温且温度缓慢下降的还原环境；在形成条件方面，通过对晶质铀矿及其共生楣石矿物的研究，表明其成因与高温、低压变质条件（P=0.17～0.35GPa，T=670～891℃）的部分熔融作用密切相关；在成矿物源方面，Nd

同位素组成表明铀来源于古老的下地壳,同时部分熔融作用可以在结晶基底富铀的前提下富集充足的铀源,混合岩作为赋矿围岩可能提供了部分铀源;在岩浆演化分异方面,根据前人研究的富铀脉体与岩体中锆石 Hf 元素含量的不对等关系,认为和各铀矿点同时代的 A_2 花岗岩体可能与各铀矿点富铀脉体是同源但不存在岩浆演化分异关系。因此研究认为康滇地轴的铀成矿作用与罗迪尼亚超大陆裂解事件引发的伸展减压背景下富铀基底的部分熔融作用密切相关,其成因机制为由富铀变质沉积岩低程度部分熔融(深熔)形成的长英质类岩浆经聚集、迁移后侵入到浅部的混合岩或混合岩化的变质岩的片理或裂隙中,在高温且温度缓慢下降的还原环境中形成独立的富粗粒晶质铀矿的脉体[图 8-10(c)],同时这也可能是新元古代康滇地轴乃至扬子西缘区域形成铀矿化的重要机制。

第9章 结 论

以康滇地轴混合岩海塔 2811/A19/A10 铀矿点、攀枝花大田 505 铀矿床、牟定 1101 铀矿点富铀矿脉体中发现的粗粒晶质铀矿及其共生榍石矿物为研究对象，开展实地野外调研取样、室内整理、室内分析和综合研究工作，在前人的研究基础上深入系统地分析和研究了粗粒晶质铀矿的矿物学、年代学、成因类型、形成的物理化学条件、成矿物质来源等关键地质学问题，并在此基础上对粗粒晶质铀矿的成因机制进行了讨论和总结。通过一系列研究工作，取得了以下几点结论：

（1）系统地研究了粗粒晶质铀矿的矿物学特征。康滇地轴粗粒晶质铀矿具有晶形较好且粒径较大（最大可以达到厘米级）的特点，米易海塔 2811 铀矿点和攀枝花大田 505 铀矿床的粗粒晶质铀矿晶型完整，以立方体与八面体聚形及菱形十二面体为主，少量呈立方体，呈明显的等轴晶系；牟定 1101 粗粒晶质铀矿的形态主要表现为晶质铀矿晶粒相对细小且以立方体为主，偶见立方体与八面体聚形，电子探针图像显示且见有较明显的环带结构。米易海塔 2811 铀矿点矿物组合为晶质铀矿、榍石、辉钼矿、长石、石英、磷灰石以及少量次生铀矿物，攀枝花大田 505 铀矿床矿物组合为晶质铀矿、榍石、辉钼矿、长石、石英、黄铁矿及次生铀矿物，牟定 1101 铀矿点矿物组合为晶质铀矿、榍石、金红石长石、石英，以及晚期形成的电气石、方铅矿以及大量的次生铀矿物，三个铀矿点均发现了晶质铀矿与榍石共生的现象。粗粒晶质铀矿具有较高的晶胞参数和较低的含氧系数，其铀主要以四价形式存在，均具有较高的 ThO_2 含量和稀土元素含量。粗粒晶质铀矿形态、矿物共生组合、晶胞参数、含氧系数、铀的价态分布、化学组成等特征表明其形成于深度较大的高温且温度缓慢下降的还原地质环境。

（2）采用与晶质铀矿共生的榍石矿物系统地测定了粗粒晶质铀矿的形成时代。米易海塔 A19 铀矿点富铀长英质脉中榍石 U-Pb 同位素年龄为（778±12）Ma，与前人在海塔 2811 铀矿点富铀石英脉中获得的榍石 U-Pb 同位素年龄为（782.8±1.7）Ma 一致，此外晶质铀矿电子探针和磷灰石 U-Pb 年龄表明海塔地区可能存在着晚期次（240Ma）的铀成矿事件；大田 505 铀矿床 II 号成矿带富铀陡壁透镜状铀矿体中的榍石 U-Pb 同位素年龄为（777±14）Ma，与前人测试的晶质铀矿 TIMS 和电子探针年龄一致；牟定 1101 铀矿点富铀钠长岩脉榍石具有明显的核边结构，结合粗粒晶质铀矿与榍石紧密共生的现象，认为榍石边部 U-Pb 同位素年龄（788±6）Ma 代表了晶质铀矿的形成时代。因此康滇地轴混合岩中发现的粗粒晶质铀矿具有一致的形成时代，其大约形成于 790～770Ma，也表明康滇地轴的粗粒晶质铀矿的铀成矿时代为新元古代，在全球新元古代铀成矿事件较少或缺失的背景下使得康滇地轴成为开展新元古代铀成矿作用研究的理想区域，也使得康滇地轴成为中国乃至全球研究新元古代铀成矿作用的重要窗口。

（3）采用晶质铀矿及与其共生的榍石矿物系统地研究了粗粒晶质铀矿的成因类型、形成条件、成矿物质来源。通过与全球典型铀矿床中铀矿物开展对比，粗粒晶质铀矿微区原位微量元素结果表明其成因属性为岩浆成因型（伟晶岩型）；与晶质铀矿共生的榍石矿物地球化学参数计算的高温和低压（$P=0.17\sim0.35$GPa，$T=670\sim891$℃）代表了晶质铀矿的结晶条件，这也与晶质铀矿地球化学参数反映的岩浆成因属性一致，其成因与高温、低压变质条件的部分熔融作用密切相关；榍石和晶质铀矿 Nd 同位素组成均一，具有一致的、负的 εNd(t) 值（$T_{2DM}=2752\sim1881$Ma），指示成矿物质来源为深部较老的地壳物质。从晶质铀矿与榍石的地球化学和 Sm-Nd 同位素等方面研究认为粗粒晶质铀矿的形成与深部较老的地壳物质在高温低压变质环境下的部分熔融作用密切相关。

（4）厘定了混合岩化作用与粗粒晶质铀矿形成之间的耦合关系。海塔地区片麻岩中锆石 U-Pb 同位素年龄为（832±20）Ma，大田地区混合岩及富石墨石英片岩中锆石 U-Pb 同位素年龄约为 860～838Ma，牟定地区富铀钠长岩脉围岩榍石同位素年龄表明牟定地区混合岩化作用发生时代为（859±35）Ma，与富铀钠长岩脉中榍石核部年龄（861±21）Ma 一致，表明康滇地轴混合岩化作用的发生时代约为 860～830Ma；晶质铀矿、榍石及富铀脉体的稀土配分曲线具有一致性，而富铀脉体与围岩（混合岩或混合岩化的片麻岩）的稀土配分曲线差异明显；混合岩和榍石代表的晶质铀矿的成岩、成矿压力具有明显的差异，压力的降低可能暗示了从挤压环境向拉张环境的转变；榍石和晶质铀矿的 Nd 同位素反演的二阶段 Nd 模式年龄（$T_{2DM}=2752\sim1881$Ma）与地表混合岩原岩年龄不一致。以上证据表明混合岩化作用与铀成矿作用并无直接的联系，同时基于混合岩化过程中发生的铀富集现象以及富粗粒晶质铀矿的铀矿点的赋矿围岩均为混合岩或混合岩化的变质岩，推测混合岩可能为粗粒晶质铀矿的形成提供了部分铀源。

（5）初步总结了粗粒晶质铀矿的成因机制。混合岩（860～830Ma）与粗粒晶质铀矿（790～770Ma）的形成时代表明混合岩化作用和铀成矿作用可能分别是对罗迪尼亚超大陆拼合和裂解事件的响应，超大陆裂解事件为铀成矿提供了热源和储矿空间；康滇地轴各铀矿点富铀脉体受次级断裂或片理、围岩、成因类型、成矿物质来源和形成条件的约束，而脉体与周边花岗岩体存在成岩、成矿的时代和物质来源上的解耦，然而富铀脉体与周边花岗岩体锆石 Hf 元素含量的不对等关系表明二者不存在岩浆演化分异关系。粗粒晶质铀矿所代表的康滇地轴的新元古代铀成矿作用与罗迪尼亚超大陆裂解事件引发的伸展减压背景下富铀基底的部分熔融作用密切相关，其成因机制为由富铀变质沉积岩低程度部分熔融（深熔）形成的长英质类岩浆经聚集、迁移后侵入到浅部的混合岩或变质岩的片理或裂隙中，在高温且温度缓慢下降的还原环境中形成独立的富粗粒晶质铀矿的脉体，同时这也可能是新元古代康滇地轴乃至扬子西缘形成铀矿化的重要机制。

参 考 文 献

柏勇，徐争启，秦琪瑞，等，2019. 攀枝花大田地区辉绿岩脉/花岗质岩脉年代学特征及其地质意义[J]. 铀矿地质，35（2）：80-87，128.

蔡煜琦，张金带，李子颖，等，2015. 中国铀矿资源特征及成矿规律概要[J]. 地质学报，89（6）：1051-1069.

常丹，2016. 四川米易县海塔地区混合岩型铀矿地质地球化学特征[D]. 成都：成都理工大学.

陈金勇，范洪海，王生云，等，2016. 纳米比亚欢乐谷地区白岗岩型铀矿成矿物质来源分析[J]. 地质学报，90（2）：219-230.

陈佑纬，胡瑞忠，骆金诚，等，2019. 桂北沙子江铀矿床沥青铀矿原位微区年代学和元素分析：对铀成矿作用的启示[J]. 岩石学报，35（9）：2679-2694.

戴杰敏，朱西养，1992. 寄希望于康滇地轴：康滇地轴铀矿远景评价研讨会报道[J]. 铀矿地质，8（3）：130-155.

邓尚贤，王江海，朱炳泉，2001. 云南元谋苴林群变质作用 P-T-t 轨迹及其地球动力学意义[J]. 中国科学（D辑：地球科学），31（2）：127-135.

段宏波，汪寿阳，2019. 中国的挑战：全球温控目标从 2℃ 到 1.5℃ 的战略调整[J]. 管理世界，35（10）：50-63.

冯明月，1996. 商丹地区产铀伟晶岩成因讨论[J]. 铀矿地质，12（1）：30-36.

冯张生，张夏涛，焦金荣，等，2013. 陕西省丹凤地区花岗伟晶岩型铀矿特征及找矿方向[J]. 西北地质，46（2）：159-166.

高晓英，郑永飞，2011. 金红石 Zr 和锆石 Ti 含量地质温度计[J]. 岩石学报，27（2）：417-432.

高阳，范洪海，陈东欢，等，2012. 白岗岩型铀矿床：构造和岩浆作用耦合的产物[J]. 地质与勘探，48（5）：1058-1066.

葛祥坤，秦明宽，范光，2011. 电子探针化学测年法在晶质铀矿/沥青铀矿定年研究中的应用现状[J]. 世界核地质科学，28（1）：55-62.

葛祥坤，秦明宽，范光，2013. 电子探针定年技术在晶质铀矿定年中的研究与应用[J]. 矿物学报，33（S2）：1017-1018.

耿元生，杨崇辉，王新社，等，2007. 扬子地台西缘结晶基底的时代[J]. 高校地质学报，13（3）：429-441.

郭国林，张展适，刘晓东，等，2012. 光石沟铀矿床晶质铀矿电子探针化学定年研究[J]. 东华理工大学学报（自然科学版），35（4）：309-314.

郭锐，2020. 云南牟定县戌街地区黄草坝岩体地球化学特征与成岩时代[D]. 成都：成都理工大学.

郭彦宏，2021. 云南牟定 1101 地区钠长岩型铀矿成矿特征及成因探讨[D]. 成都：成都理工大学.

郭智添，1982. 辽东连山关早前寒武纪铀矿床地质特征及成矿模式[J]. 吉林大学学报（地球科学版），12（S1）：84-95，168.

胡鞍钢，2021. 中国实现 2030 年前碳达峰目标及主要途径[J]. 北京工业大学学报（社会科学版），21（3）：1-15.

黄卉，潘家永，钟福军，等，2020. 陕西华阳川铀-多金属矿床早白垩世晶质铀矿 LA-ICP-MS 原位 U-Pb 年龄与成因[J]. 矿物学报，40（5）：569-583.

姜耀辉，蒋少涌，凌洪飞，2004. 地幔流体与铀成矿作用[J]. 地学前缘，11（2）：491-499.

蒋少涌，王春龙，张璐，等，2021. 伟晶岩型锂矿中矿物原位微区元素和同位素示踪与定年研究进展[J]. 地质学报，95（10）：3017-3038.

寇静娜，张锐，2021. 疫情后谁将继续领导全球气候治理：欧盟的衰退与反击[J]. 中国地质大学学报（社会科学版），21（1）：87-104.

李巨初, 2009. 试论砂岩型铀矿成矿机制和成矿作用动力学问题[J]. 铀矿地质, 25(3): 129-136.

李巨初, 罗朝文, 童运福, 1996. 康滇地轴中南段元古宙主要铀矿化类型及其成矿远景初步探讨[J]. 物探化探计算技术, 18(S1): 94-98.

李俊峰, 李广, 2021. 碳中和: 中国发展转型的机遇与挑战[J]. 环境与可持续发展, 46(1): 50-57.

李莎莎, 2011. 四川攀枝花505地区混合岩地球化学特征及其与铀矿关系[D]. 成都: 成都理工大学.

李涛, 徐争启, 宋昊, 等, 2021. 四川会理芭蕉箐地区铀矿化特征研究[J]. 铀矿地质, 37(2): 205-215.

李文, 许虹, 王秋舒, 等, 2016. 全球铀矿资源分布以及对中国勘查开发建议[J]. 中国矿业, 25(6): 1-6.

李献华, 祁昌实, 刘颖, 等, 2005. 扬子块体西缘新元古代双峰式火山岩成因: Hf同位素和Fe/Mn新制约[J]. 科学通报, 50(19): 2155-2160.

李子颖, 张金带, 秦明宽, 等, 2014. 中国铀成矿模式[R]. 北京: 中国核工业地质局: 79-82.

刘刚, 刘家军, 袁峰, 等, 2017. 陕西小花岔铀矿床岩浆演化及其对铀成矿作用的制约[J]. 现代地质, 31(5): 990-1005.

刘家铎, 张成江, 刘显凡, 等, 2004. 扬子地台西南缘成矿规律及找矿方向[M]. 北京: 地质出版社.

刘凯鹏, 2017. 四川米易县海塔地区特富铀矿成矿物理化学条件研究[D]. 成都: 成都理工大学.

刘瑞萍, 郭冬发, 崔建勇, 等, 2021. LA-ICP-MS铀矿物微区原位U-Pb同位素年龄测定[J]. 铀矿地质, 37(6): 1141-1154.

刘文中, 2006a. 四川冕宁沙坝麻粒岩的岩石地球化学性质及形成时代[J]. 四川地质学报, 26(4): 193-198.

刘文中, 2006b. 川西同德麻粒岩地球化学特征及其地质意义[J]. 资源环境与工程, 20(2): 110-115.

刘晓东, 庄廷新, 陈德兵, 等, 2021. 辽东前寒武系铀矿床成矿模式及找矿方向[J]. 铀矿地质, 37(3): 446-454.

刘悦, 丛卫克, 2017. 世界铀资源、生产及需求概况[J]. 世界核地质科学, 34(4): 200-206.

卢欣祥, 祝朝辉, 谷德敏, 等, 2010. 东秦岭花岗伟晶岩的基本地质矿化特征[J]. 地质论评, 56(1): 21-30.

罗一月, 魏明基, 马光中, 1998. 浅析康滇地轴构造运动与铀成矿的关系[J]. 铀矿地质, 14(2): 72-81.

骆金诚, 2015. 粤北花岗岩型铀矿床成因机制研究: 矿物学和铀矿物U-Pb年代学及地球化学约束[D]. 北京: 中国科学院大学.

骆金诚, 石少华, 陈佑纬, 等, 2019. 铀矿床定年研究进展评述[J]. 岩石学报, 35(2): 589-605.

闵茂中, 张富生, 赵凤民, 等, 1992. 成因铀矿物学概论[M]. 北京: 原子能出版社.

敏玉, 2009. 世界铀矿开采现状及发展前景[J]. 国土资源情报(5): 27-31.

莫帮洪, 赵剑波, 刘秀林, 等, 2013. 康滇地轴中段横山岩体的铀矿化类型与找矿方向[J]. 地质与勘探, 49(6): 1070-1077.

倪师军, 张成江, 徐争启, 等, 2014. 西南地区重大地质事件与铀成矿作用[M]. 北京: 地质出版社.

欧和琼, 2021. 攀枝花地区康定群变质岩变质作用过程与成因研究[D]. 成都: 成都理工大学.

欧阳鑫东, 2017. 四川攀枝花大田505铀矿地球化学特征及成因探讨[D]. 成都: 成都理工大学.

潘杏南, 赵济湘, 张选阳, 等, 1987. 康滇构造与裂谷作用[M]. 重庆: 重庆出版社.

裴柳宁, 郭春影, 邹明亮, 2021. 粤北下庄矿田仙石铀矿床沥青铀矿电子探针化学年龄及其地质意义[J]. 地球科学与环境学报, 43(5): 814-828.

钱锦和, 沈远仁, 1990. 云南大红山古火山岩铁铜矿[M]. 北京: 地质出版社.

屈李鹏, 2019. 四川米易地区顶针杂岩地球化学特征及成岩时代[D]. 成都: 成都理工大学.

沈才卿, 赵凤民, 2014. 八面体晶质铀矿的人工合成实验研究[J]. 铀矿地质, 30(4): 252-256.

孙钰函, 吴立群, 焦养泉, 等, 2020. 锆石自辐射损伤对晶格破坏与元素运移的影响[J]. 大地构造与成矿学, 44(4): 772-782.

孙泽轩, 陈友良, 姚建, 等, 2020. 攀枝花大田铀矿床基本特征及成因[J]. 地质论评, 66(4): 1005-1018.

汪刚, 2016. 云南牟定地区混合岩特征及铀成矿作用[D]. 成都: 成都理工大学.

王灿, 张雅欣, 2020. 碳中和愿景的实现路径与政策体系[J]. 中国环境管理, 12(6): 58-64.

王德荫，傅永全，1981. 铀矿物学[M]. 北京：原子能出版社.

王鼎云，刘凤祥，1993. 康滇地轴南段前寒武系铀成矿地质特征[J]. 云南地质（1）：82-91.

王栋，李红艳，王天齐，等，2022. 胶东地区东部晚侏罗世花岗岩锆石 U-Pb 定年、Hf 同位素特征及其对金成矿构造背景的限定[J]. 岩石学报，38(1)：41-62.

王凤岗，姚建，2020. 云南牟定地区巨粒晶质铀成因新认识：一种与钠长岩有关的新型铀矿化[J]. 地质论评，66(3)：739-754.

王凤岗，孙悦，姚建，等，2017. 四川省米易县海塔地区石英脉中巨粒晶质铀矿特征研究[J]. 世界核地质科学，34(4)：187-193，216.

王凤岗，姚建，吴玉，等，2020. 四川攀枝花大田地区铀矿化透镜地质体特征、成因及其对深源铀成矿的启示[J]. 中国地质：1-22.

王红军，李巨初，薛钧月，2009. 康滇地轴新元古代成矿作用与罗迪尼亚超大陆[J]. 世界核地质科学，26(2)：81-86.

王江波，侯晓华，李万华，等，2020. 东秦岭丹凤地区伟晶岩型铀矿矿化特征与成矿模式[J]. 地球科学，45(1)：61-71.

吴迪，刘永江，李伟民，等，2020. 辽东铀成矿带连山关地区韧性剪切带与铀成矿作用[J]. 岩石学报，36(8)：2571-2588.

吴懋德，段锦荪，陈良忠，1990. 云南昆阳群地质[M]. 昆明：云南科技出版社.

吴玉，2020. 康滇地轴前寒武纪混合岩中铀成矿远景预测评价[R]. 北京：核工业北京地质研究院.

吴元保，郑永飞，2004. 锆石成因矿物学研究及其对 U-Pb 年龄解释的制约[J]. 科学通报，49(16)：1589-1604.

伍皓，夏彧，周恳恳，等，2020. 高分异花岗岩岩浆可能是华南花岗岩型铀矿床主要铀源：来自诸广山南体花岗岩锆石铀含量的证据[J]. 岩石学报，36(2)：589-600.

武勇，秦明宽，郭冬发，等，2020. 康滇地轴中南段牟定 1101 铀矿区沥青铀矿成矿时代及成因[J]. 地球科学，45(2)：419-433.

肖志斌，张然，叶丽娟，等，2020. 沥青铀矿（GBW04420）的微区原位 U-Pb 定年分析[J]. 地质调查与研究，43(1)：1-4.

邢凯，舒启海，赵鹤森，等，2018. 滇西普朗斑岩铜矿床中磷灰石的地球化学特征及其地质意义[J]. 岩石学报，34(5)，1427-1440.

胥德恩，1992. 康滇地轴矿物年龄的地质意义[J]. 四川地质学报，12(4)：329-333.

徐国庆，王爱珍，顾绮芳，等，1982. 我国晶质铀矿和沥青铀矿的某些矿物学特征[J]. 矿物学报，2(3)：193-200.

徐争启，张成江，陈友良，等，2015. 攀枝花大田含铀滚石特征及其意义[J]. 矿物学报，35(S1)：357.

徐争启，欧阳鑫东，张成江，等，2017a. 电子探针化学测年在攀枝花大田晶质铀矿中的应用及其意义[J]. 岩矿测试，36(6)：641-648.

徐争启，张成江，欧阳鑫东，等，2017b. 攀枝花大田铀矿床年代学特征及其意义[J]. 铀矿地质，33(5)：280-287.

徐争启，陈欢，宋昊，等，2019a. 云南牟定戌街地区铀矿化特征及成因探讨[J]. 物探化探计算技术，41(2)：241-249.

徐争启，宋昊，尹明辉，等，2019b. 华南地区新元古代花岗岩铀成矿机制：以摩天岭花岗岩为例[J]. 岩石学报，35(9)：2695-2710.

薛力，2008. 核能与天然气：后京都时代中国能源的关键[J]. 世界经济与政治（9）：63-73，5.

尧宏福，2017. 甘肃红石泉伟晶状白岗岩型铀矿床铀矿化特征及电子探针测年[D]. 南昌：东华理工大学.

姚建，2014. 攀枝花市大田地区混合岩成因研究[D]. 成都：成都理工大学.

尧宏福，2017. 甘肃红石泉伟晶状白岗岩型铀矿床铀矿化特征及电子探针测年[D]. 南昌：东华理工大学.

姚莲英，仉宝聚，2014. 相山热液铀矿床实验地球化学[M]. 北京：中国原子能出版社.

衣龙升，范宏瑞，翟明国，等，2016. 新疆白杨河铍铀矿床萤石 Sm-Nd 和沥青铀矿 U-Pb 年代学及其地质意义[J]. 岩石学报，32(7)：2099-2110.

尹明辉，2018. 川西海子山-格聂地区花岗岩岩石地球化学特征及铀成矿条件[D]. 成都：成都理工大学.

尹明辉，徐争启，宋昊，等，2021. 康滇地轴大田地区铀成矿与重大地质事件[J]. 地质与勘探，57(1)：14-29.

尹作为，路凤香，陈美华，等，2005. 石变生程度与放射性元素含量间的定量研究[J]. 地质科技情报，24(4)：45-49.

张成江，陈友良，李巨初，等，2015. 康滇地轴巨粒晶质铀矿的发现及其地质意义[J]. 地质通报，34(12)：2219-2226.

张诚，金景福，1987. 红石泉铀矿床铀的迁移形式及沉淀机制[J]. 西北地质科学(5)：65-74.

张红，梁华英，赵燕，等，2018. 藏东玉龙斑岩铜矿带磷灰石微量元素地球化学特征研究[J]. 地球化学，47(1)：14-32.

张辉，吕正航，唐勇，2019. 新疆阿尔泰造山带中伟晶岩型稀有金属矿床成矿规律、找矿模型及其找矿方向[J]. 矿床地质，38(4)：792-814.

张家富，徐门庆，1994. 连山关花岗岩和铀矿床的成因研究[J]. 中国科技报告(S1)：119-124.

张丽娟，张立飞，2016. 金红石和榍石 Zr 温度计在新疆西南天山榴辉岩中的应用[J]. 岩石矿物学杂志，35(5)：840-854.

张龙，陈振宇，田泽瑾，等，2016. 粤北产铀与不产铀花岗岩中铀矿物特征的电子探针研究及其找矿意义[J]. 岩矿测试，35(3)：310-319.

张帅，刘家军，袁峰，等，2019. 陕西商丹陈家庄铀矿区花岗岩体和伟晶岩脉的 U-Pb 年龄、地球化学特征与铀成矿作用[J]. 地学前缘，26(5)：270-289.

张玉顺，吴玉，潘家永，等，2020. 扬子板块西缘黑么花岗质岩体的成因与构造意义：来自锆石 U-Pb 年代学和岩石地球化学的约束[J]. 矿物岩石地球化学通报，39(5)：983-998.

张宗清，刘敦一，付国民，1994. 北秦岭变质地层同位素年代研究[M]. 北京：地质出版社.

仉宝聚，胡绍康，2010. 中国铀矿床研究评价第五卷[R]. 北京：中国核工业地质局：575-579.

赵令浩，曾令森，高利娥，等，2020a. 变基性岩部分熔融过程中榍石的微量元素效应：以南迦巴瓦混合岩为例[J]. 岩石学报，36(9)：2714-2728.

赵令浩，曾令森，詹秀春，等，2020b. 榍石 LA-SF-ICP-MS U-Pb 定年及对结晶和封闭温度的指示[J]. 岩石学报，36(10)：2983-2994.

赵如意，李卫红，姜常义，等，2013. 陕西丹凤地区含铀花岗伟晶岩年龄及其构造意义[J]. 矿物学报，33(S2)：880-882.

赵宇霆，李子颖，郭春影，2021. 辽宁翁泉沟铁-硼-铀矿床成矿年代学研究[J]. 铀矿地质，37(3)：433-445.

赵振华，2010. 副矿物微量元素地球化学特征在成岩成矿作用研究中的应用[J]. 地学前缘，17(1)：267-286.

赵志丹，刘栋，王青，等，2018. 锆石微量元素及其揭示的深部过程[J]. 地学前缘，25(6)：124-135.

钟福军，严杰，夏菲，等，2019. 粤北长江花岗岩型铀矿田沥青铀矿原位 U-Pb 年代学研究及其地质意义[J]. 岩石学报，35(9)：2727-2744.

钟家蓉，1983. 连山关地区下元古界中混合交代作用与铀成矿的关系[J]. 矿床地质，2(2)：77-86.

周君，孙悦，徐争启，等，2020. 攀枝花大田铀矿床成矿地质特征及控矿因素[J]. 矿物岩石，40(2)：71-80.

朱焕巧，李卫红，惠争卜，等，2015. 陕西丹凤三角地区花岗伟晶岩铀-稀有元素矿化特征及成矿作用分析[J]. 西北地质，48(1)：172-178.

宗克清，陈金勇，胡兆初，等，2015. 铀矿 fs-LA-ICP-MS 原位微区 U-Pb 定年[J]. 中国科学：地球科学，45(9)：1304-1319.

邹才能，何东博，贾成业，等，2021. 世界能源转型内涵、路径及其对碳中和的意义[J]. 石油学报，42(2)：233-247.

左立波，任军平，邱京卫，等，2015. 纳米比亚罗辛铀矿床地质特征、地球化学特征及成矿模式[J]. 地质找矿论丛，30(S1)：137-145，180.

Aleinikoff J N, Grauch R I, Mazdab F K, et al., 2012. Origin of an unusual monazite-xenotime gneiss, Hudson Highlands, New York: SHRIMP U-Pb geochronology and trace element geochemistry[J]. American Journal of Science, 312(7)：723-765.

Alexandre P, Kyser T K, 2005. Effects of cationic substitutions and alteration in uraninite, and implications for the dating of uranium deposits[J]. The Canadian Mineralogist, 43(3)：1005-1017.

Alexandre P, Kyser K, Layton-Matthews D, et al., 2015. Chemical compositions of natural uraninite[J]. The Canadian Mineralogist, 53(4)：595-622.

Amelin Y，2009. Sm-Nd and U-Pb systematics of single titanite grains[J]. Chemical Geology，261（1-2）：53-61.

Anders E，Grevesse N，1989. Abundances of the elements：Meteoritic and solar[J]. Geochimica et Cosmochimica Acta，53（1）：197-214.

Anderson J L，Smith D R，1995. The effects of temperature and f(O_2) on the Al-in-hornblende barometer[J]. American Mineralogist，80（5-6）：549-559.

Andersson S S，Wagner T，Jonsson E，et al.，2019. Apatite as a tracer of the source，chemistry and evolution of ore-forming fluids：The case of the Olserum-Djupedal REE-phosphate mineralisation，SE Sweden[J]. Geochimica et Cosmochimica Acta，255：163-187.

Azadbakht Z，Lentz D，McFarlane C，2018. Apatite chemical compositions from acadian-related granitoids of new Brunswick，Canada：implications for petrogenesis and metallogenesis[J]. Minerals，8（12）：598.

Baidya A S，Pal D C，2020. Geochemical evolution and timing of uranium mineralization in the Khetri Copper Belt，western India[J]. Ore Geology Reviews，127：103794.

Ballard J R，Palin J M，Campbell I H，2002. Relative oxidation states of magmas inferred from Ce（IV）/Ce（III）in zircon：Application to porphyry copper deposits of northern Chile[J]. Contributions to Mineralogy and Petrology，144（3）：347-364.

Ballouard C，Poujol M，Mercadier J，et al.，2018. Uranium metallogenesis of the peraluminous leucogranite from the Pontivy-Rostrenen magmatic complex（French Armorican Variscan belt）：The result of long-term oxidized hydrothermal alteration during strike-slip deformation[J]. Mineralium Deposita，53（5）：601-628.

Bea F，1996. Residence of REE，Y，Th and U in granites and crustal protoliths：implications for the chemistry of crustal melts[J]. Journal of Petrology，37（3）：521-552.

Belousova E A，Walters S，Griffin W L，et al.，2001. Trace-element signatures of apatites in granitoids from the Mt Isa Inlier，northwestern Queensland[J]. Australian Journal of Earth Sciences，48（4）：603-619.

Belousova E A，Griffin W L，O'Reilly S Y，et al.，2002. Apatite as an indicator mineral for mineral exploration：Trace-element compositions and their relationship to host rock type[J]. Journal of Geochemical Exploration，76（1）：45-69.

Berning J，Cooke R，Hiemstra S A，et al.，1976. The Rössing uranium deposit，South West Africa[J]. Economic Geology，71（1）：351-368.

Bi X W，Cornell D H，Hu R Z，2002. REE composition of primary and altered feldspar from the mineralized alteration zone of alkaline intrusive rocks，western Yunnan Province，China[J]. Ore Geology Reviews，19（1-2）：69-78.

Boudreau A E，Kruger F J，1990. Variation in the composition of apatite through the Merensky cyclic unit in the western Bushveld Complex[J]. Economic Geology，85（4）：737-745.

Boven A，Pasteels P，Punzalan L E，et al.，2002. $^{40}Ar/^{39}Ar$ geochronological constraints on the age and evolution of the Permo-Triassic Emeishan Volcanic Province，Southwest China[J]. Journal of Asian Earth Sciences，20（2）：157-175.

Bowles J F W，1990. Age dating of individual grains of uraninite in rocks from electron microprobe analyses[J]. Chemical Geology，83（1-2）：47-53.

Boyce J W，Hervig R L，2009. Apatite as a monitor of late-stage magmatic processes at Volcán Irazú，Costa Rica[J]. Contributions to Mineralogy and Petrology，157（2）：135-145.

Bromiley G D，2021. Do concentrations of Mn，Eu and Ce in apatite reliably record oxygen fugacity in magmas?[J]. Lithos，384-385：105900.

Buick I S, Hermann J, Maas R, et al., 2007. The timing of sub-solidus hydrothermal alteration in the Central Zone, Limpopo Belt (South Africa): Constraints from titanite U-Pb geochronology and REE partitioning[J]. Lithos, 98(1-4): 97-117.

Candela P A, 1986. Toward a thermodynamic model for the halogens in magmatic systems: An application to melt-vapor-apatite equilibria[J]. Chemical Geology, 57(3-4): 289-301.

Cao M J, Li G M, Qin K Z, et al., 2012. Major and trace element characteristics of apatites in granitoids from central Kazakhstan: Implications for petrogenesis and mineralization[J]. Resource Geology, 62(1): 63-83.

Cao M J, Qin K Z, Li G M, et al., 2015. In situ LA-(MC)-ICP-MS trace element and Nd isotopic compositions and genesis of polygenetic titanite from the Baogutu reduced porphyry Cu deposit, Western Junggar, NW China[J]. Ore Geology Reviews, 65: 940-954.

Chen W T, Zhou M F, Zhao X F, 2013. Late Paleoproterozoic sedimentary and mafic rocks in the Hekou area, SW China: Implication for the reconstruction of the Yangtze Block in Columbia[J]. Precambrian Research, 231: 61-77.

Chen W T, Sun W H, Wang W, et al., 2014. "Grenvillian" intra-plate mafic magmatism in the southwestern Yangtze Block, SW China[J]. Precambrian Research, 242: 138-153.

Chen Y W, Hu R Z, Bi X W, et al., 2019. Genesis of the Guangshigou pegmatite-type uranium deposit in the North Qinling Orogenic Belt, China[J]. Ore Geology Reviews, 115: 103165.

Cheng L, Zhang C J, Song H, et al., 2021. In-situ LA-ICP-MS uraninite U–Pb dating and genesis of the Datian migmatite-hosted uranium deposit, South China[J]. Minerals, 11(10): 1098.

Cherniak D J, Watson E B, 2001. Pb diffusion in zircon[J]. Chemical Geology, 172(1-2): 5-24.

Cherniak D J, 1995. Sr and Nd diffusion in titanite[J]. Chemical Geology, 125(3-4): 219-232.

Chi G X, Bosman S, Card C, 2013. Numerical modeling of fluid pressure regime in the Athabasca Basin and implications for fluid flow models related to the unconformity-type uranium mineralization[J]. Journal of Geochemical Exploration, 125: 8-19.

Chipley D, Polito P A, Kyser T K, 2007. Measurement of U-Pb ages of uraninite and davidite by laser ablation-HR-ICP-MS[J]. American Mineralogist, 92(11-12): 1925-1935.

Chu M F, Wang K L, Griffin W L, et al., 2009. Apatite composition: Tracing petrogenetic processes in transhimalayan granitoids[J]. Journal of Petrology, 50(10): 1829-1855.

Clauer N, Mercadier J, Patrier P, et al., 2015. Relating unconformity-type uranium mineralization of the Alligator Rivers Uranium Field (Northern Territory, Australia) to the regional Proterozoic tectono-thermal activity: An illite K–Ar dating approach[J]. Precambrian Research, 269: 107-121.

Corcoran L, Simonetti A, 2020. Geochronology of uraninite revisited[J]. Minerals, 10(3): 205.

Courtney-Davies L, Ciobanu C L, Verdugo-Ihl M R, et al., 2020. ~1760 Ma magnetite-bearing protoliths in the Olympic Dam deposit, South Australia: Implications for ore genesis and regional metallogeny[J]. Ore Geology Reviews, 118: 103337.

Cuney M, 2009. The extreme diversity of uranium deposits[J]. Mineralium Deposita, 44(1): 3-9.

Cuney M, 2010. Evolution of uranium fractionation processes through time: Driving the secular variation of uranium deposit types[J]. Economic Geology, 105(3): 553-569.

Cuney M, 2012. Uranium and thorium: The extreme diversity of the resources of the world's energy minerals[M]//Non-Renewable Resource Issues. Dordrecht: Springer Netherlands: 91-129.

Cuney M, Kyser K, 2009. Recent and not-so-recent developments in uranium deposits and implications for exploration.

Dahlkamp F J, 1993. Uranium Ore Deposits[M]. New York, USA: Springer: 450.

Dargent M，Dubessy J，Bazarkina E F，et al.，2018. Uranyl-chloride speciation and uranium transport in hydrothermal brines：Comment on Migdisov et al. (2018) "A spectroscopic study of uranyl speciation in chloride-bearing solutions at temperatures up to 250℃"，Geochim[J]. Cosmochim. Acta 222，130-145. Geochimica et Cosmochimica Acta，235：505-508.

Decrée S，Deloule É，De Putter T，et al.，2011. SIMS U-Pb dating of uranium mineralization in the Katanga Copperbelt：Constraints for the geodynamic context[J]. Ore Geology Reviews，40(1)：81-89.

Derome D，Cathelineau M，Cuney M，et al.，2005. Mixing of sodic and calcic brines and uranium deposition at McArthur River，Saskatchewan，Canada：A Raman and laser-induced breakdown spectroscopic study of fluid inclusions[J]. Economic Geology，100(8)：1529-1545.

Desbarats A J，Percival J B，Venance K E，2016. Trace element mobility in mine waters from granitic pegmatite U–Th–REE deposits，Bancroft area，Ontario[J]. Applied Geochemistry，67：153-167.

DeVetter B M，Myers T L，Cannon B D，et al.，2018. Optical and chemical characterization of uranium dioxide (UO$_2$) and uraninite mineral：Calculation of the fundamental optical constants[J]. The Journal of Physical Chemistry A，122(35)：7062-7070.

Douce A E P，Roden M，2006. Apatite as a probe of halogen and water fugacities in the terrestrial planets[J]. Geochimica et Cosmochimica Acta，70(12)：3173-3196.

Drake M J，1975. The oxidation state of europium as an indicator of oxygen fugacity[J]. Geochimica et Cosmochimica Acta，39(1)：55-64.

Eglinger A，André-Mayer A S，Vanderhaeghe O，et al.，2013. Geochemical signatures of uranium oxides in the Lufilian belt：From unconformity-related to syn-metamorphic uranium deposits during the Pan-African orogenic cycle[J]. Ore Geology Reviews，54：197-213.

Erdmann S，Martel C，Pichavant M，et al.，2014. Amphibole as an archivist of magmatic crystallization conditions：Problems，potential，and implications for inferring magma storage prior to the paroxysmal 2010 eruption of Mount Merapi，Indonesia[J]. Contributions to Mineralogy and Petrology，167(6)：1-23.

Erdmann S，Wang R C，Huang F F，et al.，2019. Titanite：A potential solidus barometer for granitic magma systems[J]. Comptes Rendus Geoscience，351(8)：551-561.

Fan W M，Wang Y J，Peng T P，et al.，2004. Ar-Ar and U-Pb geochronology of Late Paleozoic basalts in western Guangxi and its constraints on the eruption age of Emeishan basalt magmatism[J]. Chinese Science Bulletin，49(21)：2318-2327.

Fayek M，Kyser T K，Riciputi L R，2002. U and Pb isotope analysis of uranium minerals by ion microprobe and the geochronology of the McArthur River and Sue Zone uranium deposits，Saskatchewan，Canada[J]. The Canadian Mineralogist，40(6)：1553-1570.

Fayek M，Cuney M，Mercadier J，2021. Introduction to the thematic issue on exploration for global uranium deposits：In memory of T. Kurtis Kyser[J]. Mineralium Deposita，56(7)：1239-1244.

Frimmel H E，Schedel S，Brätz H，2014. Uraninite chemistry as forensic tool for provenance analysis[J]. Applied Geochemistry，48：104-121.

Frost B R，Chamberlain K R，Schumacher J C，2001. Sphene (titanite)：Phase relations and role as a geochronometer[J]. Chemical Geology，172(1-2)：131-148.

Fryer B J，Taylor R P，1987. Rare-earth element distributions in uraninites：implications for ore genesis[J]. Chemical Geology，63(1-2)：101-108.

Grandstaff D E，1981. Microprobe analyses of uranium and thorium in uraninite from the Witwatersrand[R]. South Africa，and Blind River，Ontario，Canada.

Gregory C J, McFarlane C R M, Hermann J, et al., 2009. Tracing the evolution of calc-alkaline magmas: In-situ Sm–Nd isotope studies of accessory minerals in the Bergell Igneous Complex, Italy[J]. Chemical Geology, 260(1-2): 73-86.

Guan Y R, Shan Y L, Huang Q, et al., 2021. Assessment to China's recent emission pattern shifts[J]. Earth's Future, 9(11): e2021EF002241.

Guo F, Fan W M, Wang Y J, et al., 2004. When did the Emeishan mantle plume activity start? Geochronological and geochemical evidence from ultramafic-mafic dikes in southwestern China[J]. International Geology Review, 46(3): 226-234.

Guo G L, Bonnetti C, Zhang Z S, et al., 2021. SIMS U-Pb dating of uraninite from the Guangshigou uranium deposit: Constraints on the Paleozoic pegmatite-type uranium mineralization in North Qinling Orogen, China[J]. Minerals, 11(4): 402.

Hammarstrom J M, Zen E, 1986. Aluminum in hornblende: An empirical igneous geobarometer[J]. American Mineralogist, 71(11-12): 1297-1313.

Hayden L A, Watson E B, Wark D A, 2008. A thermobarometer for sphene (titanite)[J]. Contributions to Mineralogy and Petrology, 155(4): 529-540.

Hazen R M, Ewing R C, Sverjensky D A, 2009. Evolution of uranium and thorium minerals[J]. American Mineralogist, 94(10): 1293-1311.

Hecht L, Cuney M, 2000. Hydrothermal alteration of monazite in the Precambrian crystalline basement of the Athabasca Basin (Saskatchewan, Canada): Implications for the formation of unconformity-related uranium deposits[J]. Mineralium Deposita, 35(8): 791-795.

Hidaka H, Gauthier-Lafaye F, 2001. Neutron capture effects on Sm and Gd isotopes in uraninites[J]. Geochimica et Cosmochimica Acta, 65(6): 941-949.

Hidaka H, Holliger P, Shimizu H, et al., 1992. Lanthanide tetrad effect observed in the Oklo and ordinary uraninites and its implication for their forming processes[J]. Geochemical Journal, 26(6): 337-346.

Hitzman M W, Valenta R K, 2005. Uranium in iron oxide-copper-gold (IOCG) systems[J]. Economic Geology, 100(8): 1657-1661.

Holland T, Blundy J, 1994. Non-ideal interactions in calcic amphiboles and their bearing on amphibole-plagioclase thermometry[J]. Contributions to Mineralogy and Petrology, 116(4): 433-447.

Hollister L S, Grissom G C, Peters E K, et al., 1987. Confirmation of the empirical correlation of Al in hornblende with pressure of solidification of calc-alkaline plutons[J]. American Mineralogist, 72(3-4): 231-239.

Hu P Y, Zhai Q G, Wang J, et al., 2020. U–Pb zircon geochronology, geochemistry, and Sr–Nd–Hf–O isotopic study of Middle Neoproterozoic magmatic rocks in the Kangdian Rift, South China: Slab rollback and backarc extension at the northwestern edge of the Rodinia[J]. Precambrian Research, 347: 105863.

Hu R Z, Bi X W, Zhou M F, et al., 2008. Uranium metallogenesis in South China and its relationship to crustal extension during the Cretaceous to tertiary[J]. Economic Geology, 103(3): 583-598.

Hu R Z, Burnard P G, Bi X W, et al., 2009. Mantle-derived gaseous components in ore-forming fluids of the Xiangshan uranium deposit, Jiangxi Province, China: Evidence from He, Ar and C isotopes[J]. Chemical Geology, 266(1-2): 86-95.

Huang T K, 1945. On the major tectonic forms of China[J]. The Journal of Geology, 20: 1-165.

Hughes J M, Rakovan J, 2002. The crystal structure of apatite, $Ca_5(PO4)_3(F, OH, Cl)$[J]. Reviews in Mineralogy and Geochemistry, 48(1): 1-12.

Hurtig N C，Heinrich C A，Driesner T，et al.，2014. Fluid evolution and uranium（-Mo-F）mineralization at the Maureen Deposit（Queensland，Australia）：Unconformity-related hydrothermal ore formation with a source in the volcanic cover sequence[J]. Economic Geology，109（3）：737-773.

Hutchinson R W，Blackwell J D，1984. Time，crustal evolution and generation of uranium deposits//Uranium geochemistry，mineralogy，geology，exploration and resources[M]. Dordrecht：Springer Netherlands：89-100.

IAEA，2016. World Distribution of Uranium Deposits（UDEPO）with Uranium Deposit Classification：IAEA-TECDOC-1843[R]. International Atomic Energy Agency：Vienna，Swiss：1-3.

IMA，2021. List of Minerals. In Commission on New Minerals，Nomenclature and Classification：International Mineralogical Association[R]. France，Paris：219.

Janeczek J，Ewing R C，1992. Structural formula of uraninite[J]. Journal of Nuclear Materials，190：128-132.

Jefferson C W，Thomas D J，Gandhi S S，et al.，2007. Unconformity-associated uranium deposits of the Athabasca Basin，Saskatchewan and Alberta[J]. Bulletin-geological survey of Canada，588：23.

Jia F D，Zhang C Q，Liu H，et al.，2020. In situ major and trace element compositions of apatite from the Yangla skarn Cu deposit，southwest China：Implications for petrogenesis and mineralization[J]. Ore Geology Reviews，127：103360.

Johnson M C，Rutherford M J，1989. Experimental calibration of the aluminum-in-hornblende geobarometer with application to Long Valley caldera（California）volcanic rocks[J]. Geology，17（9）：837-841.

Kinnaird J A，Nex P A M，2007. A review of geological controls on uranium mineralisation in sheeted leucogranites within the Damara Orogen，Namibia[J]. Applied Earth Science，116（2）：68-85.

Kohn M J，2017. Titanite petrochronology[J]. Reviews in Mineralogy and Geochemistry，83（1）：419-441.

Krner A，Retief E A，Compston W，et al.，1991. Single-grain and conventional zircon dating of remobilized basement gneisses in the central Damara Belt of Namibia[J]. South African Journal of Geology，94（5-6）：379-387.

Kukkonen I T，Lauri L S，2009. Modelling the thermal evolution of a collisional Precambrian Orogen：High heat production migmatitic granites of southern Finland[J]. Precambrian Research，168（3-4）：233-246.

Kusebauch C，John T，Whitehouse M J，et al.，2015. Apatite as probe for the halogen composition of metamorphic fluids（Bamble Sector，SE Norway）[J]. Contributions to Mineralogy and Petrology，170（4）：34.

Lehtonen M I，Manninen T E T，Schreiber U M，1996. Report：lithostratigraphy of the area between the Swakop，Khan and lower Omaruru Rivers，Namib Desert[J]. Communications of the Geological Survey of Namibia，11：65-76.

Lewis S R，Simonetti A，Corcoran L，et al.，2018. Characterization of uraninite using a FIB–SEM approach and its implications for LA–ICP–MS analyses[J]. Journal of Radioanalytical and Nuclear Chemistry，318（2）：1389-1400.

Li Z M G，Chen Y C，Zhang Q W L，et al.，2021. U-Pb dating of metamorphic monazite of the Neoproterozoic Kang-Dian Orogenic Belt，southwestern China[J]. Precambrian Research，361：106262.

Liu Z，Deng Z，He G，et al.，2021. Challenges and opportunities for carbon neutrality in China[J]. Nature Reviews Earth & Environment，3（2）：141-155.

Liu Z C，Wu F Y，Yang Y H，et al.，2012. Neodymium isotopic compositions of the standard monazites used in U Th Pb geochronology[J]. Chemical Geology，334：221-239.

Lo C H，Chung S L，Lee T Y，et al.，2002. Age of the Emeishan flood magmatism and relations to Permian–Triassic boundary events[J]. Earth and Planetary Science Letters，198（3-4）：449-458.

Luo J C，Hu R Z，Fayek M，et al.，2015a. In-situ SIMS uraninite U–Pb dating and genesis of the Xianshi granite-hosted uranium deposit，South China[J]. Ore Geology Reviews，65(P4)：968-978.

Luo J C，Hu R Z，Fayek M，et al.，2017. Newly discovered uranium mineralization at ～2.0 Ma in the Menggongjie granite-hosted uranium deposit，South China[J]. Journal of Asian Earth Sciences，137：241-249.

Luo J C，Hu R Z，Shi S H，2015b. Timing of uranium mineralization and geological implications of Shazijiang Granite-Hosted uranium deposit in Guangxi，South China：New constraint from chemical U-Pb age[J]. Journal of Earth Science，26(6)：911-919.

Luo J C，Hu R Z，Fayek M，et al.，2015. In-situ SIMS uraninite U-Pb dating and genesis of the Xianshi granite-hosted uranium deposit，South China[J]. Ore Geology Reviews，65：968-978.

Lv Z H，Zhang H，Tang Y，2021. Anatexis origin of rare metal/earth pegmatites：Evidences from the Permian pegmatites in the Chinese Altai[J]. Lithos，380-381：105865.

Ma Q，Evans N J，Ling X X，et al.，2019. Natural titanite reference materials for In situ U-Pb and Sm-Nd isotopic measurements by LA-(MC)-ICP-MS[J]. Geostandards and Geoanalytical Research，43(3)：355-384.

Maas R，McCulloch M T，1990. A search for fossil nuclear reactors in the Alligator River Uranium Field，Australia：Constraints from Sm，Gd and Nd isotopic studies[J]. Chemical Geology，88(3-4)：301-315.

MacMillan E，Ciobanu C L，Ehrig K，et al.，2016a. Chemical zoning and lattice distortion in uraninite from Olympic Dam，South Australia[J]. American Mineralogist，101(10)：2351-2354.

MacMillan E，Cook N J，Ehrig K，et al.，2016b. Uraninite from the Olympic Dam IOCG-U-Ag deposit：Linking textural and compositional variation to temporal evolution[J]. American Mineralogist，101(6)：1295-1320.

Madore C，Annesley I R，Wheatley K，2000. Petrogenesis，age，and uranium fertility of peraluminous leucogranites and pegmatites of the McClean Lake/Sue and Key Lake/P-Patch deposit areas，Saskatchewan[C]//GAC-MAC Program with Abstracts，25(1041)：4.

Marlow A G M，1981. Remobilization and primary uranium genesis in the Damaran Orogenic belt[D]. Leeds: Department of Earth Sciences，University of Leeds.

Martz P，Mercadier J，Perret J，et al.，2019. Post-crystallization alteration of natural uraninites：Implications for dating，tracing，and nuclear forensics[J]. Geochimica et Cosmochimica Acta，249：138-159.

Mathez E A，Webster J D，2005. Partitioning behavior of chlorine and fluorine in the system apatite-silicate melt-fluid[J]. Geochimica et Cosmochimica Acta，69(5)：1275-1286.

McGloin M V，Tomkins A G，Webb G P，et al.，2016. Release of uranium from highly radiogenic zircon through metamictization：The source of orogenic uranium ores[J]. Geology，44(1)：15-18.

Mckay A D，Miezitis Y，2001. Australia's uranium resources，geology and development of deposits[R].

Meneghel L，1981. The occurrence of uranium in the Katanga System of northwestern Zambia[J]. Economic Geology，76(1)：56-68.

Menez J，Botelho N F，2017. Ore characterization and textural relationships among gold，selenides，platinum-group minerals and uraninite at the granite-related Buraco do Ouro gold mine，Cavalcante，Central Brazil[J]. Mineralogical Magazine，81(3)：463-475.

Mercadier J，Cuney M，Lach P，et al.，2011. Origin of uranium deposits revealed by their rare earth element signature[J]. Terra Nova，23(4)：264-269.

Mercadier J，Annesley I R，McKechnie C L，et al.，2013. Magmatic and metamorphic uraninite mineralization in the western margin of the Trans-Hudson orogen（Saskatchewan，Canada）：A uranium source for unconformity-related uranium deposits?[J]. Economic Geology，108（5）：1037-1065.

Migdisov A A，Boukhalfa H，Timofeev A，et al.，2018. A spectroscopic study of uranyl speciation in chloride-bearing solutions at temperatures up to 250℃[J]. Geochimica et Cosmochimica Acta，222：130-145.

Miles A J，Graham C M，Hawkesworth C J，et al.，2014. Apatite：A new redox proxy for silicic magmas?[J] Geochimica et Cosmochimica Acta，132：101-119.

Minter W，1978. A sedimentological synthesis of placer gold，uranium and pyrite concentrations in Proterozoic Witwatersrand Sediments[J]. dallas geological society，5：801-829.

Molnár F，O'Brien H，Stein H，et al.，2017. Geochronology of hydrothermal processes leading to the formation of the Au–U mineralization at the Rompas prospect，Peräpohja belt，Northern Finland：Application of paired U–Pb dating of uraninite and Re-Os dating of molybdenite to the identification of multiple hydrothermal events in a metamorphic terrane[J]. Minerals，7（9）：171.

Mutch E J F，Blundy J D，Tattitch B C，et al.，2016. An experimental study of amphibole stability in low-pressure granitic magmas and a revised Al-in-hornblende geobarometer[J]. Contributions to Mineralogy and Petrology，171（10）：1-27.

Nash J T，Granger H C，Adams S S，1981. Geology and concepts of genesis of important types of uranium deposits[M]//Seventy-Fifth Anniversary Volume，Economic Geology Publishing Company：63-116.

O'Reilly S Y，Griffin W L，2000. Apatite in the mantle：Implications for metasomatic processes and high heat production in Phanerozoic mantle[J]. Lithos，53（3-4）：217-232.

Ozha M K，Pal D C，Mishra B，et al.，2017. Geochemistry and chemical dating of uraninite in the Samarkiya Area，central Rajasthan，northwestern India–Implication for geochemical and temporal evolution of uranium mineralization[J]. Ore Geology Reviews，88：23-42.

Pal D C，Rhede D，2013. Geochemistry and chemical dating of uraninite in the Jaduguda Uranium Deposit，Singhbhum Shear Zone，India-Implications for uranium mineralization and geochemical evolution of uraninite[J]. Economic Geology，108（6）：1499-1515.

Pan Y，Fleet M E，2002. Compositions of the apatite-group minerals：Substitution mechanisms and controlling factors[J]. Reviews in Mineralogy and Geochemistry，48（1）：13-49.

Peiffert C，Cuney M，1996. Uranium in granitic magmas：Part 2. Experimental determination of uranium solubility and fluid-melt partition coefficients in the uranium oxide-haplogranite-H_2O-NaX（X= Cl，F）system at 770℃，2 kbar[J]. Geochimica et Cosmochimica Acta，60（9）：1515-1529.

Piccoli P，Candela P，1994. Apatite in felsic rocks：a model for the estimation of initial halogen concentrations in the Bishop Tuff（Long Valley）and Tuolumne Intrusive Suite（Sierra Nevada Batholith）magmas[J]. American Journal of Science，294（1）：92-135.

Piccoli P M，Candela P A，2002. Apatite in igneous systems[J]. Reviews in Mineralogy and Geochemistry，48（1）：255-292.

Potter E G，2017. Michel cuney and kurt kyser：Geology and geochemistry of uranium and thorium deposits[J]. Mineralium Deposita，52（1）：133-134.

Putirka K，2016. Amphibole thermometers and barometers for igneous systems and some implications for eruption mechanisms of felsic magmas at arc volcanoes[J]. American Mineralogist，101（4）：841-858.

Qi Y，Stern N，Wu T，et al.，2016. China's post-coal growth[J]. Nature Geoscience，9（8）：564-566.

Qiu L，Yan D P，Ren M H，et al.，2018. The source of uranium within hydrothermal uranium deposits of the Motianling mining district，Guangxi，South China[J]. Ore Geology Reviews，96：201-217.

Ram R，Charalambous F A，McMaster S，et al.，2013a. Chemical and micro-structural characterisation studies on natural uraninite and associated gangue minerals[J]. Minerals Engineering，45：159-169.

Ram R，Charalambous F A，McMaster S，et al.，2013b. An investigation on the dissolution of natural uraninite ores[J]. Minerals Engineering，50-51：83-92.

Ran C Y，Liu W H，Zhang Z J，et al.，1995. Rifting cycle and storeyed texture of copper deposits and their geochemical evolution in Kangdian Region[J]. Science in China（Scienctia Sinica）Series B，38（5）：606-612.

Rasmussen B，Fletcher I R，Muhling J R，2007. In situ U-Pb dating and element mapping of three generations of monazite：Unravelling cryptic tectonothermal events in low-grade terranes[J]. Geochimica et Cosmochimica Acta，71（3）：670-690.

Reimer T O，1987. The Late-Archean Dominion conglomerates（South Africa）：New aspects of their derivation and their relationship with those of the Witwatersrand[J]. Neues Jahrbuch für Mineralogie. Abhandlungen，158（1）：13-46.

Richard A，Rozsypal C，Mercadier J，et al.，2012. Giant uranium deposits formed from exceptionally uranium-rich acidic brines[J]. Nature Geoscience，5（2）：142-146.

Robb L，2004. Introduction to Ore-Forming Processes[M]. Malden：Blackwell Publishing.

Sahoo D，Pruseth K L，Upadhyay D，et al.，2018. New constraints from zircon，monazite and uraninite dating on the commencement of sedimentation in the Cuddapah Basin，India[J]. Geological Magazine，155（6）：1230-1246.

Schandl E S，Gorton M P，2004. A textural and geochemical guide to the identification of hydrothermal monazite：Criteria for selection of samples for dating epigenetic hydrothermal ore deposits[J]. Economic Geology，99（5）：1027-1035.

Schmidt M W，1992. Amphibole composition in tonalite as a function of pressure：An experimental calibration of the Al-in-hornblende barometer[J]. Contributions to Mineralogy and Petrology，110（2）：304-310.

Seydoux-Guillaume A M，Bingen B，Paquette J L，et al.，2015. Nanoscale evidence for uranium mobility in zircon and the discordance of U–Pb chronometers[J]. Earth and Planetary Science Letters，409：43-48.

Sha L K，Chappell B W，1999. Apatite chemical composition，determined by electron microprobe and laser-ablation inductively coupled plasma mass spectrometry，as a probe into granite petrogenesis[J]. Geochimica et Cosmochimica Acta，63（22）：3861-3881.

Shan Y L，Huang Q，Guan D B，et al.，2020. China CO_2 emission accounts 2016–2017[J]. Scientific Data，7：54.

Shannon R D，1976. Revised effective ionic radii and systematic studies of interatomic distances in halides and chalcogenides[J]. Acta Crystallographica Section A，32（5）：751-767.

Smith D A M，1962. The geology of the area around the Khan and Swakop Rivers in South West Africa[J]. Geological Survey.

Song H，Chi G X，Zhang C J，et al.，2020. Uranium enrichment in the Lala Cu-Fe deposit，Kangdian region，China：A new case of uranium mineralization associated with an IOCG system[J]. Ore Geology Reviews，121：103463.

Spano T L，Simonetti A，Balboni E，et al.，2017. Trace element and U isotope analysis of uraninite and ore concentrate：Applications for nuclear forensic investigations[J]. Applied Geochemistry，84：277-285.

Storey C D，Smith M P，2017. Metal source and tectonic setting of iron oxide-copper-gold（IOCG）deposits：Evidence from an in situ Nd isotope study of titanite from Norrbotten，Sweden[J]. Ore Geology Reviews，81：1287-1302.

Streck M J，Dilles J H，1998. Sulfur evolution of oxidized arc magmas as recorded in apatite from a porphyry copper batholith[J]. Geology，26（6）：523-526.

Sun S S，McDonough W F，1989. Chemical and isotopic systematics of oceanic basalts：implications for mantle composition and processes[J]. Geological Society，London，Special Publications，42(1)：313-345.

Tacker R C，2004. Hydroxyl ordering in igneous apatite[J]. American Mineralogist，89(10)：1411-1421.

Tang M，Wang X L，Xu X S，et al.，2012. Neoproterozoic subducted materials in the generation of Mesozoic Luzong volcanic rocks：Evidence from apatite geochemistry and Hf－Nd isotopic decoupling[J]. Gondwana Research，21(1)：266-280.

Tera F，Wasserburg G J，1972. U-Th-Pb systematics in three Apollo 14 basalts and the problem of initial Pb in lunar rocks[J]. Earth & Planetary Science Letters，14(3)：281-304.

Tilton G R，Grunenfelder M H，1968. Sphene：Uranium-lead ages[J]. Science，159(3822)：1458-1461.

Timofeev A，Migdisov A A，Williams-Jones A E，et al.，2018. Uranium transport in acidic brines under reducing conditions[J]. Nature Communications，9(1)：1469.

Tu J R，Xiao Z B，Zhou H Y，et al.，2019. U-Pb dating of single-grain uraninite by isotope dilution thermal ionization mass spectrometry[J]. Ore Geology Reviews，109：407-412.

Waitzinger M，Finger F，2018. In-situ U-Th-Pb geochronometry with submicron-scale resolution：Low-voltage electron-beam dating of complexly zoned polygenetic uraninite microcrystals[J]. Geologica Carpathica，69(6)，558-572.

Wang J T，Xiong X L，Chen Y X，et al.，2020. Redox processes in subduction zones：Progress and prospect[J]. Science China Earth Sciences，63(12)：1952-1968.

Wang R C，Fontan F，Xu S J，et al.，1996. Hafnian zircon from the apical part of the Suzhou Granite，China[J]. The Canadian Mineralogist，34(5)：1001-1010.

Watson E B，1980. Apatite and phosphorus in mantle source regions：An experimental study of apatite/melt equilibria at pressures to 25 kbar[J]. Earth and Planetary Science Letters，51(2)：322-335.

Watson E B，Harrison T M，1984. Accessory minerals and the geochemical evolution of crustal magmatic systems：A summary and prospectus of experimental approaches[J]. Physics of the Earth and Planetary Interiors，35(1-3)：19-30.

Webster J D，Tappen C M，Mandeville C W，2009. Partitioning behavior of chlorine and fluorine in the system apatite－melt－fluid. II：Felsic silicate systems at 200 MPa[J]. Geochimica et Cosmochimica Acta，73(3)：559-581.

World Nuclear Association，2020. Pocket Guide Environment·Radiation·Reactors·Uranium[R].

Wu B，Wang R C，Yang J H，et al.，2016. Zr and REE mineralization in sodic lujavrite from the Saima alkaline complex，northeastern China：A mineralogical study and comparison with potassic rocks[J]. Lithos，262：232-246.

Wu Y，Qin M K，Guo D F，et al.，2018. The latest in-situ uraninite U-Pb age of the Guangshigou uranium deposit，northern Qinling Orogen，China：Constraint on the metallogenic mechanism[J]. Acta Geologica Sinica (English Edition)，92(6)：2445-2447.

Wu L G，Li X H，Ling X X，et al.，2019. Further characterization of the RW-1 monazite：A new working reference material for oxygen and neodymium isotopic microanalysis[J]. Minerals，9(10)：583.

Xiang L，Wang R C，Romer R L，et al.，2020. Neoproterozoic Nb-Ta-W-Sn bearing tourmaline leucogranite in the western part of Jiangnan Orogen：Implications for episodic mineralization in South China[J]. Lithos，360-361：105450.

Xie F W，Tang J X，Chen Y C，et al.，2018. Apatite and zircon geochemistry of Jurassic porphyries in the Xiongcun district，southern Gangdese porphyry copper belt：Implications for petrogenesis and mineralization[J]. Ore Geology Reviews，96：98-114.

Xie L，Wang R C，Chen J，et al.，2010. Mineralogical evidence for magmatic and hydrothermal processes in the Qitianling oxidized tin-bearing granite (Hunan，South China)：EMP and (MC)-LA-ICPMS investigations of three types of titanite[J]. Chemical Geology，276(1-2)：53-68.

Xu L，Yang J H，Ni Q，et al.，2018. Determination of Sm-Nd isotopic compositions in fifteen geological materials using laser ablation MC-ICP-MS and application to monazite geochronology of metasedimentary rock in the North China Craton[J]. Geostandards and Geoanalytical Research，42（3）：379-394.

Xu Z Q，Yin M H，Chen Y L，et al.，2021. Genesis of megacrystalline uraninite: A case study of the haita area of the western margin of the Yangtze Block，China[J]. Minerals，11（11）：1173.

Yin M，Xu Z，Song H，et al. 2021. Constraints of the geochemical characteristics of apatite on uranium mineralization in a uraninite-rich quartz vein in the Haita area of the Kangdian region，China[J]. Geochemical Journal，55（5）：301-312.

Yin M H，Zhang S H，Xu Z Q，et al.，2022. Neoproterozoic uranium mineralization in the Kangdian Region of the eastern Tibetan Plateau，China[J]. Geosystems and Geoenvironment：100135.

Yuan F，Jiang S Y，Liu J J，et al.，2019. Geochronology and geochemistry of uraninite and coffinite: Insights into ore-forming process in the pegmatite-hosted uraniferous province，North Qinling，central China[J]. Minerals，9（9）：552.

Zack T，Moraes R，Kronz A，2004. Temperature dependence of Zr in rutile: Empirical calibration of a rutile thermometer[J]. Contributions to Mineralogy and Petrology，148（4）：471-488.

Zafar T，Rehman H U，Mahar A，et al.，2020. A critical review on petrogenetic，metallogenic and geodynamic implications of granitic rocks exposed in north and east China: New insights from apatite geochemistry[J]. Journal of Geodynamics，136. DOI：10.1016/j. jog. 2020. 101723.

Zeng L P，Zhao X F，Li X C，et al.，2016. *In situ* elemental and isotopic analysis of fluorapatite from the Taocun magnetite-apatite deposit，Eastern China: Constraints on fluid metasomatism[J]. American Mineralogist，101（11）：2468-2483.

Zhang L，Chen Z Y，Wang F Y，et al.，2021. Apatite geochemistry as an indicator of petrogenesis and uranium fertility of granites: A case study from the Zhuguangshan batholith，South China[J]. Ore Geology Reviews，128：103886.

Zhang X，Zhang H，Ma Z L，et al.，2016. A new model for the granite–pegmatite genetic relationships in the Kaluan–Azubai–Qiongkuer pegmatite-related ore fields，the Chinese Altay[J]. Journal of Asian Earth Sciences，124：139-155.

Zhao X F，Zhou M F，Gao J F，et al.，2015. *In situ* Sr isotope analysis of apatite by LA-MC-ICPMS: Constraints on the evolution of ore fluids of the Yinachang Fe-Cu-REE deposit，Southwest China[J]. Mineralium Deposita，50（7）：871-884.

Zheng H，Chen H Y，Wu C，et al.，2020. Genesis of the supergiant Huayangchuan carbonatite-hosted uranium-polymetallic deposit in the Qinling Orogen，Central China[J]. Gondwana Research，86：250-265.

Zheng J L，Mi Z F，Coffman D，et al.，2019. The slowdown in China's carbon emissions growth in the new phase of economic development[J]. One Earth，1（2）：240-253.

Zhong J R，Guo Z T，1988. The geological characteristics and metallogenetic control factors of the Lianshanguan uranium deposit，Northeast China[J]. Precambrian Research，39（1-2）：51-64.

Zhong J，Wang S Y，Gu D Z，et al.，2020. Geology and fluid geochemistry of the Na-metasomatism U deposits in the Longshoushan uranium metallogenic belt，NW China: Constraints on the ore-forming process[J]. Ore Geology Reviews，116：103214.

Zhou M F，Malpas J，Song X Y，et al.，2002. A temporal link between the Emeishan large igneous province（SW China）and the end-Guadalupian mass extinction[J]. Earth and Planetary Science Letters，196（3-4）：113-122.

Zhu X K，O'Nions R K，Belshaw N S，et al.，1997. Significance of in situ SIMS chronometry of zoned monazite from the Lewisian granulites，northwest Scotland[J]. Chemical Geology，135（1-2）：35-53.

Zi J W，Rasmussen B，Muhling J R，et al.，2015. In situ U-Pb geochronology of xenotime and monazite from the *Abra* polymetallic deposit in the Capricorn Orogen，Australia：Dating hydrothermal mineralization and fluid flow in a long-lived crustal structure[J]. Precambrian Research，260：91-112.

Zi J W，Rasmussen B，Muhling J R，et al.，2019. U-Pb monazite ages of the Kabanga mafic-ultramafic intrusions and contact aureoles，central Africa：Geochronological and tectonic implications[J]. Geological Society of America Bulletin，131（11-12）：1857-1870.